智能电网技术

乔 林 刘 颖 刘 为 著

吉林科学技术出版社

图书在版编目（CIP）数据

智能电网技术 / 乔林，刘颖，刘为著 . -- 长春 ：
吉林科学技术出版社，2020.9
ISBN 978-7-5578-7573-2

Ⅰ．①智… Ⅱ．①乔… ②刘… ③刘… Ⅲ．①智能控
制—电网—研究 Ⅳ．① TM76

中国版本图书馆 CIP 数据核字 (2020) 第 189117 号

智能电网技术

著　　者	乔　林　刘　颖　刘　为
出 版 人	宛　霞
责任编辑	端金香
封面设计	李　宝
制　　版	宝莲洪图
开　　本	16
字　　数	300 千字
印　　张	13.75
印　　数	1-500 册
版　　次	2021 年 3 月第 1 版
印　　次	2021 年 3 月第 1 次印刷
出　　版	吉林科学技术出版社
发　　行	吉林科学技术出版社
地　　址	长春净月高新区福祉大路 5788 号出版大厦 A 座
邮　　编	130118
发行部电话 / 传真	0431—81629529　　81629530　　81629531
	81629532　　81629533　　81629534
储运部电话	0431—86059116
编辑部电话	0431—81629520
印　　刷	北京宝莲鸿图科技有限公司
书　　号	ISBN 978-7-5578-7573-2
定　　价	55.00 元

前　言

　　我国目前已经具备发展智能电网技术的相关条件，并通过对智能电网的建设，提升电力系统每个领域的生产能力。在发展智能电网中，我国更为关注的是智能输电网领域的发展，并将特高压电网也融入发展当中，保证我国电网系统的安全性与可靠性。根据当前电网发展形势的变化，我国的电网企业以及用户的用电行为也随之发生了变化。要想更好的实现我国电网智能化的目标，目前还有很多项技术需要进行研究，其中有部分技术项目已经在智能电网概念提出之前就已经进行研究了，例如，输电网中的广域测量系统、柔性交流输电以及配电网中自动抄表、分布式发电与需求管理等技术的研究都已经取得了很好的成绩。要使智能电网得到更好的发展，还应对储能技术、微电网技术、可再生能源技术做进一步的开发与研究。同时，在智能电网发展的过程中，还应适当整合企业的资产管理与电网生产运行的管理平台，为国家电网建设、规划与运行和管理提供更好的信息服务。

　　目前，我国已成功地建设七座智能变电站，这是我国目前在智能变电站设备研制、技术开发以及产品制造等领域所实现的一次突破，也是我国实现智能电网建设的一次重要突破。这一重要突破，使我国在国际智能变电站技术领域占据了领先地位，使我国成为世界智能变电站技术的引领者。早在 2009 年，我国电网公司就已经发布了"坚强智能电网"发展战略。主要以特高压电网作为骨干网架，将各级电网之间的相互协调发展作为基础，以通信信息为主要平台支撑，通过智能电网的自动化、信息化、互动化等特征，以及电力系统输电、变电、用电、发电以及调度等环节，覆盖所有的电压等级，实现"信息流、电力流、业务流"相互融合的现代化电网。

　　在实施坚强智能电网这一发展策略时，坚强与智能两者是相互交叉且不可拆分的，坚强智能电网是一个既经济高效、坚强可靠的电网，也是一个清洁环保、具备友好互动、透明开放的电网。其中，经济高效指的是电网的运营成本低，而且输送及运行的效率较高，还可以高效利用能源资源；坚强可靠指的是电网的网架结构坚固，而且电力的输送能力也足够强大，并且安全可靠；清洁环保指的是能够降低污染物的排放，促进清洁能源的利用与开发；友好互动指的是电网在运行方式上比较灵活，易于高速，可以兼容用户及各类电源的接入；透明开放指的是电网、用户及电源之间的信息可透明共享。

　　本书从九章内容对智能电网技术进行阐述，分别是智能电网概述、智能电网技术、智能发电技术、智能输电技术、智能变电技术、智能配电技术、智能用电技术、智能调度与通信技术、智慧地球与智慧城市等。

目　录

第一章　智能电网概述

第一节　智能电网概念

一、智能电网的基本概念

智能电网指的是电网的智能化，它要建立在集成高速双向通信网络的基础上，通过应用先进的设备技术、传感和测量技术、控制方法和决策支持系统技术等，实现电网安全可靠、经济、高效、使用安全以及环境友好等目标。智能电网的主要特点可分为自愈、激励、抵御攻击、满足用户所需的电能质量、容许各种不同发电形式的接入等。

二、智能电网技术的主要特征

（一）数字化

指的是电网的结构、对象、状态的定量描述，以及各类信息的精准、高效传输及采集具有数字化特征。

（二）信息化

指的是非实时信息以及实时信息的高度集成、利用及共享。

（三）自动化

指的是电网运行状态能够被自动监控、控制策略能够得到自动优选以及故障状态能够自动恢复等。

（四）互动化

指的是电源、电网以及用户资源之间能够友好互动，并可以协调运行。

三、智能电网的特点

智能电网的特点是电力和信息的双向流动性，以便建立一个高度自动化的和广泛分布的能量交换网络。为了实时的交换信息和达到设备层次上近乎瞬时的供需平衡，把分布式计算和通信的优势引入电网。

关于智能电网特点的这一叙述，从物理上对其做了十分明确的定义，包括如下四个要点。

（一）集成的能量与通信体系

在智能电网中不仅输电网支路上的潮流是双向的，配电网支路上的潮流也可能是双向的，所以，整个电网都成了电力交换系统。而且电所及之处都有可靠的双向通信。由于电能与其他能源之间的转换比较方便，所以智能电网会成为智能能源网的核心；而且由于智能电网的量测到户，所以其信息通信系统也将为智能城市的建设提供契机。

（二）高度自动化与广泛分布式

目前对高度自动化这一点认识的可能比较多，但是在广泛分布式这方面认识还不够。当前，电力消费不断上升，燃料成本明显增加，大规模停电更频繁地发生。因为我们的电力系统基本上是建立在只包括集中式煤、水、核能和天然气的广阔的能源网基础之上的，于是造成如下的问题：

煤电占绝对比重，不仅环境污染严重，而且煤中所含能量，转变成电能再输送到用户，最终，用户所接收到的电能不到煤中所含能量的 40%；电网的投资很高，网损大，且供电可靠性不高，难以满足未来数字化社会对电能可靠性和电能质量的需求。国际分布式能源联盟（WADE）的统计数据表明，在美国和欧洲，电网的投资为 \$1380/kW，高于电厂的投资 \$890/kW；全世界电网的传输损失平均为 9.6%，在高峰时段可达到 20%。

因此，分布式电源就地直供可大大减少电网的投资、损耗和运行费用。目前，美国市区和郊区用户的平均停电时间为 140min，欧洲城市是 40~70min，新加坡、中国香港和东京只有几分钟。在过去几年中，我国城市用户年均停电时间多达几个小时，农村用户年均停电时间在部分地区甚至高达十几个乃至几十个小时。而即将到来的数字经济（所占比重迅速增加）对可靠性和电能质量提出了很高的要求。在美国，每年不可靠的电力所造成的损失多于 1000 亿美元，相当于用户每花 1 美元买电，同时还得付出 50 美分的停电损失。

美国电科院（EPRI）开展了负荷对电网可靠性需求的预测，结果表明，未来 20~30 年内，对供电可靠性要求为 99.9999999% 的负荷比重将由当前的 0.6% 增加到 10%，对供电可靠性要求为 99.9999% 的负荷将由 8%~10% 上升为 60%（可靠性为 99.9999% 相当于每年用户停电的时间为 0.53min）。生态文明要求人类采用可再生能源，如太阳能、风能等，并且随着技术的发展，风电、光伏等可再生能源发电的效率日益提高，成本逐渐下降。这些可再生能源天然是分布式的，应该注意分布式的利用。并且实现燃气、电力、供热、制冷、友好排放的优化配置可使能源利用效率达到 80% 以上。燃气发电机组具有较快的启停和功率调解特性，可在一定程度上补偿风电和太阳能发电的间歇性、多变性和不确定性。因此，由冷热电联产的分布式利用、分布式可再生能源发电和储能等组成的广泛分布式电源来辅助集中式电源可缓解乃至解决这些问题。

目前，分布式冷热电联供能源系统（DES/CCHP）绝大部分是小型、微型的，具有明显的经济效益，在美国等发达国家其主要应用于"楼宇型"或"用户型"。但在我国当前的天然气和设备价格下，采用美国的方式是不经济的，因此，目前只建议在特殊需要的地方采用，如海岛、边远地区和对可靠性要求高的部门等。已建议开发"以百 MW 级天然气为基础的区域型分布式冷热电联供能源系统"，该系统可以协同电网调峰，并通过峰荷高电价和能源梯级高效利用而达到多赢——它也是分布式电源，需要接入高压和中压配电网运行。近来，我们把"基于远离负荷中心的大规模风电基地的建设和通过'风火打捆'

方式集中远距离外送的模式"同"负荷中心分布式光伏发电直接并网的主动配电网模式"进行了比较。结果表明，随着光伏组件价格的大幅下降，从全社会成本角度看，目前后者已优于前者，因此，当前国家重视分布式太阳能的利用具有其合理性。

当前我国配电网的裕量较大，在分布式电源渗透率不高的相当长的一段时期内，依托现有电网智能化，通过"主动配电网"模式来吸纳分布式光伏发电，技术上是可行的。分布式光伏发电虽然也可通过"微电网"模式实现与电网的无缝连接，且从电网运行的角度看它是理想模式，但由于目前分布式储能较贵致使其成本较高。因此，当前我国应该积极推进分布式光伏发电直接入网的主动配电网模式的研究、开发、试点与推广。同时应该大力开展分布式储能的研究，以使其价格大幅度下降。

由于大量分布式电源的接入，未来配电系统的运行将要求新的灵活的可重构的网络拓扑、新的保护方案、新的电压控制和新的仪表。因此，"如何处理数以万计的广泛分布的分布式电源和应对可再生的风能和太阳能发电的间歇性、多变性和不确定性，同时确保电网的安全性、可靠性和人身与设备安全，并激励市场"就成了未来电网亟须解决的问题。

电网运行需要满足负荷约束和安全运行约束。电网由于缺少经济可靠的储能措施，目前还无法大量存储电能，为了保障电网的安全稳定运行，发电机发出的功率扣除网损后必须与用户消耗的功率时刻保持平衡。所以，传统电网中发电厂是完全被动地适应负荷需求的，电网也是按照全年峰值负荷时的需要建造的，因而电网资产的利用率低下。但是用户系统中存在着大量能与电网友好合作的可平移负荷（如，热水器、空调、电冰箱和电气车辆），在实时电价的激励下它们可能与电力公司互动，实现电网负荷的削峰填谷，帮助电网提高资产利用率和运行效率。在紧急情况下，如风电出力突然大幅度下降时，电力用户暂停部分用电，可帮助于维持电网的频率，起到虚拟电源的作用。智能电网通过使用监测、通信、控制和自动化技术，达到改善电力产生、分配和消费的目的。智能电网将能够分析、保护和优化其所有相互关联的组件（从发电、输电和配电网络到终端电力用户）的运行。智能电网将为电力客户提供他们需要的数据和工具，以便帮助他们科学的选择能源、高效的管理能源使用、做出满足他们的个性化需求的最优投资决策和提高效率。智能电网将创造一个可持续发展和经济高效的电力系统，为电力供应商和用户提供一个充分合作的平台，实现全社会效益的最大化。

第二节　智能电网理念

一、智能电网的总体设想

智能电网的总体设想是智能化、高效、包容、激励、机遇、重视质量、抗干扰能力（鲁棒性）强和环保等，而不是单纯的智能化，或单纯地将智能化技术应用于电网，这些机能可以简明解释为：

（一）智能化

具有可遥感系统不安全状态的能力和网络"自愈"的能力，以防止或减轻潜在的停电；在系统需要做出人为无法实现的快速反应时，能根据电力公司、消费者和监管人员的要求，自主地工作。

（二）高效

少增加乃至不增加基础设施的前提下，最大化满足日益增长的消费需求。

（三）包容

能够容易和透明地接受任何种类的能源，包括太阳能和风能；能够集成各种已经得到市场证明和可以接入电网的优良技术，如成熟的储能技术。

（四）激励

使消费者与电力公司之间能够实时地沟通，从而消费者可以根据个人偏好定制其电能消费。

（五）机遇

具有随时随地利用"即插即用"创新的能力，从而创造新的机遇和市场。

（六）重视质量

能够提供数字化经济所需的可靠性和电能质量（如，极小化电压的凹陷、尖峰、谐波、干扰和中断）。

（七）鲁棒

自愈、更为分散，并采用了安全协议，因而系统能对恐怖袭击、军事威胁、元件故障、自然灾害等扰动做出自愈的响应。设想中更鲁棒的电网，在紧急状态下能分片实现"自适应孤岛运行"，并且其后能够快速恢复供电。

（八）环保

减缓全球气候变化，提供可大幅度改善环境的切实有效的途径。

对于智能电网的总体设想，需要说明的是：当前电网的保护装置，在扰动发生时只关注保护资产，为防止设备损毁而做出响应；而智能电网的"自愈"是期望达到防止和最小化对消费者的影响。

基于电网的鲁棒构想，已有学者开展了美国"战略电力基础设施防御（SPID）系统"的研究。SPID 系统能够分析攻击之后与电力交换系统和通信系统状态相关的信息，也能够协调它们在"自适应孤岛"中的应用。在恐怖袭击过后，一旦电力交换系统安全岛的稳定图形已经建立起来，自适应算法应该逐渐把电力交换系统恢复到其正常状态，因为此时已有更多的电源可供利用。显然，智能微电网与大电网无缝连接，在大电网事故时与电网解列成孤岛运行，然后帮助大电网黑启动，是与 SPID 建立在同一理念上的。

二、智能电网技术研究

从如上所述的原动力和总体构想可知，智能电网将从一个集中式的、生产者控制的网络，转变成大量分布式辅助较少集中式的和与更多的消费者互动的网络。它将把工业界最好的技术和理念应用于电网，以加速智能电网的实现，如开放式的体系结构、互联网协议、即插即用、共同的技术标准、非专用化和互操作性等。事实上，其中有些已经在电网中应用。但是仅当辅以体现智能电网的双向数字通信和即插即用能力的时候，其潜能才会喷发出来。

与智能电网相关的技术非常之广，可以把它分为三类，即智能电网技术、智能电网可带动的技术和为智能电网创建平台的技术。

（一）智能电网技术

智能电网的功能归纳为高级计量体系（AMI）、高级配电运行（ADO）、高级输电运行（ATO）和高级资产管理（AAM），它们属于智能电网技术的范畴。

1. 高级计量体系（AMI）

它是一个用来量测、收集、储存、分析和运用消费者用电信息的完整的系统，是一种以开放式的标准集成消费者的方法。作为 AMI 重要组成部分之一的智能电表，事实上已成为一个多功能的传感器，为电力公司提供系统范围的可观性。AMI 将电力公司和用户紧密关联起来，使双方可以合作、互动。若实施灵活的电能定价策略，则可以激励消费者主动地参与实时电力市场，提供需求响应。

AMI 把反应电力市场的近实时的电价信号，中继到终端用户"智能家居"设备的控制器；这些设备基于消费者事先所做的设置，相应地决定如何使用电能。这种交互是在后台进行，只需最低限度的人为干预，但是能够明显地节省原本会消费掉的电能。应该强调的是，具有环保意识的消费者数目将会与日俱增，AMI 将使这些消费者能够通过智能电网的信息和工具，减少他们对于环境的损害。同时，AMI 的实施将为电网铺设最后一段双向通信，为电网从上到下处可观测奠定了通信基础，其技术意义十分巨大。

由于 AMI 可在需求响应和节能减排等方面取得巨大效益，北美的许多州（或省）政府机构已颁布立法条例来推动 AMI 技术的实施，并把 AMI 视为是实现智能电网的第 1 步。效益 / 成本最高段发生在其后的高级配电运行和高级资产管理（ADO/AAM）实施的阶段。经验表明投资通常可在 5~10a 内回收。

2. 电网可视化技术和海量数据管理

前面已强调了提高全局可视化的必要，因为它可使电网运行人员获得全局的情境知晓。电网的可视化技术和相关的工具已应用于大电网的在线实时安全监视，以及实时负荷监控和电力公司的负荷增长规划等方面。但总体上看，由于普遍缺乏对各种来源信息的集成或为不同的用户提供不同信息显示的能力，结果所获得的情景知晓还很有限。与此同时，随着智能电网的实施，将来电力用户提高电能使用效率和提供需求响应的方案也会明显增加，为了从中选择优化的执行方案，也需要为电力公司和电能消费者提供情景知晓。为此需要为各级电网调度人员和消费者提供多方面的、生动的可视化界面。

智能电网实施之后，电力公司所面对的是海量的数据，为了从中抽取富有指导意义的信息，必须找到适合于海量数据管理的方法，并基于这些数据开发电网的高级应用软件，实现情景知晓和优化决策。下一代可视化的开发国内外都正在进行中，此处简单介绍一下美国能源部在橡树岭国家实验室的开发项目维尔德（VERDE，动态地可视化地球上的能源资源）。它通过集成实时传感器数据、天气信息和带有地理信息的电网模型，提供广域电网的知晓。它将能够查看国家层面上电网的状态，而且在需要时能在几秒内转到深入检查街道一级电网的具体细节。它将为电力公司提供有关大停电和电能质量以及洞察系统运行的快速信息。

3. 广域量测系统 / 相量测量单元（WAMS/PMU）

它可提供大范围的情境知晓，其工作可以减轻电网的阻塞和瓶颈，缩小和防范系统大停电。它同目前使用的数据采集和监视控制（SCADA）技术相比，就质量而言，犹如前者向电网提供的是一个"核磁共振成像术"，而后者仅提供"X射线"。

SCADA通常，每隔2s或4s测量1次，为电力系统提供稳态的观测。而WAMS/PMU可以实现每秒多次采样（如30样本/s），所测量结果也在时间上精确同步，可为电力系统提供动态的可视化。

4. 分布式的智能网络代理（INAS）体系

微处理器的岁月之前创建的集中规划和控制的电力基础设施，在很大程度上限制了电网的灵活性，失去了效率，致使在安全性、可靠性等几个关键方面承担着风险。以配电网分布式智能代理体系为例，它把配电系统分成许多片（cell），每片中有许多由片内通信连接起来的智能网络代理（如继电保护、分布式电源等），这些代理能够收集和交流系统信息，它们对局部控制可做出自主决策（如继电保护），也可以经片内的协调做出决策（如电压调节与无功优化、网络重构）。同时各片之间，以及配电调度中心和输电调度中心之间也通过通信联络起来，根据整个系统的要求协调决策，实现跨地理边界和组织边界的智能控制，使整个系统具有自愈功能。

基于分布式智能代理所开发的智能电网的核心软件，是比实时还要快的快速仿真与模拟，它为协调决策提供数学支持和预测能力。

5. 微电网

微电网与"完美电力系统"的概念是密不可分的。"完美电力系统"具有向各种类型的终端用户提供所需电力的灵活性，不会失败。而智能微电网（简称微电网）及其与电力公司电网的无缝集成，则是其理想的结构之一。微电网是为满足一群用户、单个大用户或一个小城镇能量需求的一种集成的解决方案。这种现在看来特殊的网络运行形式在未来分布式发电和能量存储广泛使用的情况下，将会普遍存在。由于在微网中发电和消费靠得很近，而具有改善能量传输效率、可靠性、安全性、电能质量以及运行成本的潜力。

微电网力求与大电网协调运行：系统正常运行时，其与电网无缝集成；遇到紧急情况，它可以自适应孤岛化运行。从用户的角度看，微电网使他们能够掌握自己能量命运，而不是依赖于单一的提供者。但是，较高的成本可能使微电网近期内只能在要害和关键部门应用。

可见，智能电网将加强电力交换系统的方方面面，包括发电、输电、配电和消费等。仅从如上罗列的几种智能电网的技术，会发现它的优势如下：

（1）提供大范围的情境知晓，其工作可以减轻电网的阻塞和瓶颈，缩小乃至防止大停电。

（2）使电力公司可通过双向的可见性，倡导、鼓励和支持消费者参与电力市场和提供需求响应。

（3）为电网运行人员提供更好"粒度"的系统可观性，使他们能够优化潮流控制，并使电网具有自愈和事故后快速恢复的能力。

（4）大量集成和使用分布式发电特别是可再生清洁能源发电。

（5）为消费者提供机会，使他们能以前所未有的程度积极参与能源选择。

（二）智能电网可带动的技术

需要澄清的是，风力发电机组、插件式的电动汽车和光伏发电等设备不是智能电网技术的组成部分。智能电网技术所包含的是，那些能够集成，与之接口和智能控制这些设备的技术。智能电网的最终成功取决于这些设备和技术是否能够有效地吸引和激励广大的消费者。

智能电网作为一个平台，可推动和促进创新，使许多新技术可行，为它们的发展提供机会，并形成产业规模。举例来说，智能电网可使人们：广泛地使用插入式电动汽车；实现大规模能量存储；一天 24h 使用太阳能；无缝地集成像风能这样的可再生能源；能够选择自己的电源和用电模式；促进节能楼宇的开发。但这些技术本身不属于智能电网的范畴，而是智能电网可带动和促进的技术。

（三）为智能电网创建平台的技术

美国能源部所列出的将推动智能电网的五个基础性技术如下。

1. 集成的通信基于安全和开放式的通信体系结构，为系统中每一节点都提供可靠的双向通信，以便实现对电网中每一个成员的实时信息交换和控制，并确保网络安全和信息的保密性、完整性和可用性。

2. 传感和测量技术用以支持系统优化运行、资产管理和更快速、更准确的系统响应，例如远程监测、分时电价和需求侧管理等。

3. 高级的组件应用超导技术、储能技术、电力电子技术和诊断技术方面等最新研究成果。

4. 先进的控制方法以使快速诊断和各种事件的精确解决成为可能。

5. 完善的接口和决策支持用以增强人类决策，使电网运行和管理人员对系统的内在问题具有清晰的了解。

三、智能电网的效益与必要的保障条件

智能电网的效益可以归结为：电能的可靠性和电能质量提高方面的收益；电力设备、人身和网络安全方面的收益；能源效率收益；环境保护和可持续发展的收益以及直接经济效益。

智能电网为电力公司可带来的直接经济效益，包括提高可靠性、削减运行费用、提高资产利用率和电网效率等。智能电网的关键是利用各种技术、资源和市场机制以实现高效。

据美国能源部的报告："智能电网的功能将舒缓阻塞和提高资产的利用率，在其实现后，估计通过美国现有的能源走廊可多送50%~300%电力"。

长远来看，智能电网是电网最经济的建设方案。美国电科院在2004年对其后20年在美国实现智能电网成本所做的初步估算（以2002年美元的价值计）是总投资为6255亿美元；未来（智能）输配电网需附加投资为1650亿美元（其中输电占380亿美元，配电和用户参与占1270亿美元），而效益为6380~8020亿美元，效益与成本比例为4:1~5:1。据布拉特集团估计，在美国为适应人口的增长和数字经济中用电大户数字组件数目指数的增加，在2010年和2030年之间美国需要投资约1.5万亿美元支付电力基础设施。而智能电网具有成为最经济实惠的建设方案的潜质，不仅建设花费少，同时还可节省更多的能量。

由于涉及广泛的技术领域并有大量的消费者参与，智能电网的直接经济效益，也包括通过加快把众多的智能设备和各种可行的创新技术引进到电能的生产、分配、存储和应用当中来，带动众多产业发展。这里所谓的智能设备，是指基于计算机或微处理器的所有设备，包括控制器、远程终端单元和智能电子设备。它既包括电网的电力设备，如开关、电容器或断路器，又包括在家庭、楼宇和工业设施中的电力设备。这里所说的创新技术的一个绝好的例子，是插件式的混合动力汽车。美国预计它的推广应用"将每日减少石油消耗620万桶，占目前进口量的52%。"在节省成本、改善环境的同时，由于它可在每天的非高峰负荷时间充电，而在每天的用电高峰期对电网提供支持，可起到对电力负荷曲线削峰填谷的作用。但是，如果没有集成的通信基础设施和相应的电能价格信号，处理这类负荷会非常困难，不仅效率低下，甚至会加剧峰荷问题。因此，需要开发智能充电器，其将根据电力市场信息，帮助管理好接于电网上的这类设备，同时避免电力基础设施出现意外损坏。

为了能够切实地获得上述效益，在实施智能电网时需要注意如下几点。

（一）智能电网的实施所面临的挑战是巨大

这不仅是由于它涉及广泛的利益相关者，其组织、研发和实施均很复杂，而且需要人们转变传统的电网理念。智能电网的性质决定其参与者应不局限于电力公司、电力设备厂商，还应包括广大消费者和众多其他产业。需要由国家制定相应的政策和标准，以鼓励和支持众多企业的参与。

（二）智能电网是一个不断发展的目标

需要进行持续的研究，以预测不断变化的需求和评估不断变化的收益和成本。电力公司和监管机构应该持续地向消费者展示智能电网的效益最终是会超过其成本的。

（三）需要出台旨在开放电力市场和激励电力公司智能电网投资的新法规

1.实施分时或实时电价，使"电能"的商品市场价值得到合理地体现。

2.制定鼓励分布式电源卖电回电网的政策，如分步式洁净能源的上网电价政策。

3.保证电力公司智能电网投资成本回收的政策。

智能电网不仅能获得高安全、高可靠、高质量、高效率和价格合理的电力供应，提高国家的能源安全、改善环境、推动可持续发展，同时能够激励市场与创新，从而提高国家的国际经济竞争力。因而在我国需要实施智能电网发展战略。

智能电网将把一个集中式的、生产者控制的电网，转变成大量分布式辅助较少集中式的和与更多的消费者互动的电网。其变迁的过程，必将改变行业的整个业务模型，且对所有利益相关者都有利。

（四）智能电网程序性的和技术性的挑战是巨大的

为推进智能电网，需要长期持续地的研发；需要出台旨在激励智能电网的法规，并通过开放式的方式建立国家标准和鼓励众多相关产业的积极参与。

第三节 智能电网研究进展

由于各个国家所处的资源分布以及经济发展阶段有所不同，所以，每个国家智能电网在内涵以及发展方向上都存在着一定的区别。

一、国外智能电网技术的发展现状

对智能电网的建设，美国更加关注的是电力网络基础架构的更新与升级，以此来提高供电系统的可靠性以及电网运行水平，同时，利用智能电网的信息技术，完成智能系统对人工系统的替代。美国对于智能电网发展的重点在于配电及用电，他们更注重再生能源的发展以及提升用户的服务品质。

大部分欧洲国家对于智能电网的发展主要是满足及促进太阳能、风能等可以再生能源的发展，这些国家会把碳零排放以及再生能源的开发利用等环保问题作为研究发展的侧重点。

日本在构建智能电网时，以新能源的开发为主，围绕太阳能之类的新能源进行大规模的开发，确保国家电网系统的稳定，从而构建起智能电网。

二、我国智能电网技术的发展现状

我国目前已经具备发展智能电网技术的相关条件，并通过对智能电网的建设，提升电力系统每个领域的生产能力。在发展智能电网中，我国更为关注的是智能输电网领域的发展，并将特高压电网也融入发展当中，保证我国电网系统的安全性与可靠性。根据当前电网发展形势的变化，我国的电网企业以及用户的用电行为也随之发生了变化。

要想更好的实现我国电网智能化的目标，目前还有很多项技术需要进行研究，其中有部分技术项目已经在智能电网概念提出之前就已经进行研究了，例如，输电网中的广域测量系统、柔性交流输电以及配电网中自动抄表、分布式发电与需求管理等技术的研究都已经取得了很好的成绩。要使智能电网得到更好的发展，还应对储能技术、微电网技术、可再生能源技术做进一步的开发与研究。同时，在智能电网发展的过程中，还应适当整合企业的资产管理与电网生产运行的管理平台，为国家电网建设、规划与运行和管理提供更好的信息服务。

目前，我国已成功地建设了七座智能变电站，这是我国目前在智能变电站设备研制、技术开发以及产品制造等领域所实现的一次突破，也是我国实现智能电网建设的一次重要突破。这一重要突破，使我国在国际智能变电站技术领域占据了领先地位，使我国成为世界智能变电站技术的引领者。

早在 2009 年时，我国电网公司就已经发布了"坚强智能电网"发展战略。主要以特高压电网作为骨干网架，将各级电网之间的相互协调发展作为基础，以通信信息为主要平台支撑，通过智能电网的自动化、信息化、互动化等特征，以及电力系统输电、变电、用电、发电以及调度等环节，覆盖所有的电压等级，实现"信息流、电力流、业务流"相互融合的现代化电网。

在实施坚强智能电网这一发展策略时，坚强与智能两者是相互交叉且不可拆分的，坚强智能电网是一个既经济高效、坚强可靠的电网，也是一个清洁环保、具备友好互动、透明开放的电网。其中，经济高效指的是电网的运营成本低，而且输送及运行的效率较高，还可以高效利用能源资源；坚强可靠指的是电网的网架结构坚固，而且电力的输送能力也足够强大，并且安全可靠；清洁环保指的是能够降低污染物的排放，促进清洁能源的利用与开发；友好互动指的是电网在运行方式上比较灵活，易于高速，可以兼容用户及各类电源的接入；透明开放指的是电网、用户及电源之间的信息可透明共享。

第四节　坚强智能电网

一、中国坚强智能电网的关键技术

（一）新能源接入标准和相关技术的研究应用

1. 应从国家层面研究和制定有利于电网安全稳定运行的新能源并网技术标准，特别是风电并网技术标准。应对风电机组的有功、无功控制性能和低电压穿越性能提出明确、硬性的指标。

2. 应加强风电功率预测技术的研究，提高风电功率预测的精度。这需要发电企业、电网企业、科研机构以及气象部门加强合作，发挥各方力量提高我国风电功率预测水平。

3. 分布式能源技术的研究和应用。分布式能源包括分布式发电和分布式储能等，分布式能源对提高电网应对突发故障能力、电网削峰填谷等有着积极的作用。分布式能源技术的研究，主要包括微网技术和储能技术等方面。

对微网技术的研究，主要解决微网特殊的运行和控制问题、分布式发电等接入主网所引发的有关问题等；对于储能技术，目前主要是研究新的储能电池技术和其他储能方法，提高储能的容量和效率，并降低成本和损耗，研究储能装置和电网之间的控制和协调运行技术。

（二）输（变、配）电关键技术的研究应用

要构建坚强智能电网，就必须加强输（变、配）电环节的建设，加快研究、推广输变

电方面的关键技术，消除制约坚强智能电网发展的因素。

1. 应加强电网建设

我国经济持续快速发展对供电需求和供电可靠性要求越来越高，因此，加强电网建设，改变现有电网网架薄弱和局部结构不合理的现状是建设坚强智能电网的先决条件。

2. 应大力发展电力电子技术在坚强智能电网中的应用

电力电子技术是利用电力电子器件对电能进行变换及控制的技术。电力电子技术的发展和应用，可使电网中能量的传输更加高效、控制更加灵活、损耗更加降低，是坚强智能电网发展的关键技术之一。目前电力电子技术主要包含了柔性交流输电技术和高压直流输电技术等。

（1）柔性交流输电技术（FACTS）

将电力电子技术、微处理机技术和控制技术等高新技术集中应用于高压输变电系统，以提高输配电系统可靠性、可控性、运行性能和电能质量并获取大量节电效益的一种综合技术。目前，国内 FACTS 设备已有所应用，对电网的安全稳定运行发挥了一定作用。但总体而言，FACTS 技术在国内应用较少，电网中具有大范围、快速、连续调节能力的设备有限，控制智能化程度不高，限制了电网输电能力的提高和网络损耗的降低。因此需要加强在 FACTS 技术方面的探索，增加电网运行的灵活性，使电网运行更加智能化。

（2）高压直流输电技术

对于高压直流输电技术的研究在我国自 20 世纪 80 年代开始已取得了巨大进步，目前 ±800kV 特高压直流输电技术在我国也取得了突破，第 1 条使用 6in 晶闸管的 ±800kV 特高压直流线路于 2010 年 7 月投运，双极额定输送容量达到 6400MW。特高压直流输电技术的应用将显著增强我国电网输送能力，减少输电损耗，降低短路电流。我国的资源、负荷逆向分布状态决定了我国必须发展特高压远距离输电，因此，应当加快特高压直流输电技术的研究。

（三）新一代智能调度技术支持系统的构建

1. 立足于支撑坚强智能电网的运行需要

为大电网监控、在线应用、电网故障自愈提供坚实的基础和可靠手段。系统的基础平台研发建设应基于开放性体系结构，充分满足系统在维护、扩容和升级等方面的要求。系统要支持第三方插件、新应用的自由扩展和方便快捷的软件升级。

2. 坚持好管理、易维护原则

最终要构建涵盖电网年月方式分析、日前计划校核、实时调度运行等三大环节的调度安全防线，实现数据传输网络化、运行监视全景化、安全评估动态化、调度决策精细化、运行控制自动化、网厂协调最优化的新一代智能调度技术支持系统。

（四）智能用电服务体系的构建

在为用户提供服务方面，智能电网与传统电网相比将发生革命性的改变，用户体验到的便利性将大大提高。另外，通过智能电网的建设将进一步促进用户节能减排，用户也将使用到更多绿色能源。电网企业通过智能电网也能收集到更多有用信息，通过智能优化，提高电能质量、供电可靠性和降低网损。要实现上述目标，必须要构建智能用电服务体系。智能用电服务体系的构建应注重三个层面的建设。

1. 要建立满足智能电网需要的用电服务体系分析决策平台

这个平台由各种相关应用系统组成，能快速处理从用户和电网收集来的信息，通过优化决策为用户提供信息查询、业务受理、客户家居用能策略管理、多渠道缴费等服务，也能为电网企业提供电网故障自动处理、优化配网结构降低网损、安全可靠接入分布式电源等策略。

2. 要建设满足智能电网需要的配电通信网

配电通信网应以光纤为主，以满足智能电网信息传输高速率、高带宽和信息安全的需要。用户端可采用光纤入户或光纤入楼、双绞线入户的方式，为"多网融合"和扩展用户需求创造条件。

3. 应加快用户智能电表和智能终端的研究和应用

智能电表、智能终端既是智能电网重要的信息采集设备，也是重要的信息接收设备，连接着用户和电网。智能用电服务体系的构建，将使智能电网带给用户的革命性的用电体验得到最大限度的满足。

二、坚强智能电网技术标准体系

（一）构建原则

按照分类信息学理论，分类应该遵循/由简到繁、由大到小的一般原则。两分法是最经济的分类方法，然而也可能是最理想化、最远离实际的方法，尽管在特定阶段和特定情况下可能是实用的。全分法（完全枚举法）对大样本集体来说是最不经济的，事实上它也使分类本身变得不必要。为了应对实际事务中诸多因素，在两分法和完全枚举法之间达成认知平衡，衍生出多维的分类体系。借鉴生物学/门纲目科属种的分类体系，基于认知的规律，提出坚强智能电网技术标准体系的系统性、逻辑性、开放性（简称 SLO）原则。

1. 系统性（systematic）

智能电网技术标准体系需要协调和指导智能电网相关技术领域的发展，指导和协调电力用户、电力企业和设备制造商，支持跨行业、跨地区开发和应用；协调和统一有关技术问题，连接系统的各个环节，确保其互操作性。因此，制定智能电网技术标准体系要从系统角度出发，根据系统的各种组成要素从多角度综合考虑，形成有机完整的体系，指导智能电网技术标准的制定。

2. 逻辑性（logical）

智能电网技术应用包括传感与量测、电力电子、通信与信息、仿真分析与控制决策等技术，涉及发电、输电、变电、配电、用电、调度等环节。各环节涉及的标准，尤其是相互间连接的过程中涉及的标准要充分考虑其逻辑性，体现建设、运行与检修、设备与材料等的逻辑关系，以保证标准体系的配套性，从而发挥标准体系的综合作用。

3. 开放性（open）

智能电网技术标准体系应该是一个开放的体系，能与时俱进、动态扩展，以适应智能电网技术的发展需求，保持一定的先进性。技术标准体系的开放性使得标准的制定工作可以循序渐进地进行。

（二）体系架构

按照SLO原则，设计国家电网公司坚强智能电网技术企业标准体系为8个专业分支（domains）、26个技术领域（fields）、9两个标准系列（series）、成百上千具体标准（standards）04层结构，简称D-F-S-S体系。

标准体系的第1层是专业分支，包括综合与规划、发电、输电、变电、配电、用电、调度、通信信息8个专业分支。

标准体系的第2层是技术领域。技术领域的划分关注坚强智能电网各环节的主要发展方向以及坚强智能电网研究与建设工作的重点，共包括26个技术领域。

标准体系的第3层包括9两个标准系列。标准系列按照基础与综合、工程建设、运行与检修、设备与材料的逻辑关系划分。

标准体系的第4层是成百上千个具体标准。

（三）标准体系

1.综合与规划

（1）智能电网方法学与接口

智能电网方法学是智能电网总体规划和发展的思想方法，智能电网各环节接口是能源系统和信息系统之间、电力系统与用户/用电设备之间的互操作性规范。本技术领域包括智能电网术语与方法学、智能电网各环节接口等两个标准系列。

（2）智能电网规划设计

在原电网规划技术导则、安全稳定标准、电力系统分析计算规范等基础上补充修订电网智能化的相关内容。本技术领域包括智能输电网规划设计、智能配电网规划设计等两个标准系列。

2.发电

（1）常规电源网源协调

主要指常规电源涉网保护和控制技术，传统机组的调频调压等控制技术以及高频低频切机等保护技术。本技术领域包括网源协调技术、网源协调试验等两个标准系列。

（2）大规模新能源发电并网

为保证大规模新能源接入后电力系统的安全稳定运行，促进电网和新能源协调发展，需要制定坚强智能电网接纳大规模新能源并网方面的标准。本技术领域包括大规模新能源接入电网、大规模新能源发电并网特性测试、大规模新能源发电并网运行控制、大规模新能源发电监控系统及监控设备等五个标准系列。

（3）大容量储能系统并网

大容量储能技术是提高电网接纳间歇式电源的重要途径，将在坚强智能电网中获得广泛应用。本技术领域包括大容量储能系统接入电网、大容量储能系统并网特性测试、大容量储能系统并网运行控制、大容量储能系统监控系统功能规范和监控设备等五个标准系列。

3. 输电

（1）特高压输电

是坚强智能电网的核心技术之一。本技术领域包括特高压交直流设计、建设、运行、设备等八个标准系列。

（2）柔性直流输电

在新能源并网、分布式电源并网、孤岛供电等方面将获得广泛应用。本技术领域包括柔性直流输电技术导则、柔性直流输电建设、柔性直流输电运行控制、柔性直流输电设备等四个标准系列。

（3）柔性交流输电

可以实现输配电系统的稳定性提高、可控性改善、运行性能和电能质量改善。本技术领域包括柔性交流输电技术导则、柔性交流输电系统建设标准、柔性交流输电系统运行控制标准和柔性交流输电设备标准等四个标准系列。

（4）线路状态与运行环境监测

为线路运行管理及维护提供信息化、数字化的共享数据，实现线路状态监测、线路运行环境监测和巡检技术的智能化。本技术领域包括监测系统建设及运行控制、监测设备等三个标准系列。

4. 变电

智能变电站是实现坚强智能电网的重要基础设施。本技术领域包括智能变电站技术导则、智能变电站建设、智能变电站运行控制、智能变电站自动化系统功能规范和智能变电站设备等五个标准系列。

5. 配电

（1）配电自动化

除可以实现配电监控、馈线自动化、配电网分析应用等基本功能，还要支持配电网自愈控制、分布式电源/储能系统/微电网的接入、经济优化运行以及其他新的应用功能。本技术领域包括配电自动化技术导则、配电自动化建设、配电自动化运行控制、配电自动化主站系统功能规范和配电自动化设备等五个标准系列。

（2）分布式电源接入配电网

对配电运行管理提出了新的要求。本技术领域包括分布式电源接入配电网技术规定、分布式电源并网特性测试、分布式电源接入配电网运行控制、分布式电源监控系统功能规范、分布式电源监控设备等五个标准系列。

（3）分布式储能系统接入配电网

储能系统接入配电网在提高电能利用效率及供电可靠性的同时，也将改变传统的供电方式。本技术领域主要包括分布式储能系统接入配电网技术规定、分布式储能系统并网特性测试标准、分布式储能系统并网运行控制、分布式储能系统监控系统的功能规范、分布式储能系统监控设备等五个标准系列。

6. 用电

（1）双向互动服务

建设双向互动服务平台能更好地满足用户用电智能化、多样化的服务需求，提高供电应急处置能力。本技术领域包括双向互动服务平台的建设、运行管理，双向互动服务终端设备及系统等三个标准系列。

（2）用电信息采集

用电信息采集系统为智能用电服务提供可靠的基础数据支撑。本技术领域包括用电信息采集系统的建设、运行管理、用电信息采集终端设备及系统等三个标准系列。

（3）智能用能服务

智能用能服务是对用户的用能情况进行实时监测，并根据用户的用能需求和能源供给情况，实现有序用电管理和能效管理智能化。本技术领域包括智能楼宇／小区的建设、运行管理、设备及系统等三个标准系列。

（4）电动汽车充放电

电动汽车充放电设施可实现电动汽车与电网的双向能量转换，是坚强智能电网的重要组成部分。本技术领域包括电动汽车充放电设施的建设、运行管理、设备及系统三个标准系列。

（5）智能用电检测

建设手段完备、功能齐全的智能用电检测系统，可进一步完善智能用电检测体系，保证计量装置和用电装置的安全可靠运行。本技术领域包括智能用电检测系统的建设、运行管理、设备等三个标准系列。

7. 调度

（1）智能电网调度技术支持系统

按照层次结构分为基础信息标准和功能规范，功能规范又由基础平台和应用功能规范组成。本技术领域包括智能电网调度技术支持系统基础信息、基础平台功能规范、应用功能规范等三个标准系列。

（2）电网运行集中监控

变电和配电运行模式正在向集中监控和调控一体转变，需要制定相应的通信协议标准、集控中心体系结构规范、应用系统功能规范。本技术领域包括电网运行集中监控中心建设、运行、系统功能规范等三个标准系列。

8. 通信信息

（1）传输网

传输网承载的业务包括电力生产、管理、经营的各个层面，是坚强智能电网通信的基础。本技术领域包括传输网技术和电力特种光缆技术等两个标准系列。

（2）配电和用电侧通信网

坚强智能电网要求配电和用电侧通信网承载更多的业务内容。本技术领域包括配电侧通信技术规范和用电侧通信技术规范等两个标准系列。

（3）业务网

坚强智能电网中通信业务网对电力通信承载的保护、安控、计量等专用业务和对语音、数据、视频等通用业务的建设、运行管理、设备与材料提出了新要求。本技术领域包括专用业务通信技术、通用业务通信技术等两个标准系列。

（4）通信支撑网

本技术领域包括智能电网通信网管系统一个标准系列。

（5）智能电网信息基础平台

该平台为各专业分支的信息化提供服务支撑，涉及移动信息接入、数据传输、信息集成与交换、数据集中存储与处理、信息展现等方面。本技术领域包括移动作业平台规范、信息网络建设标准、智能电网一体化信息模型标准、企业级数据集中管理平台规范、电网空间信息服务平台标准等五个标准系列。

（6）通信与信息安全

通信安全是指电力通信网络的安全，重点关注物理层和链路层的安全；信息安全指信息资产安全，即信息及其有关载体和设备的安全。本技术领域包括通信网安全防护技术、信息系统与设备安全规范、信息技术安全性评估准则、信息安全管理体系等四个标准系列。

三、我国坚强智能电网的发展及存在问题

我国的智能电网与西方国家有所不同，是建立在特高压建设基础上的坚强智能电网。中国式智能电网将以特高压电网为主干网架，利用先进的通信信息和控制技术，构建以信息化、数字化、自动化、互动化为特征的自主创新、国际领先的智能电网。外国智能电网更多地关注配电领域。目前，我国需要更多地关注智能输电网领域，把特高压电网的发展融入其中，保证电网的安全可靠和稳定，提升驾驭大电网安全运行的能力。我国电力行业的基础建设较先进，电网起点高，实现智能化更容易。我国电力行业的变电器等基础建设和装备制造能力具有实现智能化的物质基础。另外，我国电网企业正在转变电网发展方式，用户的用电行为也在发生变化。以建设智能电网为抓手，能够比较方便地建成满足未来需要的下一代电力网络。

我国实施智能电网改造初期投资只需要 3000 亿元至 5000 亿元，但是其对变压器、智能终端、网络管理技术等行业拉动巨大，每年至少可拉升国民经济一到两个百分点。"十一五"期间，我国电力信息化每年约有超过 100 亿元的投资，如果从现在开始就着眼于互动电网的建设，则其效益是非常巨大的；如果扩大投资规模，我国就可能成为主导全球互动电网变革的领先国家。我国关于智能电网方面的研究进展缓慢，甚至是刚刚起步，电网的安全稳定、实时预警及协调防御系统方面与美国等发达国家在智能电网方面的研发仍有很大差距。我国坚强智能电网存在的问题主要体现在以下三方面。

（一）政策扶持力度不足

中国的各种关于能源及电力方面的法律没有这方面的表述，政策上也缺少相应安排。目前的"坚强智能电网"建设还停留在企业行为这样较低的层面，研究主体较为单一。在

系统规划和维护层面，存在政府部门和当地居民为减少工业用地反对新发电厂和输配电线路建设。供电可靠性解决方案亦未引起足够的重视，并且电网在减排温室气体方面的努力和为"低碳经济"转型发展的贡献并没有获得足够的认同。与此相比，美国于2007年12月颁布能源独立与安全法案确立了国家层面的电网现代化政策，既建立问责机制，同时又建立激励机制。在政策层面，智能电网成为美国政府的振兴经济计划的一部分。

（二）电力市场制度不利于推进智能电网发展

中国的电力市场制度安排是政府主导下的强制性制度变迁的结果。强制性制度变迁是一种由上而下的变迁，其优势在于政府的力量强大，从而使政策推出的时间短，由政府的强制力来保证执行。强制性制度变迁不是微观经济主体基于潜在获利性动机自发推动的，从而存在制度变迁动力缺乏的问题。诱致性制度变迁是微观经济主体主动寻求潜在获利机会的自发行为导致的制度变迁，制度变迁的动力较强。中国的电力市场制度由于是政府按既定目标推动的，在改革到达一定阶段会形成各种既得利益集团，从而成为进一步改革的阻力。

（三）智能电网相关技术水平较低

目前，我国智能电网相关技术水平较低，缺少可预知性的实时系统控制模型与完备的供电可靠性解决方案，未能有效应对新能源发电的间断性、多变性、不可预知性带来储能和并网压力。此外，智能电网标准和互通原则，包括电力工程、信息技术和互通协议等方面标准和原则的建立，实时负荷预测管理工具、可预测潮流优化控制软硬件、配电管理系统（DMS）技术的研发，系统操作员之间通信的加强等一系列工作都急需开展。

四、提高坚强智能电网社会经济效益的对策

（一）将坚强智能电网建设纳入"十二五"发展规划，并纳入国家发展战略

建设坚强智能电网是一项复杂的系统工程，不仅涉及智能电网建设的相关技术，而且涉及社会经济发展的方方面面。为了建设中国特色的坚强智能电网，应将其纳入国家及各地方"十二五"发展规划，同时建议国家将坚强智能电网纳入国家发展战略，列入国家重大科技项目规划。

将建设坚强智能电网纳入"十二五"规划主要体现在城乡发展规划、土地利用规划方面，坚强智能电网需要建设相关电力工程，这些工程属于重大城市基础设施，要确保清洁能源与智能电网协调发展，必须保证坚强智能电网各环节协调发展、统筹兼顾。同时，发展坚强智能电网可以优化资源配置能力，加快清洁能源的发展，促进低碳经济发展，带动新兴产业发展，因此，将坚强智能电网纳入国家发展规划，由政府加强组织领导，不仅可以保证中国特色坚强智能电网建设，而且可以劳动与坚强智能电网相关的社会经济效益提高。

（二）完善坚强智能电网的相关政策规章，推动电力行业可持续发展

坚强智能电网建设涉及面非常广泛，不仅涉及技术，而且涉及管理；不仅涉及智能电网建设本身，而且涉及相关产业的发展，因此，要尽快完善坚强智能电网的相关政策规章，推动电力行业可持续发展。

1. 智能电网的技术政策

建设坚强智能电网中的关键是智能，将各种新技术高度融合，信息化、自动化、互动化特征明显。因此，要高度重视智能电网标准和规范体系的建设工作，深入研究建设智能电网所需的标准和规范体系，结合已有的电力、通信、自动化等相关的标准和规范体系，基于我国智能电网相关研究成果，建立适用于坚强智能电网的标准和规范体系，包括电力工程标准（电网建设标准、新能源接入标准）、通信标准以及信息技术标准等。

2. 智能电网的激励政策

建设坚强智能电网需要资金保障，通过出台智能电网建设激励政策可以解决建设资金问题。包括以下三个方面：

（1）在电费中体现，通过电费方式收取一定智能电网建设基金，并专项用于电网建设。

（2）在可再生能源电价附加补贴中体现，目前我国可再生能源电价附加的征收标准是 0.004 元 / 千瓦时，若做些提高，不仅可以弥补可再生能源补贴的资金缺口，而且可以列支智能电网建设资金，将电网建设资金纳入可再生能源电价附加补贴范畴。

（3）在政府相关财税激励政策中体现，由政府出台相关财税政策，对电网企业和智能电网配套企业给予政策优惠或奖励，保障智能电网的建设。

3. 智能电网的电价政策

目前，我国尚未建立合理的电价机制，坚强智能电网必须要有合理、灵活、多样的电价结构。

（1）要广泛实施峰谷分时电价、季节性电价、可靠性电价等电价制度，引导用户合理用电。

（2）推进阶梯电价的实施，阶梯电价是指将用户用电量设置为若干个阶梯，不同阶梯设置不同的电价，一般阶梯内电量越少，电价就越低。阶梯电价可以有效地抑制电力浪费现象，引导居民节约用电，合理用电。

（3）合理调整不同类型销售电价，从目前我国销售电价结构上看，东部高西部低是比较合理的，但在用户分类定价上不尽合理。从反应成本消耗角度出发，应该是居民电价最高，然后是商业电价和工业电价。但在我国实际上居民电价最低，有必要调整这种不合理的价格结构，逐步降低用户电价的交叉补贴。

4. 智能电网的产业政策

坚强智能电网建设对电力工业、上下游产业、基础性产业等具有强大的产业及技术需求拉动作用，将推动国家和地方产业结构调整，因此，要尽快建立鼓励相关行业发展的产业政策，涉及面较广。

（1）要在可再生能源接入方面给予政策支持，出台新能源接入坚强智能电网的相关扶持政策，同时规范新能源发电相关设备制造企业的发展，推动新能源可持续发展。

（2）推广新型用电方式的应用，积极鼓励储能技术产业发展，推广电动汽车发展、电池产业发展，推广多网融合的应用。

（3）推广新型用电方式基础设施建设，包括电动汽车充电设施建设、充放电站基础设施建设等。

（4）支持城市用户智能化改造，包括支持用户电表改造，支持电力智能小区、智能楼宇等建设。

（三）保障试点和研发投入，突破智能电网的核心和关键技术

1. 从智能电网角度看当前我国电网存在以下四个方面的问题

（1）新能源大规模接入问题，主要表现为风电的快速发展给电网安全稳定运行带来了一定的困难。

（2）电网运行问题，主要表现为电网短路电流水平日益增大、电力输送不够灵活、电网动态无功支撑能力不足等。

（3）电网调度控制问题，主要表现为电网调度计划安排的精细化手段不足、在线安全分析存在缺陷、调度技术支持系统整体性差等。

（4）用户与电网信息双向交互问题，主要表现在缺乏先进的双向信息交互的技术支持系统、配电网没有形成高效安全的信息交互通信网、终端用户智能电表的应用还处于起步阶段等。

2. 为保障试点和研发，必须突破智能电网的核心和关键技术

（1）新能源接入的关键技术

新能源接入要有利于电网安全稳定运行，因此要研究制定新能源并网技术标准。

①风电是我国主要的新能源

研究制定风电并网技术是关键，应对风电的有功、无功及低电网穿越性能提出明确要求，同时还要加强风电功率预测技术，提高电网的安全稳定运行。

②分布式能源技术的研究和应用也是新能源接入的关键技术

分布式能源技术主要包括微网技术和储能技术，微网技术主要解决微网的运行和控制、分布式发电等接入主网所引发的问题；储能技术主要研究新的储能电池技术和其他储能方法，提高储能的容量和效率。

（2）电网环节关键技术

电网环节的关键技术主要是电力电子技术，电力电子技术主要包括柔性交流输电技术和高压直流输电技术。其中，柔性交流输电技术是将电力电子技术、微处理机技术和控制技术集中应用于高压输变电系统，提高可靠性和电能质量，获取最大节电效益。高压直流输电技术的研究将显著增强电网的输电能力，减少输电损失，降低短路电流。

（3）调度环节关键技术

调度环节的关键技术主要是构建新一代智能调度技术支持系统，这种系统不仅立足于支撑坚强智能电网的运行需要，而且要成为大电网监控、在线应用、电网故障自愈的基础，同时还要易于管理和维护。

（4）用户环节关键技术

用户环节的关键技术是要构建智能用电服务体系，这种体系包括要建立智能电网需要的用电服务体系分析决策平台，要建成智能电网需要的配电通信网，以及加快用户智能电

表和智能终端的研究和应用。

（四）加强国际合作，充分利用外部资源

1. 加强国际宣传，提升我国坚强智能电网的国际形象

发展智能电网既是电网运行可靠、安全、经济、高效的需要，更为低碳经济开辟了重要通道。在全球倡导低碳经济的背景下，发展智能电网已成为国际化趋势。我国提出建设坚强智能电网也是国际化趋势的必然要求。在建设坚强智能电网的过程中，要加强国际宣传，提高国际化业务发展规模与水平，提升国际化业务的管理水平，加快国际合作的统一品牌（SGCC）建设，提升国家电网公司的国际影响力，推进国际一流现代公司建设，提升我国坚强智能电网的国际形象。国家电网已经成功推动了国际化战略，相继收购菲律宾国家输电网和巴西7家输电特许权公司，标志着我国电网技术和管理走向世界，公司的国际形象、国际地位明显提升。

2. 加强智能电网国际人才的培养和引进，为我国智能电网国际化发展提供保障

我国坚强智能电网的国际化发展需要有国际化人才保障，要加快智能电网国家人才的培养与引进。首先要建立人才培养机制，采取将现有人才输送到世界知名跨国公司接受培训、挂职锻炼、实战锻炼等方式，培养国际化人才。同时要建立人才引进机制，积极引进智能电网及相关专业的海外优秀人才。通过培养与引进相结合，优化智能电网建设的人才结构，提高人才素质，为智能电网的国际化发展提供保障。

3. 加强国际合作，推动技术装备及相关标准走向国际

我国在坚强智能电网建设的理论和实践方面已经取得了显著成绩，在国际上处于领先地位。要通过加强国际合作的方式，大力宣传我国坚强智能电网的发展理念、发展经验，提高我国智能电网在世界范围内的影响力。要时刻关注智能电网发展的国际动向，积极参与国际交流，寻求国际合作机会，推动技术装备及相关标准走向国际。

第二章　智能电网技术

第一节　电力电子技术

电力电子技术自发展以来在社会多个领域中有广泛的应用，随着我国社会经济的不断发展，其发挥的作用益加明显。现在的城市交通运输，电力电网系统的应用都需要电力电子技术的支持。此外，电力电子技术也能够应用在智能家电、智能交通中，并且随着我国电力电子技术市场不断多元化，逐渐向节能化与信息化方向发展。

一、电力电子技术概述

电力电子技术是使用电力电子器件对电能进行变换和控制的电子技术。它涉及电力电子器件，电力电子电路和系统，在我国电气化专业中是一门较为基础的课程。电力电子技术最初主要是由美国企业研发，并且在发展过程中不断对其进行革新与优化，此外随着科学技术的不断发展，此项技术逐渐得到进一步更新，成为在电子、自动化等学科的基础性学科。该技术一般是对电力电子中的一些装置与系统实施有效的研发，在电力以及工业行业中应用较为广泛，这在较大程度上对企业的经济发展有较大的促进作用，同时也为我国经济的发展奠定良好的基础。

二、电力电子技术的作用

（一）促进电网的稳定性

我国的电网技术已经进入全面发展的阶段，但是仅仅处于发展的开始阶段，其中存在着大量的问题，我国的经济正在处于大力的发展阶段，我国社会的电力需求是巨大的，现行的电网还不能够很好地满足社会的发展，因此，应用电力电子技术可以帮助我国的电网加强智能化，电网的发展在电力电子技术的支持之下也可以满足安全的要求，电网的基本运行状态可以得到很好的维护，智能电网一定能够得到更大范围的优化。

由于大量的技术人员的加入，我国的电力技术已经取得了很大的发展，电力技术的应用实际上很广泛，但是，在电网中的应用仍旧有许多不足的地方，现今的大多数的电力企业并没有完全的应用电力电子技术，因此，电网的稳定性还不足。在电网的设计当中，最主要的就是安全，电网的作用性很大，但是一旦发生问题造成的危害也是巨大的，因此，电网的稳定性是发展中的核心问题。

不同的电网系统之间存在着不同的问题，应用电力电子技术可以很好地解决电力运行稳定性的问题，电网的智能化程度也就会越来越高，由于电网的结构复杂程度高，随着人类活动对自然的破坏，自然灾害的频发对电网结构造成的损害也是巨大的，结合电力电子技术可以优化电网的结构，还能够促进电网的稳定性。

（二）提高电能的质量

我国曾经在 2008 年应用直流关键技术，这一工程的容量为 20MVA，电压的等级为正负 30kV，其中工程的容量为 100MW，直流电压为正负 100kV。电能的质量如果过低就会造成不良的影响，社会的发展就会受到影响，应用电力电子技术可以提高电能的质量，在电网进行电能的输出时，其电力电子技术就会对电能的输出进行重新科学的配置，电网中的电能输出就能够获得稳定，输出的效率也能够获得相应的提高，相应的经济效益也会增大。

（三）帮助资源配置

我国的能源消耗是巨大的，相关的能源问题早已被列入我国重点解决的问题之一，我国的电能缺失的程度还没有很大，但是这一问题不得不重视起来，能源的消耗会破坏环境，也会引发社会能源供需不足的现象，而电能是一种可清洁的再生能源，这是比较有利的条件，我国应该在保护环境的基础上加大力度应用电力电子技术，这样可以建设先进的电网，还能够优化我国的资源，对于可再生能源的保护有一定的作用，应用电力电子技术可以有效地帮助我国的能源实现优化配置。

三、电力电子技术的发展

（一）向变频器时代发展

变频器时代主要是采用了微电子技术与变频技术，对电机中电源频率进行合理的改变，以此对交流电动机的电力控制设备实施全面控制。随着集成电路技术的不断发展，为电力电子技术的发展提供了动力。其中，较为典型的就是把集成电路技术中的不同技术实施有效的结合，比如将电流技术与高压大电流技术实施融合，产生出全控型功率器件，这在较大程度上使中小功率电源向高频化方向发展，同时，双极晶体管的出现，也促使大中型功率电源向高频化方向发展。

（二）向逆变器时代发展

逆变器是指将直流电转变交流电的设备，逆变器主要由逆变电路与控制逻辑构成。我国自进入 20 世纪 80 年代以来，变频调速装置技术在应用的过程中，大功率逆变用的晶闸管在其中发挥着较为重要的作用。随着我国科学技术的不断更新，电力电子技术在发展过程中已逐步实现了整流与逆变的互逆过程。我国现在采用高压直流 800kV 供电网络就是其中一个应用。但由于工作频率相对比较低，并且在此基础上还依然停留在低频范围之内，随着电力电子技术的不断发展，未来向着逆变器时代发展是其必然趋势。

（三）向整流器时代发展

整流器主要是指一个整流装置，也就是把交流向直流转化的装置，较为典型的领域有电解、牵引以及直流传动。研究证实，大功率整流器可将工频交流电向直流电实施有效的转化，因此未来发展趋势势必是大功率硅整流管与晶闸管时代。由于整流器时间相对比较悠久，并且对电力电子技术的发展比较重要，成为电力电子技术未来发展的一个重要方向。

四、电力电子技术的运用

（一）在我国交通运输行业中的应用

电力电子技术在我国交通运输行业有较好的应用效果，主要体现在交通工具动力装置中。动力装置是不同交通工具顺利运行的核心装置，但是在发展的过程中安全性以及性能在一定程度上有待提升。随着科学技术的更新，其动力装置逐渐向自动化与一体化方向发展，在发展中电力电子技术是其核心内容。该技术在交通运输业的应用过程中能够有效提高列车运行速度，并增加其承载能力，同时还会在较大程度上降低维修成本。此外，在一些多隧道或者陡坡度高的山区，不会受到环境的影响，能够最大限度上发挥其自身的性能。

（二）在家用电器中的应用

电力电子技术的发展已全面深入到人们生活中，比如家用电器中的变频空调、变频洗衣机、电磁炉、节能灯等。在这些家用电器的使用过程中，电力电子技术在其中发挥着较为重要的作用。一些未使用电力电子技术的产品在更新的过程中已被淘汰。此外，与传统家用电器相比，现代化家用电器使用的材料有更大的安全性，并且在此基础上成本相对较低，在一定程度上大大提高人们生活质量。由于电力电子技术的应用，使家用电器中的一些核心器件可批量生产，不但能够降低成本，更为重要的是对我国社会经济效益的提升奠定良好的基础。

（三）在电力企业的应用

电力电子技术的发展主要是电力与电子技术之间的结合，能够在电力系统中进行稳定的运行，并且在此基础上还可对电子设备中的一些装置实施有效的维护，对我国电力系统正常运行提供较好的动力，其中最为重要的确保了电力系统运行过程中的安全性。此外，通过电力电子技术对变频进行有效的调节，以此使电能损耗降低，大大提高其工作效率。较多的电能产品在运行过程中，需要通过电能转换，此环节的良好转换主要建立在拥有大功率的跟踪调节器，电力电子技术完全实现了电流之间的转换。

（四）在电力节能过程中的应用

随着人们对能源需求量不断增加，现有能源无法充分满足人们需求，这就需要进行新能源的开发与利用，电力电子技术在节能方面有较大的贡献，比如通过该技术研制出了节能灯，与传统灯相比使用时间比较长，并且在此基础上对电压影响也比较低，同时也有较好的显色度。此外，电力电子技术还能够对一些加热设备感应能力进行有效地提高，能够在较大程度上提高设备运行的安全性，若热量达到峰值时会自动切断电源，以此进行温度的自行调节。

五、在智能电网中的作用及应用

（一）电力电子技术在智能电网中的作用

1. 维护电网安全

电网作为一项不可或缺的基础性设施，其对于国家的经济发展及社会文明的进步均具有十分重要的意义。然而，就目前我国电网发展现状来看，其架构较为简单，与西方发达国家的智能电网建设相比，在输电与配电方面尚且存在着较大的差距。智能电网建设的最基础保障就是安全。但近几年，由于极端天气与自然灾害的频频发生，对于我国电网的安全也带来了极大的影响，由此也间接决定了我国电网互联的发展趋势。电力电子技术在智能电网的运用，促使电网架构得到了有效优化，并通过电流分配调节，从而也有效地解决了电能由于电网故障而无法传播的问题，此外，电力电子技术的应用还促使电网系统的自我修复能力大幅度提升，进而也更好地保证了电网运行的安全性与稳定性。

2. 促进电网优化

智能电网是一种互通、互动的系统，其能够依据网络系统实现对用户的电能需求以及由于环境更迭所造成的系列变化的实时控制，而这一功能的实现就建立在了以电力电子技术的应用基础上。近年来，随着我国科学技术的蓬勃发展，电力电子技术也得到了大力地发展。

3. 实现资源的合理配置

能源紧缺问题一直是一项制约我国经济发展主要问题，特别是在近年来，我国能源问题日益严峻，因此，解决能源消耗也是当今发展中的一大迫切要务。在智能电网建设实践中，电力电子技术的应用，不仅更有助于实现可利用资源的优化配置，同时在保护环境与节约资源方面也发挥出了一定的作用与价值。

（二）电力电子技术在智能电网中的实际应用

目前，电力电子技术中多种技术形式逐渐地在智能电网中普及开来，从而在一定程度上也很好地满足了电网对于电力电子技术的多样化需求。具体而言，其在智能电网中的应用主要集中体现在以下几个层面。

1. 在一些规模较大的能源基地中，电力传输的范围相对较大

所以在电力传输距离与容量方面的要求也相对较高。电力电子技术在大型能源基地电力传输过程中的应用，借助其独特的技术优势能够促使传输过程中的电能损耗大幅度降低，进而促使电能传输效率显著提升。除此之外，在电力电子器件中所夹带的晶闸管，还能够有效的提升电力流通能力，从而更好地保证了电能传输的稳定性。如果在智能电网中电力电子技术的应用可以普及的话，那么也必定会对智能电网的发展带来全新的契机。

2. 日常生活中我们所使用的电能

一般都是通过水能、热能、风能等其他形式的能量转换而来，当然电能也可以转换为所需要的其他能量形式，但是这种转化的稳定性相对较差。目前我国现存的电力系统虽然能够实现诸如风能、热能等可再生能量的转换，而且也能够实现与智能电网的成功连接，但可再生能量的不稳定性却始终无法改变，而且所要求的电波持续稳定也无法保证。要改

善这一问题，关键就需要在大功率的电压源之间设置一个容量较大的存储设备，以此实现对电波波动的有效控制，进而更好地维护电网系统的稳定性，这一切功能的实现都将归功于电力电子技术的应用。

3. FACTS 技术是电力系统与电力电子技术的完美融合

该技术就是在电力系统中通过电力电子技术装置来实现，其不仅能够促使系统电压、电流及功率的可控性明显增强，同时也促使系统的电力传输能力大幅度提升。此外，FACTS 技术的实施，还实现了对局部电网与总电网之间的电流水平有效协调与控制，由此不仅促使电网的操作模式变得更为灵活，同时也使得智能电网的稳定性进一步提升，进而也使得智能电网的经济性得到了有效保证。

4. 电力电子技术在智能电网中的应用

其中应用最为广泛的就是智能开关技术。借助该技术，能够做到对电网中任意位置电压与电流的闭合处理，保证电网线路的某个区域能够处于供电或断电状态，由此也对电网系统运行的可靠性与安全性提供了有利的条件。智能开关技术在智能电网中的应用，其优势主要体现在以下两个方面：

（1）智能开关技术的存在

有效地避免了电网系统电流过量和漏电等安全问题的发生，进而更好地维护了电网系统运行的安全与稳定。

（2）智能电网技术的应用

充分的保证了电力企业仪表仪器与电力用户电器设备的安全性，避免了由于电流不稳定所造成设备损坏问题。

5. 高压变频技术的应用也是十分广泛

高压变频技术的应用，在降低电耗方面发挥出了巨大作用。我国电力电子技术在发展的过程中，能够为各个应用领域带来较大的经济效益，并且节能环保提高生态效益，而且具有较高的应用价值。此外，电力电子技术在应用期间，依然有较大的发展潜能，需要根据先进科学技术进行有效的研究，在多次试验过程中得出有效结论，并且将其应用在实践中，最大程度使电力电子技术在应用与发展的过程中发挥出自身的更大价值。

第二节　超导技术

一、基本概述

超导现象是指材料被冷却到一定程度时电阻为零的现象，由于没有电阻，电子可以无阻碍的自由穿行，而不产生任何热量，因此，超导技术有望应用于高耗能行业，尤其在电力领域，成为降低损耗的主要手段之一。目前煤炭、金属等资源日趋紧张，用电量又持续增长，且在输电过程中又有大量的电能浪费在电阻损耗上。可以说，超导技术是最有可能缓解甚至解决高耗能问题的途径之一。超导技术的相关产品主要包括超导电机、超导限流器、超导电缆、超导变压器和超导储能系统等。

在国家"863"专项计划及产业政策的扶持下，我国在超导带材制备、超导强电应用、超导弱电应用方面积累了大量的经验，并取得了一定成果，部分领域还建立了相关示范线。

（一）我国超导技术发展历程中，具有里程碑式意义的事件

1. 2001年12月1日，我国首条铋（Bi）系高温超导带材生产线在北京英纳超导技术有限公司正式投产，标志着我国在一代Bi系高温超导带材产业化方面已达到国际领先水平。

2. 2004年4月19日，由北京英纳超导技术有限公司和云南电力集团主导的33.5m、2kA/35kV三相交流电缆在昆明普吉变电站挂网运行，这是我国第1组并网运行的超导电缆，也是世界第3组超导电缆。

3. 2004年12月，75m、10.5kV/1.5kA三相交流超导电缆在甘肃省白银市完成了安装、调试和并网运行，此高温电缆项目由中国科学院电工研究所牵头，甘肃长通电缆科技股份有限公司参与超导电缆的制作。

4. 2008年1月7日，由北京英纳超导技术有限公司参与研制的35kV/90MVA超导限流器样机（饱和铁心型）在云南普吉变电站进行了挂网试运行。

5. 2011年2月，国内首个超导变电站在甘肃白银建成，在同年4月正式投入运行，该变电站包含了高温超导电缆、高温超导储能系统、高温超导变压器和高温超导限流器，代表了我国超导技术的最先进水平，创造了多项第一。

6. 2012年1月7日，国家电网天津电力公司首台高温超导限流器（220kV/800A）在天津市各庄调试完毕并运行，北京英纳超导技术有限公司和天津市百利电气有限公司共同参与了该项目。

（二）高温超导材料的应用

高温超导材料在能源、交通、医疗、科学仪器、国防、信息、农业、环保和材料制备等多方面具有重要的应用价值，其中高温超导强电应用技术主要包括高温超导磁体技术和高温超导电力技术两个方面。

1. 高温超导磁体技术

主要应用于大型科学工程、工业交通、医学生物以及其他方面，其中超导核磁共振技术（MRI）由于其具有的高场强、高信噪比等特性，使其已经广泛应用于医疗机械中，依靠其能够拍摄心脏脑部的活动及进行血管造影。

2. 高温超导电力技术

这一技术的应用对提高电网容量、电能质量、供电可靠性和安全性具有重要意义，包括输电电缆、限流器、电动机、发电机、变压器、超导储能系统等在内的一系列高温超导产品将给电力技术的发展、人类的文明产生深远的影响，其中，高温超导输电电缆被认为是实现高温超导电力应用最有希望的领域之一。

超导技术的发展给电力系统的技术带来质的飞跃，许多过去无法实现的电工装备由于采用超导技术而成为现实，或即将成为现实。超导磁体由于其具有能耗低、体积小、重量

轻等优点，展现出极大的优势。例如，它可以在大空间内产生强磁场而几乎不消耗电能，从而为一些高技术，如核聚变、磁流体发电等实际应用创造了有利条件。另外，目前常规的电工装备如果采用超导技术，不仅将大大改善其性能，而且还可极大地节省电能。目前，超导电工技术已成为国际科技发展的前沿领域，开展超导电工技术的研究符合我国国民经济发展的需要。

二、超导技术在智能电网的应用

在当前世界能源短缺危机日益严重的大背景下，有鉴于电力基础设施是全球最大价值的物质设施，也是可以最大限度实现能源效率提高的平台，发展智能电网将是关系到国家安全、经济发展和环境保护的重要举措。

通过全面改造现有的电力系统，将构建高效、自愈、经济、兼容、集成和安全的智能电网。有了智能电网的支撑，在发电领域，可接入更多分布式新能源发电和远距离大规模可再生能源发电，减少对以化石能源为主的传统能源的依赖。

在输配电领域，新型输配电设备的使用将降低输电损耗，提升跨大区经济调度和资源优化配置的能力，以及增强电网的抗攻击、快速反应和自愈能力。在用电领域，动态电价和智能用电设备将使用户更充分地利用新能源，提高资源利用效率并实现引导负荷跟随发电能力波动的功能，增强电网运行的安全性。智能电网的实施将优化能源结构、转变能源供给方式、提高能源利用效率，并为国家能源安全提供保障。同时，智能电网的建设和运行，将带来大量新的工业、商业增长点，在我国产业结构调整、升级的大背景下，智能电网是继新能源汽车之后的又一重量级新兴产业规划。

发展智能电网将在多个相关领域推动科技创新，提高我国的科技实力。以智能电网为平台所组成的分散决策机制将为电力市场的良性运作提供保证，并推动电力市场改革的进一步深入。而超导技术的发展为电力科技的进步提供了新的研究领域，其中高温超导电缆和电磁储能已经成为国外智能电网研究的热点。

（一）高温超导电缆

我国幅员辽阔而经济发展的不均衡造成了资源与负荷中心距离过远，如何传输电能成为一个难题。美国能源部（DOE）对传输电能的基本思路是通过改良输电线材料增加电网输送能力，采用高温超导体及具有极低阻抗率的先进材料（如纳米材料）构成骨干网架。在美国能源部（DOE）的支持下，1996年美国电力研究所（EPRI）和Pirelli电缆公司及Southwire公司采用ASC的Bi-2223/Ag带状导线合作研制出长30m、115kV、2kA的三相交流高温超导模型电缆，其目标是研制1km的高温超导电缆。Southwire已经在变电站安装一段长30m、1215kV、1125kA的三相高温超导电缆试验线，并将在Carrollton的三个电站安装类似的电缆。Pirelli电缆公司已于2000年3月在底特律Edison变电站安装了长130m、24kV、2.4kA的三相交流HTS电缆以取代现有的9根铜电缆。与原来的9根铜电缆相比，该HTS电缆的总直径减少66%，总重量由8170kg减少到110kg。Pirelli公司已经在2001年将第一根高温超导电缆投入了商业运行。

1995 年，日本东京电力公司（TEPCO）研制出长 7m、66kV、1kA 的三相交流电缆，其阻抗为常规电缆的 10%。1997 年，TEPCO 又研制出 50m、2kA 的交流电缆。TEPCO 的目标是研制出 66kV、1000MVA 的 HTS 电缆为东京地区供电。2000 年 11 月，日本中部电力公司和富士库拉公司成功开发了高性能的高温超导电缆，其交流损耗仅为铜芯电缆的 1/300；这两家公司开发的高温超导电缆是由三层 Bi 系高温超导材料构成，内层与外层相互交错，形成带状，用它包裹芯材，成为高温超导电缆。这种结构可以避免电流偏流现象产生的高电阻，因此，大大减少了交流损耗，其交流损耗仅为 0.1W/In，比欧美国家开发的高性能高温超导电缆还少 1/2。东京电力公司和住友电气工业公司携手制作的 100m 长高温超导电缆，已经完成通电试验，正在为并网运行做准备。

由于采用无阻、能传输高电流密度的超导材料作为导电体，所以，超导电缆具有体积小、重量轻、损耗低和传输容量大等优点。

1. 大容量

目前我国交流特高压试验示范工程晋东南 - 南阳 - 荆门已经于 2009 年 1 月 6 日全线正式投运。而导线输送容量与其输送距离有关，如再提高送电容量，由于导体热量损耗随容量的提高而迅速增加，需采取强冷措施，应限制其容量的提升。超导电缆中应用无阻和高临界电流密度的高温超导线材作为导体，极大地提高了电流/电能传输能力。热绝缘超导电缆传输的电流至少是传统电缆的 3~5 倍，这是由低温封套和屏蔽层的涡流损耗所决定的。如低温保持器由非金属材料制造，电流传输能力将可进一步提高。冷绝缘超导电缆的电流传输能力更大一些，直流超导电缆的更高。

2. 低损耗

超导材料在进入超导状态时直流电阻几乎为零；但对于交流电缆而言，超导体中仍有磁滞涡流损耗，因此电导损耗不可忽略，但其值比常规电缆的小得多，即使计及低温冷却所需的电力，其电力损耗仍比常规电缆的小。交流高温超导电缆的功率损耗约为输送容量的 1%，直流电缆的功率损耗比交流电缆的更低。如计及电缆制冷功率，高温超导电缆的总损耗约为常规电缆的 35%。如采用超导输电技术，使总的输电效率提高约 4%，则目前我国每年可节约电力 10GW 以上。据统计，如全部采用高温超导电缆，按现在的电价和用电量计算，我国每年可节约 400 亿元，还可降低耗煤量，减少燃煤对环境的污染。

3. 紧凑结构

现在输电走廊的问题日益突出，而高温超导电缆传输的电流密度高，因此，传输相同电能所需的送电通道远小于常规电缆，单回路的超导电缆即能达到或超过双回路或三回路常规电缆的最大输电电流的要求。从有限的电缆安装空间和安全角度出发，在需要扩容的城市电网中应用高温超导电缆，可使用现有的地下电缆沟，既增大传输功率，又节省土建费用。

基于超导电缆的以上特点，超导电缆组成的主干电网可增大传输容量、减少损耗、解决大城市大功率集中供电的瓶颈、平衡等诸多问题，为我国输电网的建设提供了一种新型行之有效的方法。

（二）超导储能装置

20世纪70年代后，随着现代工业的发展，全球能源危机和大气污染问题日益突出，传统的燃料能源正在一天天减少，对环境造成的危害却越来越大，同时全球约有20亿人得不到正常的能源供应。这个时候，全世界都把目光投向了可再生能源，希望可再生能源能够改变人类的能源结构，维持长远的可持续发展，太阳能和风能成为人们重视的焦点。

太阳能是取之不尽、用之不竭的、无污染、廉价和自由利用的能源。太阳能每秒钟到达地面的能量高达80万千瓦，假如把地球表面0.1%的太阳能转为电能，转变率5%，每年发电量可达5.6×10^{12}kWh，相当于世界上能耗的40倍。正是由于太阳能的这些独特优势，20世纪80年代后，太阳能电池的种类不断增多，应用范围日益广阔，市场规模也逐步扩大。近10年来，全球太阳能电池产量年均增长率达到了33%，2004年的世界太阳能电池产量超过1200兆瓦，2005年达到1818兆瓦，2006年达到2536MW，年增长率分别达到61.2%、51.5%和40%。

作为一种新型的可再生能源，风力发电产业20世纪80年代始发于美国加利福尼亚州。近年来，全球风电发展进入迅速扩张的阶段，风能产业每年保持20%的增速。截至2007年年底，全世界风力发电机组的装机容量已经达到了9400.5万兆瓦，而到2012年，全世界风力发电机组总装机容量预计将超过11000万兆瓦。迄今为止，全球已有70多个国家在开发利用风能资源。目前，国内外发展风电已成为解决石油危机，能源减少碳排放的重要举措之一。根据预计，未来几年亚洲和美洲将成为最具增长潜力的地区。

大量新能源的接入，由于其不确定性对电网所带来的冲击和危害是巨大的，因此发展储能系统对系统的安全稳定运行具有极强的现实意义。而超导储能SME系统通过超导磁体的低损耗和快速响应来储存能量的能力，通过现代电力电子型变流器与电力系统接口，组成既能储存电能（整流方式）又能释放电能（逆变方式）的快速响应器件，从而达到大容量储存电能、改善供电质量、提高系统容量和稳定性等诸多目的。

其具有蓄电池储能压缩、空气储能和抽水储能等储能装置所没有的特点，尤其是在小的储存能量条件下能进行快速充放电，即也可在小的储能量时实现高功率。在电网出现短路等瞬态扰动时，SMES可迅速反应，通过对有功及无功的吸收或释放，给电网提供电压及频率的支持，以保证电网的稳定运行。对于发电机的突然故障，SMES可立即输出能量以弥补水轮发电机旋转，保持系统的启动时间，避免电网的频率因此失控。SMES在改善电网稳定性方面的作用还包括无功补偿、次同步振荡阻尼、电压波动、负载波动及频率波动阻尼等。

在改善电能质量方面，SMES系统则可充当干扰屏蔽器或隔离器的角色。SMES的动态电压补偿器（DVR）为瞬间电压跌落这个许多工业和商业用户所面临的最严重的电能质量问题提供了一个强有力的解决措施。

三、当前我国超导技术发展

（一）整体技术水平与国际相比仍有很大差距

我国已经实现了 Bi 系高温超导带材的产业化，也建立了多条超导示范线，为我国超导产业的发展奠定基础。但从整体技术水平看，与国际差距仍然很大，尤其是在长距离二代超导带材的制备、超导电流引线、超导电动机、低温制冷技术和终端接头技术等方面。

（二）原始创新成果较少

我国在超导领域缺少原始创新，科研上一直跟随他人的脚步。要想缩小这种差距，就必须在成果上有创新突破。1989—2005 年期间，我国在超导研究领域发表的 SCI 论文约 4000 篇，拥有专利约 800 项，而当时，美国超导方面发表的 SCI 论文已达 20000 篇，日本则有 16000 篇；相关专利美国约 10099 项，日本为 11337 项。尽管近几年我国超导领域取得了快速发展，论文和专利数量也有了较大增长，但在原创性及基础研究领域和产业化方面与发达国家相比仍有很大差距。

（三）超导产业发展面临新的机遇和挑战

2012 年 2 月 22 日，《新材料产业"十二五"发展规划》出台，明确提出超导材料作为新材料产业重点发展的方向之一，超导材料迎来了新的发展契机。强电领域是超导技术应用的一个重要方向，随着"智能电网"建设正式写入"十二五"规划，对现代电网运行的稳定性、安全性、经济性和电能质量有了新的要求，超导技术成为可能解决以上问题的方案之一。另一方面，电网的复杂性，也为超导技术应用提出了新的挑战。

四、我国超导技术发展趋势

（一）继续加大政府扶持力度

政府的推动作用是无可替代的，尤其是在超导产业处于规模化前夕这一关键时期。从发达国家发展经验可以看出，政府在其中都起到了重要的引导和扶持作用，尤其是资金上的扶持极为重要：日本新能源和工业技术发展组织，1999—2008 年期间累计投入 626 亿日元，开展高温超导电缆、变压器、飞轮储能、发电机、故障限流器等方面的研发工作，其中材料与设备的开发几乎占了总投入的一半；韩国政府耗资 1.44 亿美元发展高温超导技术，以改造和发展韩国的电力系统。我国在"十二五"期间，政府在加大政策扶持力度的同时，应增加经费的投入比例，争取在已有工作的基础上，把握机遇，以期在国际竞争中缩小差距。

（二）以国家政策为先导，调动地方政府积极性

超导产业的发展，除了需要国家政策的扶持外，调动地方政府的积极性也是非常重要的，因为地方政府在资源协调方面有着独特优势。以国家政策为方向，明确发展重点，有助于超导产业的加速发展。如我国第一条超导电缆及首座超导变电站，都是在地方政府的支持下才顺利实现了试运行。

以上海为例，在上海市政府的支持下，由上海电缆研究所牵头，联合上海市电力公司、

上海交通大学、上海大学、上海电缆厂有限公司、上海三原电缆附件有限公司，成立了上海高温超导电缆产业化及工程应用产业技术创新战略联盟，明确以工程化、产业化为目标，重点发展超导电缆等相关超导电力应用技术和第2代高温超导带材。以联盟为支撑，上海交通大学李贻杰教授成功研发了百米级2代高温超导带材，填补了国内空白。

（三）继续加大产学研合作力度，鼓励企业进入超导产业

超导产业是一个高技术、高风险、高投入、前景好但回收周期长的高新技术产业。过去，研发主体（或参与者）主要是中国科学院、清华大学等有实力的科研院所和高校，经费来源单一，基本是来自政府拨款，资金有限。研究方向也主要侧重于基础研究，即使取得了成果，也难以进行中试乃至产业化。

企业产品虽接近市场，资金实力强，但研发实力薄弱。若将产学研三者联合，各自发挥优势，使得研发与市场紧密结合，优势互补，必有助于推进超导技术的研发和产业化进程。

企业进入超导产业有其独特的优势，一方面可以参与超导项目的研发，另一方面又可为项目的产业化提供后备保证。现代企业已经深深意识到超导产业的巨大商业价值和开发前景，国内企业已经开始蛰伏超导产业，提前布局，抢占市场先机，如青岛汉缆股份有限公司、江苏永鼎股份有限公司、中天科技集团和天津市百利电气有限公司等。

五、"十二五"期间我国超导产业的发展重点

（一）发展2代超导带材的制备技术，并尽快实现产业化

我国在2代超导带材技术水平上与国际差距比较明显。目前我国能实现的2代超导带材的制备长度约为百米级，且还处于中试阶段。而美国和日本的部分公司已实现了2代超导带材的量产，例如，2008年，日本藤仓公司即开发出了具有实用意义的长500m、载流能力约350A的2代超导带材，2010年，2代超导带材制备长度提高至820m、载流能力高达570A；美国超导公司（AMSC）也实现了2代超导带材的量产，从2012年开始，将陆续向韩国LS电缆公司供应总长约300万米的2代超导带材。发展2代超导带材制备技术，并在工艺和成本上实现突破，是"十二五"期间发展我国超导产业的重中之重。

（二）继续探索新型的高温超导材料

超导材料是超导技术得以发展和应用的基础，因此，寻找临界温度高、结构简单、容易合成的高温超导材料是超导研究的一个重要方面。此外，新型超导材料往往蕴含着重大的科学问题和重要发现，从超导材料的基础研究中去解决应用中的关键问题，有助于推动超导材料及其相关技术尽快迈向产业化。目前，科学界的焦点主要集中在二硼化镁和铁基超导材料上。

（三）发展可靠、经济、安全的超导电力系统

超导技术及产品能否迅速走向实用化和产业化，除了本身的技术和成本外，最关键的因素还是社会需求。我国电网容量持续增加、规模不断扩大、电力需求日益增长，且用电负荷分布不均，这些都为超导技术进入强电领域提供了广阔的空间。超导技术应用于电力领域有助于改善电网结构、提高供电品质、降低输电损耗，推动我国电力工业的发展，使

得超大规模电网的建设成为可能。

早在超导电性发现初期，超导材料用于输电电缆就成为最吸引人的设想。超导电缆是解决当前传输问题的最佳方案，因为提高输电电压而提高容量毕竟有限，也受到很多因素的制约，而高温超导电缆的传输容量几乎是不受限制的。目前，随着越来越多新能源的使用，储能问题成为系统是否稳定的关键，而超导储能具有响应快、损耗低的特点，因而其不仅能用于电网调峰，而且可以储存应急的备用电力，提高容许输电容量。

目前，高温超导强电应用技术已经接近实用化的水平，它的应用前景是相当广阔的。随着我国电网规模和容量的不断扩大，电网的稳定性、可靠性和安全的问题将变得更为明显。常规电网的高功率损耗和电网建设用地的矛盾等问题日益突出，迫切需要突破传统的技术限制，采用新的技术来解决我国电网所面临的问题。因此，高温超导电力技术的到来无疑给我国带来一次难得的机会。

第三节　仿真决策技术

决策仿真是将仿真技术用于决策问题的方法。如将决策系统的决策因素、决策措施、决策目的等编成仿真程序，输入计算机系统，以求得最佳解答。决策仿真的基本步骤是：建立决策仿真模型；编写决策仿真程序；进行决策仿真实验操作；验证结果的正确性、科学性。在决策仿真过程中，不同性质的决策问题其方法也各不相同。

如果是连续系统则用连续系统仿真方法（连续系统数字仿真、连续系统模拟仿真和连续系统混合仿真），如果是离散系统则用离散系统仿真方法。另外蒙特卡罗法（参见"蒙特卡罗法"）也可用于决策仿真。决策仿真的一个重要问题是决策程序的编写，它不但要求掌握各种仿真语言的应用，而且必须精通数学知识（如运筹学中的数学规划、动态规划等）。

一、概述

从一般意义上讲，系统仿真可以理解为对一个已经存在或尚不存在但正在开发的系统进行系统特性研究的综合科学。对于实际系统不存在或已经存在但无法在现有系统上直接进行研究的情况，只能设法构造既能反映系统特征又能符合系统研究要求的系统模型，并在该系统模型上进行所关心的问题研究，揭示已有系统和未来系统的内在特性、运行规律、分系统之间的关系并预测未来。系统仿真是以建模理论、计算方法、评估理论为基本理论，以计算机技术、网络技术、图形图像技术、多媒体技术、软件工程、信息处理、自动控制及系统工程等相关技术为支撑的综合性交叉科学。仿真技术的应用一般是以仿真系统的形式来体现的。

二、仿真工具

主要指的是仿真硬件和仿真软件。仿真硬件中最主要的是计算机。用于仿真的计算机有三种类型：模拟计算机、数字计算机和混合计算机。

（一）模拟计算机

主要用于连续系统的仿真，称为模拟仿真。在进行模拟仿真时，依据仿真模型（在这里是排题图）将各运算放大器按要求连接起来，并调整有关的系数器。改变运算放大器的连接形式和各系数的调定值，就可修改模型。仿真结果可连续输出。因此，模拟计算机的人机交互性好，适合于实时仿真，改变时间比例尺还可实现超实时的仿真。

（二）数字计算机

可分为通用数字计算机和专用的数字计算机。20 世纪 60 年代前的数字计算机由于运算速度低和人机交互性差，在仿真中应用受到限制。现代的数字计算机已具有很高的速度，某些专用的数字计算机的速度更高，已能满足大部分系统的实时仿真的要求，由于软件、接口和终端技术的发展，人机交互性也已有很大提高。因此，数字计算机已成为现代仿真的主要工具。

（三）混合计算机

是把模拟计算机和数字计算机联合在一起工作，充分发挥模拟计算机的高速度和数字计算机的高精度、逻辑运算和存储能力强的优点。但这种系统造价较高，只宜在一些要求严格的系统仿真中使用。除计算机外，仿真硬件还包括一些专用的物理仿真器，如运动仿真器、目标仿真器、负载仿真器、环境仿真器等。

仿真软件包括为仿真服务的仿真程序、仿真程序包、仿真语言和以数据库为核心的仿真软件系统。仿真软件的种类很多，在工程领域，用于系统性能评估，如机构动力学分析、控制力学分析、结构分析、热分析、加工仿真等的仿真软件系统 MSC Software 在航空航天等高科技领域已有 45 年的应用历史。

三、仿真方法

主要是指建立仿真模型和进行仿真实验的方法，可分为两大类：连续系统的仿真方法和离散事件系统的仿真方法（见仿真方法）。人们有时将建立数学模型的方法也列入仿真方法，这是因为对于连续系统虽已有一套理论建模和实验建模的方法，但在进行系统仿真时，常常先用经过假设获得的近似模型来检验假设是否正确，必要时修改模型，使它更接近于真实系统。对于离散事件系统建立它的数学模型就是仿真的一部分。

四、应用和效益

仿真技术得以发展的主要原因，是它所带来的巨大社会经济效益。20 世纪 50 年代和 60 年代仿真主要应用于航空、航天、电力、化工以及其他工业过程控制等工程技术领域。在航空工业方面，采用仿真技术使大型客机的设计和研制周期缩短 20%。利用飞行仿真器在地面训练飞行员，不仅节省大量燃料和经费（其经费仅为空中飞行训练的 1/10），而且不受气象条件和场地的限制。

此外，在飞行仿真器上可以设置一些在空中训练时无法设置的故障，培养飞行员应付故障的能力。训练仿真器所特有的安全性也是仿真技术的一个重要优点。在航天工业方面，采用仿真实验代替实弹试验可使实弹试验的次数减少80%。在电力工业方面采用仿真系统对核电站进行调试、维护和排除故障，一年即可收回建造仿真系统的成本。现代仿真技术不仅应用于传统的工程领域，而且日益广泛地应用于社会、经济、生物等领域，如交通控制、城市规划、资源利用、环境污染防治、生产管理、市场预测、世界经济的分析和预测、人口控制等。对于社会经济等系统，很难在真实的系统上进行实验。因此，利用仿真技术来研究这些系统就具有更为重要的意义。

五、发展方向

在仿真硬件方面，从20世纪60年代起采用数字计算机逐渐多于模拟计算机。混合计算机系统在20世纪70年代一度停滞不前，20世纪80年代以来又有发展的趋势，由于小型机和微处理机的发展，以及采用流水线原理和并行运算等措施，数字仿真运算速度的提高有了新的突破。

例如利用超小型机VAX 11-785和外围处理器AD-10联合工作可对大型复杂的飞行系统进行实时仿真。在仿真软件方面，除进一步发展交互式仿真语言和功能更强的仿真软件系统外，另一个重要的趋势是将仿真技术和人工智能结合起来，产生具有专家系统功能的仿真软件。仿真模型、实验系统的规模和复杂程度都在不断地增长，对它们的有效性和置信度的研究将变得十分重要。同时建立适用的基准对系统进行评估的工作也日益受到重视。

第四节 信息与通信技术

信息与通信技术（ICT, information and communications technology）是一个涵盖性术语，覆盖了所有通信设备或应用软件以及与之相关的各种服务和应用软件，比如收音机、电视、移动电话、计算机、网络硬件和软件、卫星系统等，以及与之相关的各种服务和应用软件，例如视频会议和远程教学。此术语常常用在某个特定领域里，例如教育领域的信息通信技术，健康保健领域的信息通信技术，图书馆里的信息通信技术等。此术语在美国之外的地方使用更普遍。

欧盟认为信息与通信技术（ICT）除了技术上的重要性，更重要的是让经济落后的国家有了更多的机会接触到先进的信息和通信技术。世界上许多国家都建立了推广信息通信技术的组织机构，因为人们害怕信息技术落后国家如果不抓紧机会追赶的话，随着信息技术的日益发展，拥有信息技术的发达国家和没有信息技术的不发达国家之间的经济差距会越来越大。联合国正在全球范围内推广信息通信技术发展计划，以弥补国家之间的信息鸿沟。

一、信息和通信技术的演化

人类通信的历史源远流长，从古代的烽火台到现代的多媒体通信，至少有数千年的历史。人类通信的革命性变化是从把电作为信息载体后发生的，其显著性标志是 1844 年莫尔斯发明电报和 1876 年贝尔取得电话发明专利。电话、电报从其发明的时候起，就开始改变人类的经济和社会生活。但是，只有在以计算机为代表的信息技术进入商业化以后，特别是互联网技术进入商业化以后，才完成了近代通信技术向现代通信技术的转变，通信的重要性日益得到增强。

1946 年，世界上第一台通用电子计算机问世，计算机技术的发展经历了四个阶段，即从 20 世纪 50 年代到 80 年代的主机时代、20 世纪 80 年代的小型机时代、20 世纪 90 年的 PC 时代，以及 20 世纪 90 年代中期开始的网络时代。

正是计算机技术与通信技术的相互渗透和融合，使人类进入了一个全新的时代——ICT 时代。

今天，ICT 已经广泛融入人类的经济和社会生活。随着 ICT 应用不断扩大，ICT 已经不仅局限于信息和通信技术本身，还包括消费电子、测量和控制仪器设备以及电子元器件等产品、技术及其关联服务。

（一）ICT 是经济发展的火车头

1925 年，苏联经济学家康德拉杰耶夫在其发表的《论经济生活中的长期波动》一文中提出，资本主义社会存在为期 50—60 年一次的经济周期。而每一次经济繁荣，都是由关键的技术革新推动的。依据康德拉杰耶夫的这一周期理论为基础，欧洲人将工业革命开始以来的经济发展分成五个阶段，每一阶段的经济复苏和繁荣，都有关键的技术革新引领或推动经济的发展。

1. 1800 年至 1850 年，蒸汽机和棉花阶段。

2. 1850 年至 1900 年，钢铁和铁路阶段。

3. 1900 年至 1950 年，电器工程和化工阶段。

4. 1950 年至 1990 年，石化和汽车阶段。

5. 1990 年至今，ICT 阶段。

也许在如何准确划分经济周期的具体年限上有很大争议，但是不可否认的是，在工业革命开始后的 200 多年里，蒸汽机和棉纺技术、钢铁和铁路技术、电气化和化工技术、石油化工和汽车技术，以及信息和通信技术确实先后引领了各个时代的经济发展。

根据上述周期划分，20 世纪 90 年代以来，ICT 是引领全球经济发展的主要力量，而且至少在未来 20 年内，还将继续引领或推动全球经济的发展。

ICT 对经济增长的促进作用表现在 ICT 产业的自身发展，即 ICT 产品和服务部门的生产率首先增长；在 ICT 产品在各个行业的应用，促进了国民经济各个部门中企业的 ICT 投资；ICT 产业的发展和 ICT 技术的广泛应用，改进了国民经济各部门的结构；ICT 技术的广泛应用促进了社会劳动生产率的提高，例如作为互联网应用的电子商务，改进了市场交易的效率；信息化程度的提高，降低了组织监督与管理成本；这些都提高了企业和社会的劳动生产率。

2000 年，全球 ICT 市场规模超过 2 万亿美元，占 GDP 的比重为 6.4%；预计 2005 年全球 ICT 市场规模接近 3 万亿美元，占全球 GDP 的比重将攀升至 7.7%。2000—2005 年全球 ICT 市场年复合增长率约为 7.44%，而同期全球 GDP 年复合增长率预计为 3.5%。

ICT 产业已成全球最具活力、规模最大的产业之一。在一些发达国家，ICT 产业对 GDP 的贡献率高达 30%—40%。虽然目前中国 ICT 产业对 GDP 的贡献率远低于发达国家，但其增长速度则是全球最快的国家和地区之一。根据信息产业部公布的数据，2000 年，中国信息产业增加值占 GDP 比重只有 4%，"十五"期间，信息产业增加值占 GDP 比重逐年上升，预计 2005 年将超过 7.5%。

尽管对 ICT 产业的统计定义各个国家和地区有所不同，各研究机构的统计数字也存在差异，但是下列结论基本上得到业内人士和机构的共同认可：

（二）1ICT 产业正在飞速发展

1. ICT 市场增长速度远远高于同期 GDP 增长速度。

2. ICT 产业在全球及中国经济中占有相当重要地位，而且地位在逐渐增强。

3. ICT 正在改变国民经济部门结构。

4. ICT 促进全社会劳动生产率的提高。

5. ICT 是全球及中国经济发展的火车头。

二、如何面对信息和通信技术的发展

（一）从国际的环境来看，国际 ICT 的发展现在进入了扩散期和成熟期

新一轮技术发展的高潮，在进入 20 世纪 90 年代末期信息技术发展高潮以后新的高潮很难出现。进入 21 世纪以后我们看 ICT 这个领域，技术创新在逐步递减，它逐步让位于市场垄断的定位。从研发的投入、专利的注册来看 ICT 这个领域都在被生物技术所替代。这点我们可以用数据证明。ICT 它孕育新的技术高峰可能需要时间，它今后的方向可能也跟生物技术整合，这是笔者个人的看法。

（二）国际 ICT 发展的重点

追求高性能的产品也在逐步转向高性能与普及化方向发展。想要普及化，就需要降低成本，美国现在信息普及上正在做很多研发，包括计算机成本的大幅度下降，现在说 100 美元就可以买计算机。

（三）国际 ICT 的发展正在进入平稳期

特别是 2000 年网络泡沫以后信息技术企业的利润率有一个下降的态势。这种下降可能是创新的利润处于递减，产品的利润还维持一定的水平。有的企业利润的水平小于传统企业，这是国际上看，当然中国不一样，中国因为信息化处在扩展期。信息产业增长速度在回落。

再看看我们国内，信息化面临着什么新的发展环境？从 ICT 的发展，从信息技术管理体制来看它都有些变化。IT 是第一大制造业，行业特点来说它还是重硬、轻软。硬件发展很快，软件有起步了，但是，发展还是很慢的。硬件是低附加值的加工组装环节，大量的是组装，现在我们强调自主研发了，这方面在加强，但是从总体来说我们在国际上还处

于低端。在国际产业链中我们是处在加工组装的环节，所以这是我们面临的一个问题。

1. 我国已经形成世界上覆盖最多、技术比较现代、先进的这样一个通信网络

这个网络国际上甚至比美国都先进。但是我们信息资源的开发利用还是明显不够，网络我们发展了但是怎么利用这个网络，怎么开发信息资源？我们还是落后的。因为我们的网络需求大，我们的固话和移动电话总量已经超过 7 亿用户，互联网发展也很快，现在网民已经 1.1 亿了占世界第二。我们有这么大的网络，怎么样把它充分利用好？怎么样开发中文资源在线数据库，包括发展数字内容产业等，这些我们还是落后的。

2. 企业的信息化、社会公共领域信息化

包括电子商务、电子政务发展都很快但是还是条块分割，就是互联和资源共享这个问题没有完全解决。比如说我们政府网站这几天发展非常快，但是纵向很发达，就是部门间的资源共享还是存在这样、那样的问题。当然这也涉及标准问题。

3. 强调信息化多动工业化，用信息技术改造传统产业

这方面已经作用已经有所现但是还没有取得明显的突破。信息化带动工业化它的切入点、突破点在什么地方？这也是需要长期讨论的问题，怎么带动？它是一种流程再造？还是传统流程的数字化，显然是前者。实际流程再造就涉及整个工艺的变化，包括电子政务如果涉及流程再造，就涉及管理、理念的创新。这个我们还没有取得明显的突破还有很多问题。

4. 信息管理体制和政策环境明显改善

这几年出台了很多法律、条规，规范信息产业化。但是现在有一个问题就是网络的安全问题越来越突出。怎么样提高信息的安全，包括个人的隐私权？有很多事要做，这方面我们的研发投入还不够，还有知识产权方面相关的法规还需要完善。

5. 推进信息化的经济基础在趋于成熟

我们的收入水平提高了我们居民这几年经济收入水平上去了，国家的经济实力也增强了，我们受教育的程度随着教育的普及也在迅速提高。这为信息化推进创造了很好的社会基础。但是企业和居民应用信息技术的成本依然偏高，我们的计算机我们的软件，我们的应用成本我们的居民收入水平相比还是高的。所以说如何利用国际低成本？我们中国怎么走低成本道路？怎么样开辟新的市场空间提升居民的收入水平。当然一方面信息技术在提高，但是还是有数字鸿沟，这也是我们"十一五"需要解决的问题。

（四）机遇和挑战

1. 机遇

国际信息技术进入扩散期、成熟期，这有利于我们低成本的引进和利用国外的这些资源。这也利于我们较短时间缩小跟发达国家的差异。

（1）技术发展重点专项普及化

有利于我们大众更大程度的去分享信息技术，ICT 带来的好处。第三大规模经济越来越明显。这种经济规模有它的实际意义，第一是能够标准。我们这么大的市场规模，这么大的用户量，对标准是有实实在在的影响，谁也不能忽视，只要被中国所接受它就是国际

标准。

（2）对企业增长非常有利

这么庞大的经济体足够形成一个大规模体，而不像一个小国，稍微讲到面向国际市场就完了。所以，这么大的市场任何一个企业要去垄断是很困难的，这必然会增强竞争性逼迫你往这方面走。再一个我们的成本优势会长期保持的我们的劳动力优势，包括研发成本。为什么国际研发机构向中国转移这就是因为我们的低成本。我们的资本供给非常充分，我们现在银行存款有足够的资本，我们的产业链逐步完善。

2. 挑战

（1）成本偏高，我们的普及率还比较低，所以信息化对国民经济发展的带动作用还不强，因为普及率偏低。

（2）人才队伍建设，人力资本供给也跟不上信息化发展的需要。我们现在无论是生产好，还是服务企业，我们要提高产品的质量感到最最紧缺的就是人才。从国内来看我们的人才队伍和人力资本供给各方面还是比较短缺的。我们自主技术贡献度也小，除了一部分企业以外，相当企业研发的投入也好，能力也好都是不够的。

（3）硬件发达，但是信息资源共享滞后，数字鸿沟还继续存在，也有加大的趋势。大众从信息化获利还不是很充分。

（五）发展战略

1. 要把好几个关系，即国际信息化的发展与中国信息化的发展关系。我们不可能完全跟国际发展同步，但是我们可以把这两个很好地结合起来。

2. 怎么样处理好自主创新与技术引进的关系。

3. 信息产业发展与信息技术应用的关系。

4. 网络系统建设与信息资源开发的关系。

从战略取向来说，怎么样以提高国民素质、促进国民经济增长为目标，走低成本的发展目标。有所为有所不为，重点领域要有所突破，代表重点领域要有信心走到国际上去。要立足于开发能力，提高产品开发的能力，在各个领域普及信息技术的应用为加快工业化推进信息化创造条件。

（1）增强自主研发能力，核心知识的研发能力

技术平台比如 CPU 操作系统这样的大平台往往具有行业的垄断性，在垄断行业下进行自主创新必须有国家的支持。包括大家讨论很多比如银行的信息处理系统，如果没有国家的支持很难在这个领域打开缺口。自主创新不是鼓励从头做起，而是要集成创新。就是怎么样最大限度的集成国内外的技术资源，来获取我们的知识产权和产品开发能力，这方面有很多问题需要研究。包括微电子、海量信息处理、流媒体信息技术等。

（2）要改造信息技术提成传统产业的发展

利用嵌入式技术提升装备制造业的信息化水平，提高它的国际竞争能力。要用信息技术降低能耗，提高重大工业资源的利用效率走新型工业化的道路。更多的利用自己知识产权的技术推进这方面的发展，还有在农业信息网络，利用信息网络向农村传播知识，向农

民拓展信息等。为农民提供一个市场营销的网络平台。

（3）要培育、发展支撑信息产业的发展

比如信息内容产业，包括一些新型的信息服务产业，也包括信息产业里我们一些比较薄弱的环节。

（4）在各个领域普及

我们的普及任务远没有完成，怎么样推广在社会管理、经济管理系统加快普及的程度，只有普及带动效应才会出来。

（5）从战略措施上还要强调几点

①走低成本的信息化发展道路，通过降低信息化的成本并与低劳动力成本进行有效的整合来培育我们的信息产业的发展。

②能够继续坚持集群式的发展模式来做强我们的信息技术产业。特别是我们已经在长三角、珠三角地区形成了比较有规模的集群，所以怎么样做强，在国际上产业连续中有它的特别意义。

（6）找到切入点和突破口，加强信息技术对传统产业的提升

前面有提及，在这方面的问题好像还没有完全解决，尽管我们做了积极的探索，在管理上、营销上都有探索，但是整体来说它的功效怎么样发挥得更好。

（7）加快信息化的水平

我们现在企业信息化有很多实践，从设计、生产、管理到供需面客户管理等都有实践。但是有些领域并不是很成功，怎么样要跟流程再造有效结合起来还是很值得研究的范畴。

（8）电子商务

怎么样改善电子商务的环境和网上的交易平台，政府采购怎么样更多地在网上实现等。比如通过政府网上采购的带动进一步推动电信产业的发展。

（9）加快电子政务建设

电子政务建设核心是横向整合，我们现在纵向网现在比较发达，核心就是怎么促进横向的整合，这是我们需要继续研究的。

（10）要完善技术标准和法律法规

包括知识产权保护，信息安全、信息资源构想等相关的法律法规还要继续完善。

（11）要加强开发信息资源

发展培育信息内容产业最大限度的推动信息资源共享。

（12）要继续研究一些政策

比如优先采购，特别是我们现在正在研究"首次、首台、首部"。这种产品采购的时候政府要给予扶持。还有研发的税负问题；还有怎么样降低行业门槛等。

三、信息和通信技术在全球虚拟组织中的应用

许多西方学者已经研究讨论过 ICT 基础设施在 GVTS 中的作用。一般而言，GVTS 在团队成员居住国家的限制下，以及技术基础设施能力制约下进行工作。Suchan & Hayzak

强认为 ICT 技术基础设施的可靠性对于虚拟团队的成功与否极为关键。

系统的基础设施可以是一项像 Lotus Notes 那样的合作技术或者是一项像互联网笔记本项目库那种专门为团队开发的技术，或者是一个团队演示员。因此，对于任何特定的 GVT 来说，团队基础设施的性质决定了技术采用问题的重要性。当一个 GVT 依赖于标准的、已被广泛接受的技术时，技术采用问题就不再必要了。技术基础设施为 GVT 成员提供了多种沟通渠道，并制定了规范。

（一）技术采用是许多全球虚拟团队研究关心的主要问题

技术采用，也就是虚拟团队对技术的采纳和使用，是许多全球虚拟团队研究关心的主要问题。调适性结构化理论也许是团体和组织背景下应用得最为广泛的技术采用理论。该模型在 Majchrzaketal、Maznevski&Choduba 以及 Quareshi 技术采用模型的建立源于对一个成功的虚拟团队案例分析。这个模型反映的是一种结构上的调整，在调整中，通过组群的技术应用，三种结构来源（技术、组群和组织环境）的结合过程从既存结构演变为凸显结构。这种结合过程并不是完全线性的，而是牵涉许多无法予以论证的事件，这往往是失调现象暂时有所增加。但是，在这种的情况下，一个有趣的发现是，技术采用模型并没有像预期的那样，通过采用过程和三种结构的失调，致使团队增加对技术的使用。

随着时间的增长，团队将适度地使用技术，在项目过程中，使用水平有高峰也有低谷，但是却从未显示出一贯的增长趋势。这种理论融合了另外两个采用模型：一致性模型和调适性结构化理论。三种类型的适应过程：技术适应、工作适应和社会适应。技术适应是关于技术使用方法学习的。工作适应涉及各种组织所接受的各种规范和观念，这些组织与新的行为方式一起进入电子社会空间，而这些新的行为方式是伴随着相比 FTF 环境下更加正式的相互影响，以及政治色彩更弱的非正式相互影响而产生的。当价值观念、规范和观念随着时间的推移而产生出来，并且人们学会了依此而行动，社会适应就产生了。

（二）媒体选择是全球虚拟团队应用 ICT 涉及的另外一个问题

媒体选择是 GVT 成员应用 ICT 的另一个问题。如 Pauleen & Yoong 发现，电子邮件充当了虚拟团队的基础沟通方式，但是，为了方便起见，虚拟团队在更加非正式的沟通中使用聊天（ICQ）作为会话的一种方式。Suchan & Hayzak 发现，声音邮件和 Lotus 数据库是团队用来进行沟通的主要技术。对视频会议的回避可以用缺少良好的技术基础设施来部分地予以解释，另外一部分的解释在于这样一个事实，即团队成员感到"我们对彼此已经足够了解，以至于我们不再需要视频。当珍妮为某事而犹豫不决时，我没有必要看见她的脸"。媒体选择在这个团队中被视为是一项工作；因此，在每一天开始时都要制定媒体战略。Majchrzaketal. 对不同任务下的技术使用做了研究，他假设"当一个分散的虚拟团队在执行高度模糊的任务时，成员们将更多地使用个人媒体而不是 CT 媒体（CT-basedMedia）；但是当任务模糊程度降低时，成员们却将更多地使用 CT"。他们发现，就像人们所认为的那样，对于比较含糊的工作，团队成员倾向于使用面对面媒体和电话，而对于比较常规性的工作，他们更加倾向于使用同步合作技术。然而，团队成员显然也有能力适应模糊任务所需要的技术，如在他们工作的第一阶段，头脑风暴是在 FTF 会议中进行的，而以后却是通过使用合作技术来实现的。Robeyetal.在一项对使用各种媒体（包括电话、声音邮件、传真、电子邮件、视频会议和 FTF 会议）的虚拟团队的研究中，分析了虚拟团队内远程沟通媒体的选择，该研究并没有使用专用群件。媒体选择建立在紧急性强、个人偏好、文件管理以及使用便利的基础上，但是个人的选择并不相同。然而，FTF 会议对团队成员的社会联系的影响更大。

Maznevski & Chudoba 对媒体选择行为的观测与媒体丰富性理论是一致的，但是他们并没有找到信息特征和媒体选择之间的确切的一致性，这意味着社会环境在媒体选择中的作用非常重要，团队结构特征的影响也非常重要。这些结构特征是决定组群过程的结构因素。案例分析中的三个团队显示出的结构特征是：技术（可得性、丰富性、社会存在性、可接受性）、任务（必要的互相依赖性、复杂性）、组织（组织文化、组织结构）和组群（所跨界限、成员经历、成员背景）。他们强调，任务的相互依赖性越高，可能发生的沟通事件就越多。另外，他们认为，由于信息的复杂性增加了边界、文化、组织和所跨专业的数量，在跨越上述界限时，需要运用更加丰富的媒体。

有一项实证研究涉及四个团队，其重点在于技术对于团队绩效的影响。四个团队使用不同的同步合作技术：仅文本、仅音频、文本加视频以及音频加视频。结果发现，文本组群和音频组群的任务完成质量不相上下，视频与音频的结合却提高了团队绩效。

四、信息和通信技术对外交关系的影响

普通人每天都与这场革命所带来的各种现象，或者说这种"全球化"接触，如购物、看电视、使用移动设备、浏览互联网等。这场革命为所有国家和人民共享金融、经济、科学的成果提供了可能性。同时，一些专家认为，信息通信技术革命有利于各民族团结，有利于国际关系更紧密的结合。国际社会开始采取运输、可视联络技术的多种新形式联系，为民族教育开创了一种新形式。但仍有专家质疑这种全球化对于国际关系的积极影响，以及如何以正确合适的形式推动其发展。尽管迄今为止还没有国家在其政治计划中宣布反对全球化。这一点意味着：绝大多数国家是将其作为一种积极事物，接受全球化，尽管彼此持有不同观点。

信息通信技术革命对各国加强经济、安全方面的交流发挥了重大深远的作用，在很大程度上改变了国际政治格局与各国利益重点，改变了外交政策执行手段。这场革命改变了"综合国力"这一概念，使得它不再是依靠军事力量，而是依靠一国的金融、经济、信息、观念等。此外，国际舞台也不再是军事或政治的联盟或联合，而是地区或国际的贸易、经济联盟或联合，如欧盟、亚太经济组织、亚欧经济组织、阿拉伯海湾合作委员会等，八国集团更是其突出代表，这意味着世界政治与外交朝着经济发展。

综上所述，可以说：这场波及生活所有领域的革命也同时带来了风险和消极影响，对人口少、国土面积小的民族而言，经济和安全上的紧密联系可能对其国民意识产生影响，继而影响其独立自主的要求，甚至导致种族与边境冲突升级，从而导致这些国家的作用与国内民族特性削弱。同时，这也可能使得以联合国为首的政府间国际组织作用减退，非政

府组织影响加强。

与我们相关的是，全球化自 21 世纪伊始对国际关系和外交工作产生了明显影响，尤其是军事政治问题，以及由此产生的军事危机、高层会晤不再占据首位，取而代之的是外贸、金融、环保、国际媒体交流等问题。

（一）信息通信技术革命对于外交关系的影响表现

这场革命意味着不同专业领域、多种语言的知识大爆炸，各领域知识产品成倍增长。如何最大限度地掌握大量信息，在最短时间内提供给研究人员与决策者，如何达到事倍功半的效果，要通过信息管理的最新手段实现，其中最基本的是依靠计算机、运用包括电视、卫星、光纤、移动电话、互联网等有线无线等多种通信技术。这场革命对于如何制定信息管理政策起着指导作用，也就是说信息电子空间已经变成了一种媒介，从而使得各大项目可实现跨国操作，国际市场实现远程运作，新闻媒体实现跨国交流。另外，这种媒介也是国家之间相互交往的一种手段。工业发达国家与发展中国家在通信领域差距扩大，体现在以下三个方面：

1. 信息流动自由，由信息中心向其周边或多边国家之间，超越国家主权和民族利益。

2. 由于具备在文化和技术上有着巨大影响的新闻机构，西方面对相对落后的其他国家，掌握了通信与信息的霸权。

3. 为应对全球化趋势，发展人力与物质资源，发达国家采取政治经济政策，跨国贸易使得商品与服务不断加速流通。

（二）信息通信技术对国际关系的作用与影响

它使得世界联系更紧密，很大程度上缩短了地缘政治的距离，国际关系的核心变成了知识产权与科技进步。信息与知识不再根据政治主权边界来确定，国际关系对这方面非常重视，受到各种方式影响，不受冷战以来起主导作用的各种国际条件约束，各国要实现新闻独立、控制信息向国内的涌入、促进国民文化素质的提高、保证国民完全忠实祖国，但是，目前尚不能控制信息的质量与数量，从而导致在外交事务处理、与他国关系处理上仍然相对软弱。

（三）科技对国家的重要性

既能使其国民在世界民族中被边缘化，也能使其经济生活被边缘化。对其经济生活的影响体现在：导致其贫困化、收益低下倒退，在履行保证国民安全、捍卫国家的义务上软弱无能。有些国际强权势力对新的国际局势控制野心日益膨胀，用高额物质来换取替代某些国家发挥作用，另外，还极力加强其世界霸权主义的影响，保障其国际利益。这样，所谓的卫星新闻外交日渐抬头，这种外交策略主要靠播送新闻、图片，用形状、色彩、刺激、欺骗，来中伤其他国家的官方电视，干涉其内部事务。这种卫星媒介使得一些国家担心自己不能进行宣传与内部新闻控制，担心国民倾向于刺激的外族文化，信息通信技术的革命已经深入了主权国家的诸多方面，如国家行政、立法、地理边界、一些国家在颁布立法、实施权利中的作用开始减弱，与此相对的是，覆盖诸多规则规定的国际条约与制度日益增多，我们可以从以下几点来解释：

1.有一些为多个领域确定规范的国际法规，这些法规成为一种对付各国的借口，不能允许与它相异的东西，即便是出于维护国家主权的。

2.在国际组织中，我们有一个体系来进行国际监督、监管，起到调查、检查的作用，正如我们所见的人权协议、核军备、以及类似的国际劳务法。

3.对于国家无法靠宪法或国内立法来解决的问题，必须确定国际法律与国际裁决，达成国际规则。此类规则可以采取协议性质，或采用通行的国际法律规定，或者具有立法性质的国际体系，即便某些国家未能批准或尚未加入。

这种工作理念给国家、主权两个概念都带来了改变，给国际关系、国际社会也带了新的理念，它们迎来了信息通信技术的革命，即信息通信外交，或者正如专业人士所期望的，将此称为"全面外交"。这种外交政策旨在创造一种比过去更宽松、更多样化的国际环境。这样，各种问题的处理范围进一步扩大，外交人员工作涉及面进一步扩大，形成了日常工作日程化、工作公开化，并受到新闻媒体的关注与民主机构、公众舆论的影响。

外交人员不仅限于其例行工作如庆祝会、晚餐会、午餐会、迎来送往，或者写报告、作分析预测，而是包括管理、协调更广泛的活动领域，对其所驻国家保持广泛关注。可以说，现在的外交人员应该会处理生活中的各种问题，人类社会所有的事情都已变得更密切，具有国际意义，这使得曾经简单的外交工作变得复杂，不仅是因为各国和国际社会面临困难、复杂、盘根错节的问题越来越多，也是因为国家也越来越多。

同时，这样的全方位外交具有相互牵制的特点，而这种牵制是由于地区和国际集团不断发展产生的，是这些集团形成的政治、经济关系的发展方向，远比政治、经济、贸易战略关系更牢固，这种方向在以往成立的集团扩大和深化中明显展示出来，如欧洲共同市场（EEC）扩大，成为欧盟（EU），在亚洲有东南亚国家联盟（ASIAN），亚太国家经济合作论坛（APEC），包括美国、加拿大、墨西哥的 NAFTA 组织，此外在阿拉伯国家还有一些组织，如海湾国家的组织——海湾国家合作委员会（GCC），马格里布国家的组织——阿拉伯马格里布联盟，在非洲国家有西非国家组织（ECAWAS），南部非洲组织（SA-DAC）。

也许新的外交环境最显著的特点是它受到新闻媒体的影响。见证外交风云的人物们如今发现：旧的外交制度开始与之冲突，外交工作曾经保密、特殊的特点开始削弱，尤其是在谈判上。

信息通信革命的出现，催生了外交关系从形式到内容的质变，为进行远距离联系、以电报、传真、首脑联系热线为手段的商谈提供了手段，从而能够实现通过有线、无线、卫星等手段进行的会议与对话。这使得在谈判桌上的各国谈判者能与自己的政府进行沟通，得到决策者们的指示，信息革命、网络电视传达速度的快捷对于外交人员的工作有着决定性变化，提供给他的消息、信息、各种观点大量涌入，这使得他即便在办公室，也能身处国际形势的中心，能与时间赛跑，跟随形势而不落后。

总的来说，这场革命或者说全球化，使得国际关系不再是传统意义上的主权国家之间的国际协调，而已迈向更深远的意义。例如由于外部干涉方式的多样化，干涉别国内政的可能性更复杂，如人道意义上的干涉、人权保护上的干涉、少数种族权利的干涉、以国际反恐怖为名进行的干涉等。

当代外交政策尽管有了显著发展，但是仍不足以全面覆盖社会、经济、艺术等不同问题，或者目前被称为全球化的问题，这些问题已经成为国际社会迫切关心的重中之重，一个国家不论能力如何，很难单独应对这些问题，因此这些问题需要国际社会共同努力，各国统一行动来寻找成功有效的解决办法，这些问题包括环境与污染、能源、水资源、干旱、沙漠化、失业、贫困、粮食短缺、恐怖主义、政治暴力、诸如艾滋病、吸食毒品、有组织犯罪等。国际社会共同努力面对最近席卷世界的金融危机就是一个很好的例子。

这些新任务使得外交机构必须调整工作重心，处理这类问题的部门比其他管理政治问题的传统部门变得更为重要，主管这些任务的人员也受此影响，外交部门中出现了竞争。这些需要新知识、高素质的新活动在日常运作与专业上提出了更高要求。国际会议即便探讨的问题无论从国际参与、组织安排、必要人才的培训上，与传统意义以上的政治问题相去甚远，然而如何安排会议、确定议题、进行管理与技术组织，对于负责主办这些国际会议的各国外交部门来说，已成为工作的核心。

五、智能电网信息与通信技术存在的问题

智能电网信息与通信技术应用现状存在较多的问题，给智能通信网络系统的建立造成了困扰。

（一）质量问题

现阶段智能电网信息与通信技术之间存在的最根本的问题是质量问题，即通信信息系统接入网络质量得不到有效保障，这给电网的高效运行造成了严重的影响。导致这一问题出现的主要原因是网络多种不确定因素的存在，使通信信息在接入网络时一方面可能造成信息传输方面的延迟，影响用户的正常使用，另一方面还可能造成数据的丢失，给智能电网系统的正常运行造成困扰。由此可见，对智能电网信息与通信技术的优化，首先需要对通信网络进行改革和创新，使其得到高效的维护和管理。

（二）稳定性问题

虽然智能电网系统必须保证通信信息的传输具有高稳定性，需要加强电网后台操作的稳定性能，以确保信息传输的高效进行。目前智能电网信息与通信技术的整体稳定性较低，出现这一情况的原因包括以下两点：

1. 网络因素造成的信息传输缓慢，这就使得通信系统的信号不稳定，从而导致出现严重的数据运行故障。

2. 智能电网稳定性能降低，使通信信息稳定传输得不到有效保障，从而给用户造成严重的困扰。

（三）安全问题

智能电网信息与通信技术的优化要建立在安全的前提之下。目前，智能通信网络系统存在一系列安全问题，导致这一问题出现的原因较多，其中最关键的是网络黑客的存在，它会造成信息通信数据的丢失，从而泄露用户的信息，造成严重的后果。因此，智能电网

通信数据传输过程中应当严格重视安全防护工作，确保数据的安全传输，从而降低企业和用户的损失。

六、智能电网信息与通信技术问题的解决对策

（一）提高智能电网系统的可靠性

在信息运输数据的安全上要重点关注，保证信息不被破坏和丢失，通过加密等功能防止非法盗用，对侵害性行为以及非法入侵要严格抵制。智能电网系统可靠性的提高是一项极具复杂性的工作，必须要在智能输入、短距离无线通信以及网络路由等方面加大投入力度，使智能电网通信系统得到有效完善。

（二）层次模型的构建以及标准体系的设计

要实现智能电网与信息技术和通信技术顺利结合，就必须构建合理的层次模型和设计标准体系。一方面，构建人员要对电网的各个模块进行详细的分析及划分，并对每一个模块的功能以及运行特点进行研究；另一方面，要想使智能电网的运行始终保持高效状态，必须不断对智能电网进行优化调整，保证电网各个环节的运行始终处于最佳状态。因此，需要预先设计科学合理的标准体系。

（三）对系统进行风险评估

1. 建立风险预警机制

需要对信息传输中可能存在的风险进行评估和分析，并制定解决对策，确保事故发生时，可以第一时间进行处理，有效将损失降至最低。

2. 加强系统的维护和管理

对智能电网系统通信系统中存在的安全隐患进行有效排查，将事故风险消灭在萌芽时期，从而有效确保通信信息传输的安全性和可靠性。

3. 电网通信系统正朝着智能化方向发展

目前，智能电网信息与通信技术的应用还存在一些问题，需要对二者进行优化，通过提高智能电网系统的可靠性、层次模型的构建以及标准体系的设计以及对系统进行风险评估等手段，确保通信信息传输的安全性和可靠性，提高智能电网信息与通信技术的整体水平。

第五节　智能电网信息安全技术

一、智能电网的信息安全特点

（一）大信息量

现如今，世界各国都已经走上大信息化的时代，大信息化的时代，使得信息成为现今时代发展的一个重要因素，只有掌握了信息化，才能在这个时代有所发展。智能电网中使用了大量的智能电子设备，这就意味着,实时数据的大量增加,意味着智能电网的大信息化。

（二）信息的接入方式多样化

和传统的电网对比，智能电网接入信息的方式更加多样。因为无论是从储能方式上，还是检测装置和用户接入电网的设备和方式上，都比传统的电网更加多样。

（三）点多面广，信息复杂

信息的多样性和信息接入方法的多样性使得智能电网的信息安全具有更多的可能性，各种信息的交错使得智能电网的信息安全也呈现出复杂的常态。

（四）外部用户不可控

智能电网像一张巨大的网，收集着来自四面八方的信息。由于智能电网对信息的不限制，使得我们没有办法控制智能电网的外部用户的来源。

二、智能电网的信息安全风险

（一）电力系统复杂度的增加，增加了安全防护的难度。

智能电网具有很大的规模，覆盖在整个电力系统之中，比以前的电网业务系统之间具有更大的交互性和耦合性。业务系统的高度交互，使得电网各部件之间具有更大的联系，一个小小的故障，就可以造成一连串的连锁反应。

（二）通信网络环境更加复杂，攻击手段更加智能化

智能电网通信的环境比传统电网更加的复杂，复杂的通信网络环境，病毒、黑客的技术比之前更高，这些情况，对智能电网的安全性提出了更高的要求。

（三）来自用户的安全威胁。

智能电网用户比传统电网更加多样，而且智能电网和用户的接触更加紧密。用户的不规范使用，会使得电网被黑客攻击的概率大大增加，不仅会将用户的个人信息泄露，而且使得电力系统中的智能设备更容易受到威胁。

（四）智能终端设备的安全漏洞

所有的操作系统和应用软件之中都会都有漏洞存在，所以才会有补丁的不断出现，然而所有的智能终端都将使用操作系统和应用软件，黑客可以通过这些操作系统和应用软件侵入终端设备中，使得电网的使用更加的危险，现如今，黑客的攻击水平越来越高，攻击手段也越来越多样，一丁点的疏漏，都会使电网落入危险之中。

三、智能电网的信息安全需求

智能电网作为物联网时代最重要的应用之一，将会给人们的工作和生活方式带来极大的变革，但是智能电网的开放性和包容性也决定了它不可避免地存在信息安全隐患。和传统电力系统相比较，智能电网的失控不仅会造成信息和经济上的损失，更会危及人身和社会安全。因此，智能电网的信息安全问题在智能电网部署的过程中必须充分考虑。针对智能电网的运营特点，其安全需求主要包括物理安全、网络安全、数据安全及备份恢复等方面。

（一）物理安全

智能电网的物理安全是指智能电网系统运营所必需的各种硬件设备的安全。这些硬件

设备主要包括智能机、测量仪器在内的各类型传感器，通信系统中的各种网络设备、计算机以及存储数据的各种存储介质。物理安全主要指保证硬件设备本身的安全和智能电网系统中其他相关硬件的安全，是智能电网信息安全控制中的重要内容。物理安全的防护目标是防止有人通过破坏业务系统的外部物理特性以达到使系统停止服务的目的，或防止有人通过物理接触方式对系统进行入侵。要做到在信息安全事件发生前和发生后能够执行对设备物理接触行为的审核和追查。

（二）网络安全

在传统电力系统基础上，智能化的通信网络架构的智能电网应具有较高的可靠性。该通信网络必须具备二次系统安全防护方案。防护的原则是：安全分区、网络专用、横向隔离、纵向认证。根据这个原则，智能电网的通信网络可划分为四个分区：安全区Ⅰ（实时控制区）、安全区Ⅱ（非控制生产区）、安全区Ⅲ（生产管理区）、安全区Ⅳ（管理信息区）。其中，安全区Ⅰ、安全区Ⅱ和安全区Ⅲ之间必须采用经相关部门认定核准的电力专用安全隔离装置，必须达到物理隔离的强度。网络纵向互联时，互联双方必须是安全等级相同的网络。要避免安全区纵向交叉，同时在网络边界要采用逻辑隔离。信息系统网络运行过程中要充分利用防火墙、虚拟专用网，采用加密、安全隔离、入侵检测以及网络防杀病毒等技术来保障网络安全。

（三）数据安全及备份恢复

1.在智能电网中，数据安全的含义有两点

（1）数据本身的安全

即采用密码技术对数据进行保护，如数据加密、数据完整性保护、双向强身份认证等。

（2）数据防护的安全

即采用信息存储手段对数据进行主动防护，如通过磁盘阵列、数据备份、异地容灾以及云存储等手段保证数据的安全。

2.智能电网存在的安全问题

智能电网整体的信息安全不能通过将多种通信机制的安全简单叠加来实现。除了传统电力系统的信息安全问题之外，智能电网还会面临由多网融合引发的新的安全问题。

（1）感知测量节点的本地安全问题

由于智能电网中的智能设备可以取代人来完成一些复杂、危险和机械的工作，所以智能电网的感知测量节点多数部署在无人监控的电力系统环境中。攻击者可以轻易地接触到这些设备，从而对他们造成破坏，甚至通过本地操作更换机器的软硬件。

（2）感知网络的传输与信息安全问题

感知测量节点通常情况下功能唯一、能量存储有限，使得复杂的安全保护技术无法应用。而智能电网的感知网络形式多样，从功率测量到稳压监控，再到电价实时控制，它们的数据传输没有特定的标准，所以没法提供统一的安全保护体系。

（3）核心通信网络的传输与信息安全问题

核心通信网络具有相对完整的安全保护能力。但是由于智能电网中节点数量庞大，且以集群方式存在，因此会导致在数据传播时，由于大量机器的数据发送使网络拥塞，产生例如拒绝服务攻击等一系列安全威胁。此外，现有通信网络的安全架构都是从人与人之间通信的角度设计的，并不适用于机器之间通信。简单套用现有安全机制不符合智能电网的设备之间的逻辑关系。

（4）智能电网业务的安全问题

由于智能电网中的设备可能是先部署后联网，同时又会面临无人看守的情况，所以如何对智能电网中的设备进行身份认证和业务配置就成了难题。庞大且内部多样化的智能电网需要一个强大而统一的信息安全管理平台来统一管理，否则独立化的子平台会被各式各样的智能电网应用所淹没。另外，如何在对智能电网中设备的日志等安全信息进行管理的同时，不破坏通信网络与业务平台之间的信任关系也是必须研究的问题。

四、智能电网信息安全关键技术

智能电网体系架构的四个层次中，除了不涉及信息通信的基础硬件层以外，上面三层均有着对应的信息安全技术。感知测量层对应信息采集安全，信息通信层对应信息传输安全，调度运维层对应信息处理安全。

（一）信息采集安全

主要保障智能电网中的感知测量数据，这一层需要解决智能电网中使用无线传感器、短距离超宽带以及射频识别等技术的信息采集设备的安全性。

1. 无线传感器网络安全

无线传感器网络中最常用到的是 ZigBee 技术。ZigBee 技术的物理层和媒体访问控制层（MAC）基于 IEEE 802.15.4，网络层和应用层则由 ZigBee 联盟定义。ZigBee 协议在 MAC 层、网络层和应用层都有安全措施。MAC 层使用 ABE 算法和完整性验证码确保单跳帧的机密性和完整性；而网络层使用帧计数器防止重放攻击，并处理多跳帧；应用层则负责建立安全连接和密钥管理。ZigBee 技术在数据加密过程中使用三种基本密钥，分别是主密钥、链接密钥和网络密钥。

1. 主密钥一般在设备制造时安装。

2. 链接密钥在个域网络（PAN）中被两个设备共享，可以通过主密钥建立，也可以在设备制造时安装。

3. 网络密钥可以通过信任中心设置，也可以在设备制造时安装，可应用在数据链路层、网络层和应用层。链接密钥和网络密钥需要进行周期性的更新。

2. 短距离超宽带通信安全

短距离超宽带（UWB）协议在 MAC 层有安全措施。UWB 设备之间的相互认证基于设备的预存的主密钥，采用 4 次握手机制来实现。设备在认证过程中会根据主密钥和认证时使用的随机数生成对等临时密钥（PTK），用于设备之间的单播加密。认证完成之后，设备还可以使用 PTK 分发组临时密钥（GTK）用于安全多播通信。数据完整性是通过消息中消息完整性码字段实现的。UWB 标准通过对每一个 PTK 或者 GTK 建立一个安全帧计数器实现抗重放攻击。

3. 射频识别安全

由于射频识别（RFID）的成本有严格的限制，因此，对安全算法运行的效率要求比较高。HB 协议需要 RFID 和标签进行多轮挑战——应答交互，最终以正确概率判断 RFID 的合法性，所以，这一协议还不能商用。由于针对 RFID 的轻量级加密算法现在还很少，因此有学者提出了基于线性反馈移位寄存器的加密算法，但其安全性还需要进一步证明。

（二）信息传输安全

主要保障传输中的数据信息安全，这一层需要解决智能电网使用的无线网络、有线网络和移动通信网络的安全性。

1. 无线网络安全

无线网络安全主要依靠 802.11 和 Wi-Fi 保护接入（WPA）协议、802.11i 协议、无线传输层安全协议（WTLS）。

（1）802.11 和 WPA 协议

802.11i 中加密采用有线等效保密协议（WEP）。由于使用一个静态密钥加密数据，所以比较容易被破解，现在已经不再使用。WPA 协议是对 802.11 的改进。WPA 采用 802.lx 和临时密钥完整性协议（TKIP）来实现无线局域网的访问控制、密钥管理和数据加密。802.lx 是一种基于端口的访问控制标准，用户只有通过认证并获得授权之后才能通过端口访问网络。

（2）802.11i 协议

802.11i 协议是对 802.11 协议的改进，用以取代 802.11 协议。802.11i 协议的认证使用可扩展认证协议（EAP）。基本思想是基于用户认证的接入控制机制。具体内容包括用户认证、密钥生成、相互认证、数据包认证及防字典攻击等。可以使用各种接入设备，并且可以有效支持未来的认证方式。802.11i 的数据保密协议包含 TKIP 和计数器模式 / 密文反馈链接消息认证码协议（CCMP）。TKIP 采用 RC4 作为核心算法，包含消息完整码和密钥获取与分发机制。CCMP 的核心加密算法采用 128 位的记数模式高级加密标准（AES）算法，不仅能够抵抗重放攻击，而且使用密码分组链接模式也可以保证信息的完整性。

（3）无线传输层安全协议

WTLS 位于国际标准化组织（ISO）7 层模型的传输层之上。WTLS 基于安全套接层（SSL）并对传输层安全协议（TLS）进行了适当的修改，加入了对不可靠传输层的支持，减小了协议开销，使用了更先进的压缩算法和更有效的加密方法，可以用于智能电网的无线网络部分。WTLS 主要应用于无线应用协议（WAP），用于建立一个安全的通道，提供的安全特性有：鉴权、信息可信度及完整性。同 SSL 一样，WTLS 协议也分为握手协议和记录协议两层。

2. 有线网络安全

有线网络安全主要依靠防火墙技术、虚拟专用网（VPN）技术、安全套接层技术和公钥基础设施（PKI）。

（1）防火墙技术

防火墙技术最初的原型采用了包过滤技术，通过检查数据流中每个数据包的源地址、目的地址、所用的端口号、协议状态或它们的组合来确定是否允许该数据包通过。在网络层上，防火墙根据 IP 地址和端口号过滤进出的数据包；在应用层上检查数据包的内容，查看这些内容是否能符合企业网络的安全规则，并且允许受信任的客户机和不受信任的主机建立直接连接，依靠某种算法来识别进出的应用层数据。

（2）虚拟专用网

虚拟专用网是指在一个公共 IP 网络平台上通过隧道以及加密技术保证专用数据的网络安全性。VPN 是一种可以可靠加密方法来保证传输安全的技术。在智能电网中使用 VPN 技术，可以在不可信网络上提供一条安全、专用的通道或隧道。各种隧道协议，包括网络协议安全（IPSec）、点对点隧道协议（PPTP）和二层隧道协议（L2TP）都可以与认证协议一起使用。

（3）安全套接层

安全套接层技术提供的安全机制可以保证应用层数据在智能电网传输中不被监听、伪造和窜改，并且始终对服务器进行认证。SSL 还可以选择对客户进行认证，提供网络上可信赖的服务。SSL 可以用于智能电网的有线网络部分。SSL 是基于 X.509 证书的 PKI 体系的一种应用，主要由纪录协议和握手协议构成。SSL 记录协议建立在可靠的传输协议（如 TCP）之上，为高层协议提供数据封装、压缩、加密等基本功能支持；SSL 握手协议建立在 SSL 记录协议之上，用于在实际的数据传输开始前，通信双方进行身份认证、加密算法协商、加密密钥交换等。

（4）公钥基础设施

公钥基础设施能够为所有网络应用提供加密和数字签名等密码服务及所必需的密钥和证书管理体系。PKI 可以为不同的用户按不同安全需求提供多种安全服务，主要包括认证、数据完整性、数据保密性、不可否认性、公正和时间戳等服务。

3. 移动通信网络安全

（1）GSM 网络安全

在 GSM 网络中，基站采取询问 - 响应认证协议对移动用户进行认证，制止非授权用户使用网络资源。在无线传输的空中接口部分对用户信息加密，防止窃听泄密。

（2）3G 网络安全

在 3G 网络中，终端和网络使用认证与密钥协商（AKA）协议进行相互认证，不仅网络可以识别终端的合法性，终端也会认证网络是否合法，并在认证过程中产生终端和网络的通信密钥。3G 网络还引入了加密算法协商机制，加强了信息在网络内的传送安全，采用了以交换设备为核心的安全机制，加密链路延伸到交换设备，并提供基于端到端的全网范围内的加密。

（3）LTE 安全

在长期演进 /3GPP 系统架构演进（LTE/SAE）中将安全措施在接入层（AS）和非接

入层（NAS）信令之间分离开，无线链路和核心网需要有各自的密钥。这样，LTE系统有两层保护，第一层为用户层安全，第二层是EPC中的网络附加存储（NAS）信令安全。用户和网络的相互认证和安全密钥生成都在AKA流程中进行。该流程采用了基于对称加密体制的挑战 - 响应机制，产生128比特的密钥。

（三）信息处理安全

主要保障数据信息的分析、存储和使用，这一层需要解决智能电网的数据存储安全以及容灾备份、数据与服务的访问控制和授权管理。

1.存储安全

存储可以分为本地存储和网络存储。本地存储需要提供文件透明加密存储功能和加密共享功能，并实现文件访问的实时解密。本地存储严格界定每个用户的读取权限。用户访问数据时，必须经过身份认证。网络存储主要分NAS、存储区域网络（SAN）与IP存储三类。

在文件系统层上实现网络存取安全是最佳策略，既保证了数据在网络传输中和异地存储时的安全，又对上层的应用程序和用户来说是透明的；SAN可以使用用户身份认证和访问控制列表实现访问控制，还可以加密存储，当数据进入存储系统时加密，输出存储系统时解密；IP存储安全需要提供数据的机密性、完整性及提供身份认证，可以用IPSec、防火墙技术等技术实现，在进行密钥分发的时候，还会用到PKI技术。

2.容灾备份

容灾备份可以分为三个级别：数据级别、应用级别和业务级别。从对用户业务连续性的保障程度来看，它们的可用级别逐渐提高。前两个级别都仅仅是对通信信息的备份，后一个则包括整个业务的备份。

智能电网业务的实时性需求很强，应当选用业务级别的容灾备份。备份不仅包括信息通信系统，还包括智能电网的其他相关部分。整个智能电网可以构建一个集中式的容灾备份中心，为各地区运营部门提供一个集中的异地备份环境。各部门将自己的容灾备份系统托管在备份中心，不仅要支持近距离的同步数据容灾，还必须能支持远程的异步数据容灾。对于异步数据容灾，数据复制不仅要求在异地有一份数据拷贝，同时，还必须保证异地数据的完整性、可用性。对于网络的关键节点，要能够实时切换。同时，网络还要具有一定的自愈能力。

3.访问控制和授权管理

访问控制技术分为三类：自主访问控制、强制访问控制、基于角色的访问控制。

自主访问控制即一个用户可以有选择地与其他用户共享文件。主体全权管理有关客体的访问授权，有权修改该客体的有关信息，而且主体之间可以权限转移。

强制访问控制即用户与文件都有一个固定的安全属性系统，该安全属性决定一个用户是否可以访问某个文件。

基于角色的访问控制即授予用户的访问权限由用户在组织中担当的角色来确定。根据用户在组织内所处的角色进行访问授权与控制。当前在智能电网中主要使用的是第三类技术。

授权管理的核心是授权管理基础设施（PMI）。PMI 与 PKI 在结构上非常相似。信任的基础都是有关权威机构。在 PKI 中，由有关部门建立并管理根证书授权中心（CA），下设各级 CA、注册机构（RA）和其他机构。在 PMI 中，由有关部门建立授权源（SOA），下设分布式的属性机构（AA）和其他机构。PMI 能够与 PKI 和目录服务紧密集成，并系统地建立起对认可用户的特定授权。PMI 对权限管理进行了系统的定义和描述，完整地提供了授权服务所需过程。

未来的信息安全技术必须要与智能电网信息通信系统相互融合，而不仅是简单的集成。在制订智能电网标准的时候就需要考虑到可能存在的各种信息安全隐患，而不能先制定标准再去考虑信息安全，否则就会重蹈互联网的覆辙。

未来智能电网作为物联网在电力行业的应用，将会融合更多的先进的信息安全技术，如可信计算、云安全等。智能电网将会发展成基于可信计算的可信网络平台。智能电网中的可信设备通过网络搜集和验证接入者的完整性信息，依据安全策略对这些信息进行评估，从而决定是否允许接入，以确保智能电网的安全性。同时，可信计算还可以协助智能电网建立合理的用户控制策略，并依据用户的行为分析数据来建立统一的用户信任管理模型。智能电网还将会融合云安全技术，借助于云端的数据信息，在病毒未危害到设备时就提前阻止危害发生。云端数据信息的实时更新将会是物联网时代应对病毒的有效手段。

第三章　智能发电技术

第一节　太阳能发电

随着人口数量在全球内不断增长，加之世界工业经济快速发展，电力消耗以惊人的数字在迅猛递增，人类赖以生存的现有资源也在不断减少。因为太阳能发电，既不需要消耗任何资源，对环境也不会造成破坏，且能量巨大，不失为人类未来发展电力事业的最佳途径。无论是从保护人类赖以生存的地球环境，还是地球资源可持续发展的角度出发，或是为了解决人类对电力需求越来越庞大的现实问题，太阳能发电都具有非常重要的意义，且对社会发展影响深远。

一、当今全球能源的现状

随着世界工业经济的发展，能源的消费总量每年都在持续增长，能源短缺的问题，越来越严峻地摆在人类的面前，极大地制约着社会前进的步伐。

从目前全球的能源资源来讲，最主要的有煤炭、石油、天然气等化石能源，以及核电和水电三大类。虽然化石能源资源储量很大，可是伴随着工业的快速发展，经过数百年毫无节制的大规模开发，正日渐濒临枯竭，而且一旦消耗，就不能再生。再一方面，煤炭、石油、天然气在使用过程中，会产生大量的有害气体或物质，对地球污染相当之大，严重威胁着全球的生态环境。

利用原子核内部蕴藏的能量产生电，我们称之为核电。核电也具有很大的危害性，一量发生核发事故，后果也相当可怕。在苏联、日本都有过核事故的发生，给人民生命以及环境都造成了严重损失。因而，寻求新的能源已经成为实现社会可持续发展的必由之路。自新中国成立以来，我国的科学工作者在探索风能、太阳能、核能、生物质能、海洋能等新能源的道路上取得了可喜的成绩，为人类发展做出了巨大贡献。尤其是太阳能发电领域早已经迈出坚实的步伐。

二、太阳能发电的优势

针对资源紧缺问题，国家发改委、科技部联合曾专门下发再生能源发展的总目标，目标提出：提高转换效率，降低生产成本，增大在能源结构中所占比例。因此，太阳能发电技术的发展方向，主要也是围绕"提高转换效率，降低生产成本"上做文章。

太阳能发电就是利用半导体界面的光生伏特效应，而将光能直接转变为电能的一种技术，所以说，太阳能发电是一种可以集中规模化发电的清洁能源利用方式，也是最具可持续发展、真正绿色环保的新型可再生能源。

太阳能发电适用地域广阔，不用受地理环境限制，只要有太阳的地方，就可利用太阳能发电，随处可得，不必因为长距离输送，增加投入的成本和不必要的消耗。

太阳能发电只要有光就行，不用消耗大量的燃料，破坏地球的生态资料，前期投资完毕，后期运行成本非常小。

太阳能电池具有永久、清洁和灵活三大优点，这些优势特点都是其他电源根本无法比拟的。它的研发推广，是对新型电源领域的又一个重大革命。

三、太阳能发电几个需要考虑的因素

太阳能发电需要考虑的因素很多，只有懂得了太阳能发电的原理，准确掌握太阳能电池板的各种性能，才会使产品达到最佳的性价比。倘若对相关因素估算失误，就会直接影响到太阳能发电的系统性能和造价。

（一）太阳能发电系统安装的地理位置

太阳能发电系统的安装，要充分考虑它的地点、海拔、经度、纬度等，还要把当地的气象条件也充分考虑在内。其中包括逐月太阳能的总辐射量、日照百分比、年平均气温、最长的连续阴雨天数、最大风速、每年出现冰雹的最大概率等特殊气象状况。

（二）太阳能最大的负载量

这里包括：太阳能在负载情况下，每天的工作时间以及日均耗电量；在连续出现阴雨天的情况下需工作的时间。

（三）太阳能产品的一般要求

1. 具有抵御自然灾害特性

太阳能的工作环境相当恶劣，所以，要充分考虑到它的防水、防风、防雹的性能。还要充值考虑它的防晒、防冻特性。

2. 控制保护

太阳能发电，一般都会有防过充、反充、过放等保护电路装置，目的就是最大限度延长电池板和蓄电池使用的寿命，避免损坏电池板和蓄电池过早老化。太阳电池发电的系统没有活动部件，一般不易损坏，其维护也相当简便。但也需定期检查维护，否则有可能影响到正常使用，缩短使用的时间。

四、太阳能发电分类

（一）太阳能光发电

太阳能光发电是指无须通过热过程直接将光能转变为电能的发电方式。它包括光伏发电、光化学发电、光感应发电和光生物发电。光伏发电是利用太阳能级半导体电子器件有效地吸收太阳光辐射能，并使之转变成电能的直接发电方式，是当今太阳光发电的主流。在光化学发电中有电化学光伏电池、光电解电池和光催化电池，目前得到实际应用的是光伏电池。

　　光伏发电系统主要由太阳能电池、蓄电池、控制器和逆变器组成，其中太阳能电池是光伏发电系统的关键部分，太阳能电池板的质量和成本将直接决定整个系统的质量和成本。太阳能电池主要分为晶体硅电池和薄膜电池两类，前者包括单晶硅电池、多晶硅电池两种，后者主要包括非晶体硅太阳能电池、铜铟镓硒太阳能电池和碲化镉太阳能电池。

　　单晶硅太阳能电池的光电转换效率为15%左右，最高可达23%，在太阳能电池中光电转换效率最高，但其制造成本高。单晶硅太阳能电池的使用寿命一般可达15年，最高可达25年。多晶硅太阳能电池的光电转换效率为14%~16%，其制作成本低于单晶硅太阳能电池，因此，得到大量发展，但多晶硅太阳能电池的使用寿命要比单晶硅太阳能电池要短。

　　薄膜太阳能电池是用硅、硫化镉、砷化镓等薄膜为基体材料的太阳能电池。薄膜太阳能电池可以使用质轻、价低的基底材料（如玻璃、塑料、陶瓷等）来制造，形成可产生电压的薄膜厚度不到1μm，便于运输和安装。然而，沉淀在异质基底上的薄膜会产生一些缺陷，因此现有的碲化镉和铜铟镓硒太阳能电池的规模化量产转换效率只有12%~14%，而其理论上限可达29%。如果在生产过程中能够减少碲化镉的缺陷，将会增加电池的寿命，并提高其转化效率。这就需要研究缺陷产生的原因，以及减少缺陷和控制质量的途径。太阳能电池界面也很关键，需要大量的研发投入。

（二）太阳能热发电

　　通过水或其他工质和装置将太阳能转换为电能的发电方式，称为太阳能热发电。先将太阳能转化为热能，再将热能转化成电能，它有两种转化方式：

　　1. 将太阳热能直接转化成电能

　　如半导体或金属材料的温差发电，真空器件中的热电子和热电离子发电，碱金属热电转换，以及磁流体发电等。

　　2. 将太阳热能通过热机（如汽轮机）带动发电机发电

　　与常规热力发电类似，只不过是其热能不是来自燃料，而是来自太阳能。太阳能热发电有多种类型，主要有以下五种：塔式系统、槽式系统、盘式系统、太阳池和太阳能塔热气流发电。前三种是聚光型太阳能热发电系统，后两种是非聚光型。一些发达国家将太阳能热发电技术作为国家研发重点，制造了数十台各种类型的太阳能热发电示范电站，已达到并网发电的实际应用水平。

　　目前世界上现有的最有前途的太阳能热发电系统大致可分为：槽形抛物面聚焦系统、中央接收器或太阳塔聚焦系统和盘形抛物面聚焦系统。在技术上和经济上可行的三种形式是：30~80MW聚焦抛物面槽式太阳能热发电技术（简称抛物面槽式）；30~200MW点聚焦中央接收式太阳能热发电技术（简称中央接收式）；7.5~25kW的点聚焦抛物面盘式太阳能热发电技术（简称抛物面盘式）。

　　聚焦式太阳能热发电系统的传热工质主要是水、水蒸气和熔盐等，这些传热工质在接收器内可以加热到摄氏450℃，然后用于发电。此外，该发电方式的储热系统可以将热能暂时储存数小时，以备用电高峰时之需。

抛物槽式聚焦系统是利用抛物柱面槽式发射镜将阳光聚集到管形的接收器上，并将管内传热工质加热，在热换气器内产生蒸汽，推动常规汽轮机发电。塔式太阳能热发电系统是利用一组独立跟踪太阳的定日镜，将阳光聚集到一个固定塔顶部的接收器上以产生高温。

除了上述几种传统的太阳能热发电方式以外，太阳能烟囱发电、太阳池发电等新领域的研究也有进展。

五、太阳能发电装置

太阳能发电是利用电池组件将太阳能直接转变为电能的装置。太阳能电池组件（Solar cells）是利用半导体材料的电子学特性实现 P-V 转换的固体装置，在广大的无电力网地区，该装置可以方便地实现为用户照明及生活供电，一些发达国家还可与区域电网并网实现互补。目前从民用的角度，在国外技术研究趋于成熟且初具产业化的是"光伏—建筑（照明）一体化"技术，而国内主要研究生产适用于无电地区家庭照明用的小型太阳能发电系统。

太阳能发电系统主要包括：太阳能电池组件（阵列）、控制器、蓄电池、逆变器、用户即照明负载等组成。其中，太阳能电池组件和蓄电池为电源系统，控制器和逆变器为控制保护系统，负载为系统终端。

太阳能电池与蓄电池组成系统的电源单元，因此，蓄电池性能直接影响着系统工作特性。

（一）电池单元

由于技术和材料原因，单一电池的发电量是十分有限的，实用中的太阳能电池是单一电池经串、并联组成的电池系统，称为电池组件（阵列）。单一电池是一只硅晶体二极管，根据半导体材料的电子学特性，当太阳光照射到由 P 型和 N 型两种不同导电类型的同质半导体材料构成的 P-N 结上时，在一定的条件下，太阳能辐射被半导体材料吸收，在导带和价带中产生非平衡载流子即电子和空穴。同于 P-N 结势垒区存在着较强的内建静电场，因而能在光照下形成电流密度 J，短路电流 Isc，开路电压 Uoc。若在内建电场的两侧面引出电极并接上负载，理论上讲由 P-N 结、连接电路和负载形成的回路，就有"光生电流"流过，太阳能电池组件就实现了对负载的功率 P 输出。

理论研究表明，太阳能电池组件的峰值功率 P_k，由当地的太阳平均辐射强度与末端的用电负荷（需电量）决定。

（二）储存单元

太阳能电池产生的直流电先进入蓄电池储存，蓄电池的特性影响着系统的工作效率和特性。蓄电池技术是十分成熟的，但其容量要受到末端需电量，日照时间（发电时间）的影响。因此蓄电池瓦时容量和安时容量由预定的连续无日照时间决定。

（三）控制器

控制器的主要功能是使太阳能发电系统始终处于发电的最大功率点附近，以获得最高效率。而充电控制通常采用脉冲宽度调制技术即 PWM 控制方式，使整个系统始终运行于最大功率点 P_m 附近区域。放电控制主要是指当电池缺电、系统故障，如电池开路或接反时切断开关。目前日立公司研制出了既能跟踪调控点 P_m，又能跟踪太阳移动参数的"向日葵"式控制器，将固定电池组件的效率提高了 50% 左右。

（四）逆变器

逆变器按激励方式，可分为自激式振荡逆变和他激式振荡逆变。主要功能是将蓄电池的直流电逆变成交流电。通过全桥电路，一般采用 SPWM 处理器经过调制、滤波、升压等，得到与照明负载频率 f，额定电压 UN 等匹配的正弦交流电供系统终端用户使用。

（五）防反充二极管

太阳能光伏发电系统的防反充二极管又称阻塞二极管，在太阳电池组件中其作用是避免由于太阳电池方阵在阴雨和夜晚不发电或出现短路故障时，锂电池组通过太阳电池方阵放电。防反充二极管串联在太阳电池方阵电路中，起单向导通作用。因此它必须保证回路中有最大电流，而且要承受最大反向电压的冲击。一般可选用合适的整流二极管作为防反充二极管。一块板的话可以不用任何二极管，因为控制器本来就可防反冲。板子串联的话，需要安装旁路二极管，如果是并联的话就要装个防反冲二极管，防止板子直接充电。防反充二极管只是保护作用，不会影响发电效果。

（六）效率

在太阳能发电系统中，系统的总效率 ηese 由电池组件的 PV 转换率、控制器效率、蓄电池效率、逆变器效率及负载的效率等组成。但相对于太阳能电池技术来讲，要比控制器、逆变器及照明负载等其他单元的技术及生产水平要成熟得多，而且系统的转换率只有 17% 左右。因此提高电池组件的转换率，降低单位功率造价是太阳能发电产业化的重点和难点。太阳能电池问世以来，晶体硅作为主角材料保持着统治地位。对硅电池转换率的研究，主要围绕着加大吸能面，如双面电池，减小反射；运用吸杂技术减小半导体材料的复合；电池超薄型化；改进理论，建立新模型；聚光电池等。

六、太能发电优势与缺点

（一）太阳能光伏发电具有许多独有的优点

1. 太阳能是取之不尽、用之不竭的洁净能源，而且太阳能光伏发电是安全可靠的，不会受到能源危机和燃料市场不稳定因素的影响。

2. 太阳光普照大地，太阳能是随处可得的，太阳能光伏发电对于偏远无电地区尤其适用，而且会降低长距离电网的建设和输电线路上的电能损失。

3. 太阳能的产生不需要燃料，使得运行成本大大降低。

4. 除了跟踪式外，太阳能光伏发电没有运动部件，因此不易损毁，安装相对容易，维护简单。

5. 太阳能光伏发电不会产生任何废弃物，并且不会产生噪音、温室及有毒气体，是很理想的洁净能源。安装 1kW 光伏发电系统，每年可少排放 CO_2 600~2300kg，NO_x 16kg，SO_x 9kg 及其他微粒 0.6kg。

6. 可以有效利用建筑物的屋顶和墙壁，不需要占用大量土地，而且太阳能发电板可以直接吸收太阳能，进而降低墙壁和屋顶的温度，减少室内空调的负荷。

7. 太阳能光伏发电系统的建设周期短，而且发电组件的使用寿命长、发电方式比较灵活，发电系统的能量回收周期短。

8. 不受资源分布地域的限制；可在用电处就近发电。

（二）太阳能光伏发电的缺点

1. 地理分布、季节变化、昼夜交替会严重影响其发电量，当没有太阳的时候就不能发电或者发电量很小，这就会影响用电设备的正常使用。

2. 能量的密度低，当大规模使用的时候，占用的面积会比较大，而且会受到太阳辐射强度的影响。

3. 光伏系统的造价还比较高，系统成本 40000—60000 元 / 千瓦，初始投资高严重制约了其广泛应用。

4. 年发电时数较低，平均 1300h。

5. 精准预测系统发电量比较困难。

七、太阳能发电现状与应用

（一）现状

太阳能的使用主要分为几个方面：家庭用小型太阳能电站、大型并网电站、建筑一体化光伏玻璃幕墙、太阳能路灯、风光互补路灯、风光互补供电系统等，风光互补系统。

太阳能的利用还不是很普及，利用太阳能发电还存在成本高、转换效率低的问题，但是太阳能电池在为人造卫星提供能源方面得到了应用。太阳能是太阳内部或者表面的黑子连续不断的核聚变反应过程产生的能量。地球轨道上的平均太阳辐射强度为 $1369W/m^2$。地球赤道的周长为 40000km，从而可计算出，地球获得的能量可达 173000TW。在海平面上的标准峰值强度为 $1kW/m^2$，地球表面某一点 24h 的年平均辐射强度为 $0.20kW/m^2$，相当于有 102000TW 的能量，人类依赖这些能量维持生存，其中包括所有其他形式的可再生能源（地热能资源除外），虽然太阳能资源总量相当于现在人类所利用的能源的一万多倍，但太阳能的能量密度低，而且它因地而异，因时而变，这是开发利用太阳能面临的主要问题。太阳能的这些特点会使它在整个综合能源体系中的作用受到一定的限制。

尽管太阳辐射到地球大气层的能量仅为其总辐射能量的二十二亿分之一，但已高达173000TW，也就是说太阳每秒钟照射到地球上的能量就相当于 500 万吨煤。地球上的风能、水能、海洋温差能、波浪能和生物质能以及部分潮汐能都是来源于太阳；即使是地球上的化石燃料（如煤、石油、天然气等）从根本上说也是远古以来贮存下来的太阳能，所以广义的太阳能所包括的范围非常大，狭义的太阳能则限于太阳能的光热、光电和光化学的直接转换。

太阳能发电虽受昼夜、晴雨、季节的影响，但可以分散地进行，所以，它适于各家各户分别进行发电，而且要连接到供电网络上，使得各个家庭在电力充裕时可将其卖给电力公司，不足时又可从电力公司买入。实现这一点的技术不难解决，关键在于要有相应的法律保障。现在美国、日本等发达国家都已制定了相应法律，保证进行太阳能发电的家庭利益，鼓励家庭进行太阳能发电。

日本已于 1992 年 4 月实现了太阳能发电系统同电力公司电网的联网，已有一些家庭开始安装太阳能发电设备。日本通产省从 1994 年开始以个人住宅为对象，实行对购买太阳能发电设备的费用补助 2/3 的制度。要求第一年有 1000 户家庭、2000 年时有 7 万户家庭装上太阳能发电设备。据日本有关部门估计日本 2100 万户个人住宅中如果有 80% 装上太阳能发电设备，便可满足全国总电力需要的 14%，如果工厂及办公楼等单位用房也进行太阳能发电，则太阳能发电将占全国电力的 30%~40%。当前阻碍太阳能发电普及的最主要因素是费用昂贵。为了满足一般家庭电力需要的 3kW 发电系统，需 600—700 万日元，还未包括安装的工钱。有关专家认为，至少要降到 100—200 万日元时，太阳能发电才能够真正普及。降低费用的关键在于太阳电池提高变换效率和降低成本。

美国德州仪器公司和 SCE 公司宣布，它们开发出一种新的太阳电池，每一单元是直径不到 1mm 的小珠，它们密密麻麻规则地分布在柔软的铝箔上，就像许多蚕卵紧贴在纸上一样。在大约 50cm² 的面积上便分布有 1700 个这样的单元。这种新电池的特点是，虽然变换效率只有 8%—10%，但价格便宜。而且铝箔底衬柔软结实，可以像布帛一样随意折叠且经久耐用，挂在向阳处便可发电，非常方便。据称，使用这种新太阳电池，每瓦发电能力的设备只要 1.5—2 美元，而且每发一度电的费用也可降到 14 美分左右，完全可以同普通电厂产生的电力相竞争。每个家庭将这种电池挂在向阳的屋顶、墙壁上，每年就可获得一两千度的电力。

（二）应用领域

1. 用户太阳能电源

小型电源 10—100W 不等，用于边远无电地区如高原、海岛、牧区、边防哨所等军民生活用电，如照明、电视、收录机等；3—5kW 家庭屋顶并网发电系统；光伏水泵解决无电地区的深水井饮用、灌溉。

2. 交通领域

如航标灯、交通 / 铁路信号灯、交通警示 / 标志灯、路灯、高空障碍灯、高速公路 / 铁路无线电话亭、无人值守道班供电等。

3. 通信 / 通信领域

太阳能无人值守微波中继站、光缆维护站、广播 / 通信 / 寻呼电源系统；农村载波电话光伏系统、小型通信机、士兵 GPS 供电等。

4. 石油、海洋、气象领域

石油管道和水库闸门阴极保护太阳能电源系统、石油钻井平台生活及应急电源、海洋检测设备、气象 / 水文观测设备等。

5. 家庭灯具电源

如庭院灯、路灯、手提灯、野营灯、登山灯、垂钓灯、黑光灯、割胶灯、节能灯等。

6. 光伏电站

10kW~50MW独立光伏电站、风光（柴）互补电站、各种大型停车场充电站等。

7. 太阳能建筑

将太阳能发电与建筑材料相结合，使得未来的大型建筑实现电力自给，是未来一大发展方向。

8. 其他领域

与汽车配套，如太阳能汽车/电动车、电池充电设备、汽车空调、换气扇、冷饮箱等；太阳能制氢加燃料电池的再生发电系统；海水淡化设备供电；卫星、航天器、空间太阳能电站等。

八、太阳能发电设计与研究

成功地把太阳能组件和建筑构件加以整合，如太阳能屋面（顶）、墙壁及门窗等，实现了光伏——建筑照明一体化（BIPV）。1997年6月，美国宣布了以总统命名的"太阳能百万屋顶计划"，在2010年以前为100万座住宅实施太阳能发电系统。日本"新阳光计划"已在2000年以前将光伏建筑组件装机成本降到170~210日元/瓦，太阳能电池年产量达10MW，电池成本降到25—30日元/瓦。1999年5月14日，德国仅用一年两个月建成了全球首座零排放太阳能电池组件厂，完全用可再生能源提供电力，生产中不排放CO_2。工厂的南墙面为约10m高的PV阵列玻璃幕墙，包括屋顶PV组件，整个工厂建筑装有575m²的太阳能电池组件，仅此可为该建筑提供1/3以上的电能，其墙面和屋顶PV组件造型、色彩、建筑风格与建筑物的结合，与周围的自然环境的整合达到了十分完美的协调。该建筑另有约45kW容量，由以自然状态的菜籽油作燃料的热电厂提供，经设计燃烧菜籽油时产生的CO_2与油菜生长所需的CO_2基本平衡，是一座真正意义上的零排放工厂。BIPV还注重建筑装饰艺术方面的研究，在捷克由德国WIP公司和捷克合作，建成了世界第一面彩色PV幕墙。印度西孟加拉邦为一无电岛117家村民安装了12.5kW的BIPV。国内常州天合铝板幕墙制造有限公司研制成功一种"太阳房"，把发电、节能、环保、增值融于一房，成功地把光电技术与建筑技术结合起来，称为太阳能建筑系统（SPBS），SPBS已于2000年9月20日通过专家论证。上海浦东建成了国内首座太阳能—照明一体化的公厕，所有用电由屋顶太阳能电池提供。这将有力地推动太阳能建筑节能产业化与市场化的进程。

绿色照明系统优化设计，要求低能耗下获得高的光效输出，并延长灯的使用寿命。因此DC-AC逆变器设计，应获得合理的灯丝预热时间和激励灯管的电压和电流波形。处在研究开发中的太阳能照明光源激励方式有四种典型电路：

（一）自激推挽振荡电路

通过灯丝串联启辉器预热启动。该光源系统的主要参数是：输入电压DC=12V，输出光效＞495Lm/支，灯管额定效率9W，有效寿命3200h，连续开启次数＞1000次。

（二）自激推挽振荡（简单式）电路

该光源系统的主要参数是：输入电压 DC=12V，灯管功率 9W，输出光效 315Lm/ 支，连续启动次数＞ 1500 次。

（三）自激单管振荡电路

灯丝串联继电器预热启动方式。

（四）自激单管振荡（简单式）电路等方式的高效节能绿色光源。

九、太阳能发电维护与保养

（一）太阳能光伏发电系统中的光伏方阵

检查并紧固连接螺栓和导线，测试输出，调整倾角。

（二）跟踪器

润滑轴承，检查螺栓和减震。

（三）备用燃料系统

确定接线，并已经检查完好，随时可用。

（四）充电控制器

检查整流器电压设置，检查电压表指示正常。如果电池温度低于 55° F，应该允许充电到较高的电压（对于 12V 的系统至少 14.8V）。如果你的充电控制器有温度补偿功能，会自动进行调整。如果有外接的温度传感器，确保已经贴在电池上。如果没有自动调整功能，就需要进行手动的把电压调高，并在春季时调回去（调到 14.3V）。如果充电控制器不可调，就尽量保持电池处于较温暖的环境。

（五）蓄电池（铅酸的）

检查每块电池的电压，排除失效的，并确定是否需要均衡充电。如果需要就进行均衡充电维护（通常，在蓄电池充满后再进行 8h 的中等过充）。把蓄电池上面的液体或灰尘洗净（用干燥的苏打粉中和酸性沉淀物）。清洁或更换腐蚀的接线端子。在接线端子上涂敷凡士林油以防止进一步的腐蚀。检查电池液，如有必要补充蒸馏水或去离子水。检查通风（通风管内是否有昆虫等）。注意：检查导线的尺寸，连接，保险丝等安全措施。接地雷击保护：安装或检查接地柱或地线。

（六）负载或电器

检查隐形负载或低效率用途壁灯的变压器和带遥控的电视机只要接通电源就耗电；检查发黑的白炽灯，考虑用卤素灯或荧光灯更换；更换发黑的荧光灯管；清洁照明灯及其固定支架上的灰尘。

（七）逆变器

检查调节器，安装设置，接线。注意：带有充电功能的逆变器的充电电压应设置到 14.5（29）V。参照使用手册。如有必要增加额外的温度探测器。

（八）电池温度铅酸蓄电池的容量在 30° F 时损失 25%

充满后，在 20° F 时结冰导致损坏。夏季的过热也会影响其寿命。因此，电池应当避免在极端的室外温度环境下使用。根据国家标准安装在室内电池可以安全运行。

十、太阳能发电前景展望

日本提出的创世纪计划，准备利用地面上沙漠和海洋面积进行发电，并通过超导电缆将全球太阳能发电站联成统一电网以便向全球供电。据测算，到2000年、2050年、2100年，即使全用太阳能发电供给全球能源，占地也不过为65.11万平方公里、186.79万平方公里、829.19万平方公里。829.19万平方公里才占全部海洋面积2.3%或全部沙漠的51.4%，甚至才是撒哈拉沙漠的91.5%。因此，这一方案是有可能实现的。

天上发电方案早在1980年美国宇航局和能源部就提出在空间建设太阳能发电站设想，准备在同步轨道上放一个长10km、宽5km的大平板，上面布满太阳电池，这样便可提供500万千瓦电力。但这需要解决向地面无线输电问题。现已提出用微波束、激光束等各种方案。目前虽已用模型飞机实现了短距离、短时间、小功率的微波无线输电，但离真正实用还有漫长的路程。

从各国的节能减排目标和联合国的《可再生能源特别报告》中看出，到2050年实现高比例的可再生能源替代是一个世界性的趋势，这将会促进中国太阳能光伏发电产业的发展。2012年10月26日，国家电网公司发布《关于做好分布式光伏发电并网服务工作的意见》，大幅度降低光伏发电入网门槛；国家能源局明确指出，到2020年装机目标是1亿千瓦，今后几年都是超过10GW的国内装机容量。到2030年整个能源需求达到50亿吨标准煤，2050年达到52亿吨，可再生能源在2050年的整个能源需求里占到40%，在电力需求里可再生能源达到60%的比例，光伏发电可能装机要达到10亿千瓦。国家政策的大力支持，将会推动中国太阳能光伏发电产业的快速健康发展。

国家能源局发布《国家能源局综合司关于做好太阳能发展"十三五"规划编制工作的通知》，其中，太阳能光热发电被作为重要内容予以提及，这意味着光热发电将成为我国"十三五"期间着力发展的重要产业。太阳能利用的主要类型，重点包括太阳能光伏发电和太阳能热利用，具备太阳能热发电工程建设条件的地区，还应包括太阳能热发电的内容。规划期为2016—2020年，发展目标展望到2030年。其中太阳能热发电的规划研究内容包括：太阳能热发电重点区域及规模、重点项目选址及建设条件、技术路线和技术经济性研究等。太阳能热利用规划研究内容包括：太阳能热利用目标、重点地区、发展模式、城镇和农村建筑应用推广方式和措施等。

太阳能热利用专题规划包括研究提出"十三五"期间太阳能热利用的总体目标和任务，提出建筑热水供暖、工业热水、空调制冷等领域的分类发展目标和区域布局；研究提出我国太阳能热利用的技术发展路线图；针对中高温技术研发、关键装备制造、系统集成技术、与常规能源系统融合等重点环节，提出技术创新的发展目标、实施方案和保障措施；分析比较中外产品和系统的竞争优势和劣势，比较国内外制造业的优势和劣势，研究提出"十三五"期间提升产业竞争力的目标、任务和保障措施；提出"十三五"期间完善太阳能热利用标准、检测和认证体系的任务、目标及实施步骤，提出加强产品质量控制、运行维护体系建设的政策和措施。

我国光热发电产业在经历了"十二五"期间的沉淀蓄势后，已基本完成了产业链的建设和技术的积累，部分企业也掌握了一定的项目开发经验。2015年是"十二五"的最后一年，虽然我们已无法完成原定的1GW装机目标，但伴随政府层面对光热发电产业的愈加重视，实质性支持政策的下发，依托现有的产业基础，我国光热发电产业也必会在"十三五"期间迎来爆发。

无疑，利用太阳能发电的光伏发电技术前景广阔。太阳能资源近乎无限，光伏发电也不产生任何环境污染，是满足未来社会需求的理想能源。随着光伏发电技术的深入发展，转换效率的逐步提高，系统成本的日趋合理，以及相关的分布式发电技术、智能电网等的完善，光伏发电这种绿色能源将成为未来社会的重要能源。

第二节　风力发电

我国针对新能源的开发、研究，出台了一系列发展政策，风力发电技术在这样的背景下得到了巨大发展。风能发电主要是通过风能带动机械运转，用机械能做工转化为电能。因为风能是一种环保且无限的资源，所以，利用起来没有后顾之忧，该项技术目前在新能源研究方面有着重要作用。

面对资源约束趋紧、环境污染严重、生态系统退化的严峻形势，必须树立尊重自然、顺应自然、保护自然的生态文明理念，走可持续发展道路。能源方面的开发研究同样也是如此，可再生能源在高速发展的形势下面临着一系列制约产业快速发展的问题，要充分认识可再生能源发展的战略意义。对此，我国颁布了《可再生能源法》，其中体现出了我国对新能源研究发展的规划，预示着新能源会成为我国能源发展中的重要组成部分，自2006年起，历经了十余年的研究发展，我国风力发电水平越来越高，我国也逐渐成为可再生能源大国。目前我国风力发电产业发展速度迅猛，无论是风力发电的增长率还是总装机量都在不断发展。

我国对于风力发电所需要的一般零件都能够实现"自给自足"，但是励磁系统和一些对在技术方面要求比较高的元件仍旧需要从国外进口才能得到要求，因此，我国还需要在这方面继续发展，才能够进一步提升风力发电能力。

一、我国风力发电行业发展的机会和优势

（一）风力发电行业处于全球高速发展期

从外部环境来看，根据前述分析，全球风力发电行业正处于高速发展期，无论是专利申请，还是新增风力发电机都处在高速发展的阶段。随着能源危机的加剧，各国政府普遍采取积极的新能源政策，这意味着今后相当长的一段时间内风力发电产业的前景将十分广阔。一个高速发展的产业必将蕴含着无限的商机，这对于我国风力发电产业来说，正是打

了发展的有利时机。

（二）我国政府支持风力发电行业的发展

结合其他国家风力发电行业的发展情况来看，国外许多国家都大力支持风力发电行业的发展，同样，我国风力发电行业的迅猛发展也离不开我国政府的大力支持。我国就风力发电颁布了各项法律法规和相关政策，如《电力法》《节约能源法》《可再生能源发展专项资金管理暂行办法》等。这些都是对风力发电行业的支持。

二、风力能源发展的思路

（一）政府加强支持

风力发电技术对于我国社会经济发展以及人民群众正常生活有着重要作用，风力发电是一项巨大的工程，并且面临着一定的技术风险以及经营风险，所以，风力发电技术的发展不仅要依靠国家层面的支持，同时也要依靠社会各界的支持。在这个方面，政府要颁布相关帮扶政策，来引导社会企业加入到风力发电建设以及技术建设这项庞大工程中来。同时，政府方面还要为企业提供电厂、电网的建设点，在技术上、资金上为社会企业提供一定的帮助。事实上，我国自2011年起，就在逐步出台风力发电帮扶政策。

2013年3月财政部《关于预拨可再生能源电价附加补助资金的通知》。按照第一支第四批目录，预拨付风力发电补助资金93.14亿元（含风力发电项目和接网工程等）。截至2015年年底，中国新增风电装机容量为30500MW，占据了全球新增风电装机容量的28.4%。不过现行的政策大多都停留在工程建设层上，应该加强技术研究方面的支持，通过顶层技术发展来切实推动我国风力发电技术的发展，减少工程建设中的技术投入、专利投入，才是我国风力发电技术实现可持续发展的根本方向。

（二）遵循能源发展原则

风力发电技术需要遵循新能源发展原则。

1. 要遵循安全发展原则

风力发电既要能够满足电力系统安全负荷要求，同时也要和各类电力能源相互调剂，从而确保电力能源传输的稳定性、安全性。

2. 要遵循经济性发展原则

以新能源发电总量为指导内容，结合风力发电的技术特征，实现风力发电的技术、投入、收益均衡协调。

（1）要实现风力发电和常规电力发电的相互协调。

（2）需要协调风力发电工程建设和电网建设之间的关系，从而让电力系统的调节能力得到保证。

3. 要遵循有序发展原则

实现陆地、海上风力发电的协同发展，从而完成我国风力发电建设目标。

（三）加强能源市场监管

监管是保证行业稳定发展的前提，为确保我国风力发电的稳定发展，相关部门一定要将监管制度落到实处。

1. 要推进风力发电产业化发展，建立一个公平、公正、公开的能源市场，为国内投资者提供一个良好的平台。

2. 要规范市场中的运作秩序，以此来为公平的市场竞争创造良好条件。

3. 政府应该鼓励多元化投资，持续对市场竞争主体进行培养，从而提高风力发电市场的活力。

三、我国风力发电的现状

在现阶段，风力发电项目的开展作为一项系统结构很强的工程，涉及很多的领域，其中包含了风力能源、风力发电的相关设备制造、风力发电场地的管理、国家电力网络的建设规划等，即使 2006 年国家颁布并且实施《可再生能源法》，我国的风力发电行业一度出现良好的发展态势，然而，当下我国的风力发电产业还有着很多的问题。

（一）风能资源的评估不缜密

我国的风力发电中进行资源集中管理的基础是评估并且制定风力发电的规划，国家电力网络建设规划以及风能资源集中管理。当前我国有关机构所开展的风力能源评估已经落后于现在大部分风力发电场项目，开展新一阶段现有的与风力发电有关的相关资料的整理与新的调查与评估，对陆地与近海风力进行检测，在笔者看来是非常有必要的，还可以同时开展对现有风力发电场的产能检测与长期规划。

（二）缺乏自主创新

我国现在尚未有完整的风力发电产业生态圈。现阶段的中国企业并未完成对大型兆瓦发电机核心技术的消化吸收，同时，也不能够对风力发电机组中的关键设备以及相关重要零件进行自主生产，我国风力发电设备制造企业严重缺乏自主创新能力，更别谈具有自主产权的整套风力发电机组设备。所以，现在的中国风力发电设备制造企业必须加快自主创新的进程，尽快研发出具有完整知识产权的风力发电机组设备，完善我国风力发电产业的生态圈。

（三）现有的国家电力网络与风力发电的发展不协调

现阶段我国电力网络设施的管理与运营和风力发电的协调性不够完美，电力网络关于风力发电场接入电网的工作没有做好，国家电网的发展规划不能很好的顾及到风力发电场的发展，这就需要政府完善相关的管理办法来促进风力发电场与国家电网的协调，以此来保证电力运输工作的顺利开展。

（四）我国电价需要调整

风力发电项目的亏损，最重要的原因在于电价的高低。不管是哪种电力价格制定方式，政府都必须进行强有力的规范引导，对风力发电的项目给予必要的优惠政策。当前的风力发电电价过低，打压了投资方的利益，严重影响整个项目的工程质量，对整个生态圈的建设产生不良影响。

四、风力发电相关问题的解决策略

（一）明确我国风力发电的发展目标

改变视角，转换到战略层面，未来我国风力发电的重要目标是促进风力发电设备制造企业的自主创新，促进产业的转型升级，全力降低本国的风力发电设备制造的成本，加快贫困地区的发展。

（二）总结特许权

进行风力发电项目的全面总结与反思，结合过去我国风力发电项目，逐渐地进行电价的改革，或者在某些地区，施行区间电价策略，把电力价格进行稳定。

（三）相关设备制造企业进行转型升级

我国风力发电设备制造企业必须紧紧抓住现有的市场资源，对国外的先进风力发电技术进行消化吸收，开展产品的国有化进程。在积累了足够的经验后，加快开展风电设备的自主研发，以此来降低风电的成本，保证风电投资商获得足够的利润，并且有信心进行二次投资，促进我国风力发电的快速发展。

（四）逐步协调电网与风力发电项目

发展风力发电项目必须要和地区的经济发展情况相协调，在缺乏能源的沿海地区大力开展风力发电项目，而风力资源充足的西部，随电网容量的扩充，也要大范围开展风力发电项目。

（五）进行规模发展与分散开发的融合

用风力发电的项目来带动一个地区的产业化进程，假设建成了多个100万千瓦的超大型风力发电场。而另外的一个发展潮流就是进行分布式开发风电项目，就好像德国并不存在10万千瓦级别的风力发电场，然而这个国家的风力发电总的产能已经达到了惊人的1800多万千瓦。所以，结合地区实际情况，充分利用中小型的风力发电场，完全可以考虑进行农村分散式布网。

（六）为风力发电企业提供融资便利

从往年来看，我国在风力发电这个项目的发展过程中，投资不是很多，这和我国的第二经济体比起来，严重不符合。从现在起，不但国家要加大对风力发电相关企业的帮扶，企业还要进行多种渠道的融资，可以进行法律允许的资产重组、发行债券、股票、贷款等形式，获得更大的发展空间，促进风力发电场的建设工程顺利开展综上，我国的风力发电技术已经逐渐成熟完善，具有深厚的市场发展潜力，只要国家大力扶持，企业积极进行技术创新，我国的风力发电产业生态圈将会更加完善，对环境保护做出更大的贡献。

五、风力发电工程技术应用

（一）风力发电的风力测算以及风电设备的选址技术

风力发电的重要依据就是选择风力稳定，并且适合建立风电设备的位置进行风力发电设备的安装和运行。风力发电设备产生的电力输出功率的测算要依据风力的测算，风力的变化是多样的，会随着季节、气候在一年中有变化。风力发电设备的选址要依据风力的测算的数据，才能为社会带来更多的清洁能源。

风力发电设备的选址是至关重要的，设备的投入成本很高，选址地点的风力发电情况要经过测算，并且是要经过长期的数据测算才能确定。

（二）电能产生后的存储技术的研究

风力发电产生的电能要通过电能的存储技术对电能进行储存，主要是解决风力发电的风能不稳定的现象，并能把产生的电能进行良好的传输，风力发电的储存技术是风能发电的重要技术环节。当前各国的研究机构都对这一技术十分的重视。是风力发电的实现的重要的途径。这一技术的发展研究主要解决富余电能的存储和风能转化为电能的过程中的能量转化过程中的能量损失的最小化。

1. 当前电能存储技术

当前电能的直接储存技术主要是通过蓄电池技术进行的，风能通过发电机转化成电能后直接存储到蓄电池中，这种方式是最简单的储存方式。

2. 风力发电转化为水利蓄能

风力发电可以利用电能驱动水泵，把水资源储存到高位水箱中，通过水力发电再转化为水电，直接并网并输送到电网。这种能量的转化就把风力发电的能量转成了水利蓄能。

3. 风力发电的电能可以通过空气压缩装置存储能量

风力发电的电能通过空气压缩装置进行储存适用于干旱地区进行能量的储存，当电能缺失时，空气压缩装置可以通过涡轮机进行发电，进行电能的补充，这是风力发电能量的另一种储存方式。

（三）风力发电与其他能源发电的发电互补设计

为了获得更为稳定的电力供给，风力发电和太阳能发电、水力发电等能源供应可以依据能源供电的组合进行合理配置，建立一种复合的供电组合就能为稳定的供电提供电力供应。同时，能降低风力发电等的成本。这种互补的电力供应组合主要有风力发电和太阳能发电的互补、风力发电和火力发电的互补、风力发电和水力发电的互补、风力发电和燃油发电的互补等。

1. 风力发电和太阳能发电的供电互补

我国的风力发电现状，气候和我国的地形的因素，决定了我国的风力发电和太阳能发电能够互补，通常情况下我国在冬季风大，太阳辐射较小；到了夏季，太阳辐射较强，但是风能较小。在我国的大部分地区就能实现风力发电和太阳能发电的互补，为区域的稳定的连续供电提供了保障。

2. 风力发电和水力发电的能源互补工程

风力发电和水力发电之间的能源供应互补，也能给稳定供电提供能源保障。风力发电出现不稳定的因素后，可以启动水力发电装置，提供稳定的电能供应。当水利蓄能不足时，可以用风力发电装置提供电能，在合适的风电和水电位置能够起到能源互补的功能。

3.风力发电和燃气发电的能源互补功能

风力发电供电系统和燃气轮机发电供电系统之间的能量供应的互补，当一种供电系统出现问题，另一种供电系统就能提供电能的支持。这样在供电系统中就能为用电户提供稳定的电力供应。在现实应用中，风力发电和燃气轮机发电之间的互补系统得到了很好的应用。

4.风力发电系统和柴油发电系统之间的电能互补系统

建设风力发电和柴油的发电系统适用于岛屿的用电环境，风力发电供电能力缺失时，可以采用柴油发电进行电能的补充。当柴油发电不足时可以采用风力发电的系统进行供电。这种互补能给区域供电提供相应稳定的供电模式。

5.风力发电系统和生物能发电系统之间的能源工艺互补

同样道理，风力发电系统和生物能发电系统在电力供应中也是能达到能源互补的功能的。电力能源共赢的多样化为用电单位提供了众多的选择方案，但是稳定的获得电力供应是用电单位的用电原则，只有稳定的电力供应才能获得用电单位的青睐。风力发电和生物能发电的能源互补就能弥补供电不稳定的缺点，所以，风力发电和生物能发电的互补是供电方式的优化选择。

（四）风力发电设备的设计与制造技术研究

风力发电设备的设计开发制造是风力发电提供优质供电的最关键的保障，风力发电机组的发电效率是以发电设备的相关技术分不开的。利用现代化的设计方案和仿真软件技术的应用为发电机组设备的更加精细化的设计提供了技术支持。从发电设备的设计和发点效果的最有结合的现代发电机组的设计方案，仿真软件测试系统为设计和制造优质的风力发电设备提供了技术的和数据的支持。

风力发电的最核心的发电装置是风力的叶轮的设计与技术研发，叶轮的设计形状以及能把风力更高效能的转化为电能的优化设计是整个风力发电设备技术研发的核心。从力学的角度，以及空气动力学等角度进行数据测算，优中选优，设计方案的最终方案要经过很多次的测试为依据。在翼型设计技术，数值模拟技术，风洞实验技术，数据库建立，翼型数据三维修正及在叶片设计中的应用都取得了较好的效果。

（五）风力发电并网技术

风力发电作为现代火力发电的重要补充能源，实现风力发电与现代主流电网的并网，是风力发电的最好的选择。只有实现和电网的并网才能实现风力发电的价值，作为最优质的能源补充把风力发电的能量提供给社会。由于发电机并网过程是一个瞬变过程，它受制于并网前的发电状况，影响并网后发电机的运行和电网电能质量，在并网运行方式中主要解决的是并网控制和功率调节问题。在大规模风电运行要求电网提高接纳风电承受能力的同时，电网为了维持自身的稳定性，也向并网风电机提出了更高的技术要求。

六、我国风力发电行业发展

（一）强化政府的引导和扶持，调整政策支持产业健康发展

目前我国的风力发电企业从设计到制造还是依赖国外技术，技术创新能力薄弱，缺乏自主知识产权的核心技术并没有得到明显改善。

1. 充分利用好国家有限的研发资金、组织力量对制约风力发电发展关键技术进行攻关。

2. 引导企业适时按照市场需求，加强科研、设计队伍建设，积累、消化、吸收、国际先进技术等。

3. 激励电网企业加强电网技术改造，降低风力发电成本。

4. 制定风力发电产品的标准化政策，促进风力发电产业的标准化。

5. 建立国家级风力发电技术服务中心。

（二）发挥风电行业协会作用，引领风力发电行业适应市场变化

目前我国风力发电行业协会主要有以下作用。

1. 积极参加国家有关风力发电行业法律法规的制定过程，企业之间的相互关系是以竞争为基础的，竞争离不开协商，行业协会的协商作用是有效竞争的重要前提和条件。

2. 为企业和政府牵线搭桥，加强产学研合作，加强我国风力发电企业和研究院所之间的交流。

（三）实施行业发展占率，确保专利制度对风电行业保驾护航

落实和利用国际风力发电领域宏观调控的政策法规，制定符合自身需求的风力发电专利发展战略，建立健全知识产权组织管理机构体系。当然，基于成本控制和需要性方面的考虑，在不同的发展阶段，知识产权组织机构可以采取不同的形式。在战略初期，当知识产权管理的内容不多，战略数量较少的时候，可以不设置专门的知识产权部门，由行政管理办公室货科技创新等相关部门负责即可。在此极端的人员配置方面，可以指定由以上部门中具备一定知识产权理论知识的人员专门负责或兼职负责。

第三节　核　电

一、我国核电技术发展的安全悖论与对策

2015年1月，在我国核工业成立60周年之际，中央军委主席习近平做出重要指示，核工业是高科技战略产业，是国家安全的重要基石。国务院总理李克强做出批示指出，希望弘扬传统，聚焦前沿，全面提升核工业竞争优势，推动核电装备"走出去"，确保核安全万无一失。面对核安全风险，一些人对在当地建设核电站持反对态度，这必须从总体国家安全观的高度给予足够关注和重视。我国核电技术发展必须重新梳理和解决安全悖论在价值观、利益观、发展观等层面的多重悖论与"两难"。这是科技革命带来的重大社会变革给当代中国社会发展与国家安全带来的挑战。

（一）我国核电技术发展安全悖论及原因分析

"悖论"，英语为"paradox"，字面意思是指荒谬的理论，也有人称之为"逆论""佯谬"等。悖论在现实世界无处不在。悖论实质上是客观事物的辩证本性与人们的主观思维的形而上学性及方法的形式化特性之间矛盾的一种集中反映。我国核电技术安全悖论也是如此。核电技术安全悖论也正是由于人们思维的简单线性、形而上学、绝对性与核电技术相对安全辩证本性相冲突所带来的。"要保证绝对的安全"，这种说法在哲学上和技术上都很有深入探讨的余地，世界上没有绝对的东西，也没有绝对的安全，"我们要执行最严格的安全标准"，强调核电技术安全的极端重要性，但它在现实条件往往达不到，又是不可操作的，这就陷入了核电技术发展的安全悖论。究其成因，主要体现在技术异化、安全需求和线性思维即认知偏差三个方面。

1. 技术异化是核电技术安全悖论的客观根源

技术异化指的是人类在利用技术改造、控制自然而满足主体需要的过程中，技术成为主体的异己力量并且反过来反对技术主体。技术的本质二重性决定了技术是一把双刃剑，人类如果想开发和利用核电技术，必须根据放射性元素核裂变释放出大量的能量来发电，但是核电技术的应用同时也会产生核辐射，威胁着人类安全。"所谓技术，从其出现的那天起，就是反自然的。技术只要使自然发生某种变化，就要引起自然的破坏，因此不会有什么绝对安全的技术。"近年来，虽然我国核电技术取得了突破性进展，但是核电厂事故一旦发生，对人体、生态环境的危险性及持续性，往往有"万劫不复"的后果，前有切尔诺贝利核事故、三哩岛核事故的警示，今有福岛核事故之恐惧。因此，要想追求核电技术发展的绝对安全是不可能的，这就与我们标榜的确保核电技术安全相悖，技术异化就成为导致核电技术安全悖论的客观根源。

2. 安全需求是核电技术安全悖论的主体动因

随着我国经济的发展，特别是随着一些对环境和公众健康具有重大潜在影响项目的建设，并伴随着社会进步、信息来源渠道日益多元化以及民主化进程加快，现代社会已经进入了（德国社会学家乌尔里希·贝克）所言的风险社会。与此同时，社会公众的安全需求也在不断增加。尤其是我国内陆的核电启动，核电站周围居民对核电安全的需求被放大，附近民众对核电站所引发的核辐射显得特别敏感并表现出焦虑和紧张的情绪。2011年的江西彭泽核电争议事件以及2013年的广东江门核燃料项目都因民众抵制而搁浅。这些事件告诉我们，很多敏感的核电项目的开工已经不可能绕开当地居民和社会公众的视野，更不可能不顾公众的安全需求，否则，这些项目就会陷入"一闹就停""一闹就缓""一闹就迁"的怪圈。归根到底，公众因核辐射而过度忧虑，从而就会导致公众的安全需求被放大化和敏感化，这就形成了核电技术安全悖论的主体动因。

3. 线性思维是核电技术安全悖论的认知原因

线性思维即线性思维方式，是把认识停留在对事物质的抽象而不是本质的抽象，并以这样的抽象为认识出发点的、片面、直线、直观的思维方式。我国的一些核工业公司一直标榜核电是一种经济、高效、安全的清洁能源，并以核电的"零排放"为优势极力推进核电工程项目批量化建设。很显然，这种认识是片面直观的，它对核电技术发展与应用相互制约本质关系没有认清，也没有对核辐射引发的后果做全面评估。法兰克福学派著名学者马尔库塞尖锐地指出："现代科学只是关心那些可以衡量的东西以及它在技术上的应用，而不再去问这些事物的人文意义，只问如何运用技术手段去工作，而不去关心技术本身的目的，从而产生出被扭曲的科学，在这种状况下形成的发达工业社会不可能是一个正常的社会，而只能是一个与人性不相容的病态社会。"因此，技术上的无限扩张与标榜所谓的"绝对安全"就形成了核电技术发展的安全悖论。

（二）我国核电技术安全悖论的叠加因素与动力逻辑

1. 生态悖论构成核电技术安全悖论的生态环境安全因素

生态环境是人类生存和发展的物质基础，人类利用技术对生态环境施行对象性的改造增强了自己适应生态环境的能力。但是，技术体系在内在的逻辑中具有反生态的本性，当人类利用技术生产的产品的使用价值消失以后，那么该技术产品就失去了存在依据，向生态环境大量排放废弃物的生产方式与生态环境的有机循环方式产生了严重冲突，使生态环境失去了自我恢复和自我发展的能力，形成了"技术—生态"悖论。随着我国核电技术的发展与应用，我国也必将面临核废料的处理以及核辐射等核安全挑战。当前，党和政府把生态文明建设摆在突出位置，提出走好"绿色路"，打好"绿色牌"，统筹推进生态工程，坚决守住生态底线，筑牢国家生态安全屏障。而核电技术发展中所导致的技术生态悖论就必然成为核电技术安全悖论的关键因素。

2. 舆情悖论构成核电技术安全悖论的公众认知因素

随着网络媒体的快速发展，微博、微信以及 BBS 论坛等网络社交平台逐渐成为舆情表达的媒介。近年来，网络舆情对政治生活秩序和社会稳定的影响与日俱增，一些重大的网络舆情事件使人们开始认识到网络对社会监督起到的巨大作用。然而，网络舆情使信息在接收、处理和传递过程中放大或弱化了公众对风险的认知，从而形成从个体到社会的涟漪效应，反而会带来各种负面的社会影响，这样的话就会导致舆情悖论，也就是说一个事件的最终影响与它的初始效应相悖。

核电技术的发展以及核电重大工程项目的启动，必然会引起公众的热议。但是，由于社会公众缺乏核技术方面的专业知识，加之一些非理性的认知因素，很容易导致关于核电技术发展与应用安全的舆情悖论。之前广东江门核燃料项目因民众抵制而搁浅，由此可见公众的这种"谈核色变"以及对核电安全担忧造成的舆情悖论，也必将成为核电技术安全悖论的重要一环。

3. 政策悖论构成核电技术安全悖论的战略导向因素

2014 年以来，重启核电项目成为热点议题。《核电中长期发展规划（2011—2020 年）》及《能源发展战略行动计划（2014—2020 年）》等公开文件明确：到 2020 年核电装机容量将达 5800 万千瓦，在建 3000 万千瓦规模。"十三五"规划更涉及核电发展中长期展望，预计 2030 年核电装机规模达 1.2—1.5 亿千瓦，核电发电量占比提升至 8%—10%，那也就意味着"十三五"期间每年平均需开工 5—6 台机组。

由此可见，我国核电由政府主导技术路线选择，进而实现核电产业跨越式发展，在规划上存在重规模，重核电增长，不重方式与配套的问题。此外在政策研究上，近两年来国内核电政策争议较热，但是对我国核电与核电产业的约束条件和其他清洁能源的关联性等研究不足。在制定政策过程中没有考虑利益相关者的诉求，没有把我国核电法律体系不健全和公众认知有限等软约束考虑在内，从而降低核电政策的科学性和公众可接受度，导致核电政策的执行受阻并搁置不前，最终使核电政策陷入困境，演化为政策悖论。

4. 监管悖论构成核电技术安全悖论的组织管理因素

核电与核安全监管伴随核电发展不断改进，是确保核电"安全第一"的重要保障。但是我国目前的核电安全监管体制与监管能力与我国核电技术发展的速度及规模不相适应，采用最高安全标准与现有的监管体制相对滞后必将演化为核电技术发展的监管悖论。

（1）我国的核安全法律法规不健全，主要以标准规范、指导性文件及技术文件形式制定，专门法数量少、更新慢、层级低。

（2）监管体制总体分散，"大分散、小集中"，缺乏对社会性监管与经济性监管的统筹，没有形成集中、统一的核电及核安全监管体制。

（3）我国核电与核安全监管队伍的人员数量和素质能力与核电发展的速度和规模不相匹配。

（4）信息化与信息公开程度不足，影响监管能力与公众参与，这种信息不对称性和分散监管，也造成对监管机构进行有效的监督考核化为泡影，最终也无法对核电技术发展的安全进行监管，反而会带来负面影响。

总之，核电技术安全具有鲜明的科技特征和时代特性。随着核安全的概念得到极大的拓展，这种核电技术安全问题在大多数情况下都和环境安全、社会安全、生态安全等非传统安全问题密切相关。因此，要想深入剖析我国核电技术发展的安全悖论，就必须全面把握核电技术安全悖论的叠加因素，即"生态悖论""舆情悖论""政策悖论"与"监管悖论"等多重悖论相互转化、生成的动力逻辑。它将在"生态悖论""舆情悖论""政策悖论"与"监管悖论"等多重悖论相互转化的作用下变得更加复杂。

（三）应对我国核电技术发展安全悖论的策略

从核电技术安全悖论的成因以及多重叠加因素的动力逻辑出发，我们应该从总体国家安全观整体逻辑下寻求化解我国核电技术发展安全悖论的综合策略。所以，应该从生态安全的高度实现我国核电技术发展，从社会安全的高度实现核电技术安全真相共识，从国家文化安全的高度构建全社会核安全文化，从政治安全的视角实现政策动机与选择的普遍性及效力，从而形成合力，构建应对我国核电技术发展安全悖论的全方位协调机制。

1. 树立核电技术生态发展理念

"既要绿水青山，也要金山银山。宁要绿水青山，不要金山银山，而且绿水青山就是金山银山。"这生动形象地显示了党和政府对生态文明建设的态度与决心。当今，核电技术发展日趋复杂化，其发展过程中内在地包含着生态问题。因此，核电技术的开发与应用必须摒弃以往单一的经济尺度，必须树立核电技术生态发展理念，以生态价值尺度来规制核电技术发展，并力求在经济效益与生态效益间寻求平衡点，更加注重核电技术发展的生态化。在生态环境问题层出不穷的态势下，一方面核电企业应构建核电技术生态系统，对其施以必要的干预和控制，探索核电技术发展的全新路径，不断推进核电技术生态化进程。另一方面，核电技术开发应贯彻"保护环境就是保护生产力"的理念，把生态环境保护放在突出位置，建立核电技术生态环保评估体系，坚守生态底线，用核电技术创新降低负面影响，把核电技术对生态环境的破坏控制在生态环境的可承受范围内。

2. 构筑核电技术安全真相共识

在信息大爆炸和数据出现井喷的时代，事实的真相往往被掩盖或被歪曲，并在网上快速传播引起社会舆论，极易掀起轩然大波。核电安全事故一直备受社会关注，牵动着公众的神经。2011年日本福岛核泄漏事故引发的"抢盐风波"，足以证明民众对核电安全事故过度恐慌超过事件本身的影响。因此，探索核电技术安全真相，使社会各界达成核电技术安全真相共识，是破解相关舆情悖论的重要方法。核电技术安全真相共识需依赖多方利益相关者的共同构筑。

（1）媒体应该力求探寻核电技术安全真相，本着客观公正的态度对公众密切关注的核电安全事件展开全面、客观和详尽的报道。

（2）核电企业应在第一时间将核电技术安全信息传递给社会公众，缓解公众疑虑，避免社会恐慌，增强核电企业在公众心中的信度。

（3）公众作为自媒体人在公共舆论空间发表有关核电技术安全问题的言论应有自己的客观评判，不能人云亦云和捕风捉影，同时要提高识别虚假信息的鉴别能力。只有构建媒体、核电企业和公众有效的信息共享机制，才能使各方达成核电技术安全真相共识。

3. 全面推进核安全文化建设

IAEA对核安全文化做出了经典定义：核安全文化是存在于组织和员工中的种种特性和态度的总和，它建立一种超于一切之上的观念。研究表明，核电站事故中绝大部分（约为80%，各国情况不尽相同）不是因设备故障，而是人因失误直接或间接导致的。由此可见，我国要想在确保安全的前提下开发核电技术，就必须全面推进核安全文化建设，把核电之魂——核安全文化根植于核电企业、政府核安全监管机构和社会公众的价值观念中。

（1）核电企业应构建以"担当、诚信、透明、规范"为社会主义核心价值观的核安全文化，开展以核电安全为主题的活动，强化员工责任意识，完善核安全文化规章制度，增强核电企业软实力。

（2）政府监管机构不仅要本着对人民负责的态度充分发挥监管职能，还要及时公开安全监督信息，要认识到自身使命与人民安全及国家总体安全的重大关联。

（3）社会公众应自觉接受核电安全知识的培训，使民众对核电安全有全面的了解，致力于公众核安全文化的培育。

4. 增强核电政策的科学性与效力

近年来，我国核电在政府的大力推动下迅速发展，不仅沿海核电站建设加快，内陆核电重启也进一步提速，"十三五"期间每年平均需开工5—6台机组。在由我国政府主导下的核电技术路线选择,实现核电产业跨越式发展的同时,也不能忽视可能蕴藏的重大核事故的可能性。因次,必须要增强我国核电政策的科学性与效力,抓好顶层设计,避免因决策失误而酿成重大后果。

(1)当前阶段我国应实行"总量控制"的政策,也就是中国核电发展要有一个相当长的"停顿期",不能一蹴而就。

(2)明确决策权的归属,克服多头决策、政出多门的弊端,健全政府决策权配置机制。

(3)健全重大核电项目决策预评估和风险评估机制,最大限度减少决策风险,避免决策重大失误。

(4)扩大公众对核电决策的参与,通过建立多元化的、畅通的利益反映渠道,使各种利益群体尤其是弱势群体能够通过正当合法的渠道反映自身利益诉求,从而在权衡各方面利益诉求的基础上制定公平合理的决策。

5. 建立协调统一的核电技术安全监管体制

随着我国核电工程项目建设加快,现有的核电技术安全监管体制存在诸多不适应核电发展的问题,亟待从监管的立法、体制、能力建设上做出改进。所以,必须要建立协调统一的核电技术安全监管体制,推进核电技术安全监管能力现代化。

(1)建立直属国务院的国家核安全监管机构,独立于其他政府部门之外,加强国家核安全监管机构的独立性和权威性。

(2)加强核安全立法,尽快制定原子能法与核安全法,从法律层面明确相关监管机构的权责归属,避免监管机构之间相互推卸责任的情况。

(3)要扩大核电技术安全监管队伍规模,培养核电技术安全监管的专业人才,打造一支素质过硬和作风严谨的监管队伍。

(4)要积极运用网络平台,通过网络及时披露核电技术安全监管信息,同时征集网民的意见,不断创新公众参与核电技术安全监管机制。

二、我国核电技术的能力演进与追赶路径

(一)我国核电技术的能力演进

截至 2012 年 6 月,中国大陆在役运行核电机组 15 台,装机容量 11881MWe,不到全国电力装机容量的 2%。到 2020 年,计划核电装机容量 4000 万千瓦,在建核电容量 1800万千瓦左右,共 5800 万千瓦,占电力装机的 4%,我国核电进入了快速发展的阶段。核电技术一直是核电产业发展的关键性因素,总体来说,我国经过了三个发展阶段。

1. 20 世纪 90 年代前

20 世纪 80 年代,我国开展了"728"等核电工程项目,但由于各种原因,核电技术未能真正建设发展起来。1983 年,国务院《核能发展技术政策要点》明确了发展压水堆机组的技术路线。1991 年 12 月,300MW 秦山核电站并网发电,结束了我国大陆无核电的历史,从此我国具有了 30 万千瓦级压力水堆核电机组成套设备生产能力。我国核电发展初期处于政治封闭条件下,采用的是"两弹一星"式集中资源的举国体制模式,自力更

生，艰苦创业，培养了队伍，建立了比较完整的工业体系及组织框架，但技术发展缓慢。

2. 20 世纪 90 年代到 21 世纪初

20 世纪 90 年代，国务院确立了以"引进＋国产化"为主的核电技术发展路线。1987 年 8 月，大亚湾核电站开工，引进法国 M310 技术，1993 年 8 月投入商业运行，1994 年成立了国务院直属的中国广东核电集团，1997 年 5 月开工建设了岭澳核电站。从大亚湾核电站建设我们看到了与国际先进水平的巨大差距，认识到吸收发达国家先进技术的重要性。

秦山二期在一期基础上以产品开发为主线，吸收法国技术，形成了四自主能力（自主设计、自主建造、自主管理、自主运营）的国际二代水平 CNP600 技术，这是我国自主设计建造商用核电站的跨越标识，并已应用援建巴基斯坦恰希玛核电站。设计的成功并不意味着技术的成功，中国的重工业和世界先进水平的差距呈现出来了，大量的核电关键部件必须到国外定做或者直接进口。为了跟踪和了解世界核电发展的潮流，做好各个方面的技术储备，我国采取了核电技术多头引进策略。

1998 年 6 月，引进了加拿大的重水堆 CANDU-6 技术开工建设了秦山三期，2002 年 12 月并网发电；1999 年 10 月，引进了俄罗斯先进压水堆 AES91 技术开工建设田湾核电站，2007 年 5 月并网发电，AES91 在某些安全性与经济性已达到国际上第三代核电的要求；中核建、中核和中核北方引进了法国、俄国、加拿大的核燃料元件制造技术。通过对多种技术的充分讨论、比选，我国的核电技术路线也明确了以二代加（即改进型第二代核电技术）过渡、发展第三代核电。

3. 2003 年以后

2003 年 9 月，中核集团投入了 1.7 亿元，开始自主设计 CNP1000（中国百万千瓦级核电站）发展第三代核电，2004 年 9 月设计工作完成，但一些环节存在知识产权问题，不能开发海外市场。2010 年 5 月，在消化吸收法国 M310 核电技术的基础上，中核集团改进 CNP1000 技术形成的 CP1000 通过了专家评审，且具有自主知识产权，主要设备国产化率达到 80% 以上。我国三代核电技术在核心设计上的某些知识能力水平有限，在经济性与安全性能力方面与世界先进堆型相比尚有明显的差距。

2003 年 10 月，全国核电建设工作会议决定"引进第三代核电技术，统一核电发展路线"。2004 年，成立了国家核电技术公司主导国际第三代核电技术招标引进。2007 年 3 月，浙江三门核电站确定使用西屋公司第三代核电技术 AP1000，中国开始尝试建设世界上最先进的第三代核电站。

目前，我国在建项目 10 个机组 19 台，装机容量 21210MW，主要是二代改进压水堆及 AP1000 的堆型，另外，湖南桃花江、湖北大畈、江西彭泽、广东陆丰等核电项目获得国家核准开展前期工作，堆型将以三代 AP1000 为主。按照国家大型核电重大专项示范工程计划，到 2017 年 12 月 CAP1400 核电站将并网发电。近几年，通过技术引进与合作，我国在较短时间内提升了自主制造水平，实现了反应堆压力容器、蒸汽发生器、控制系统、主泵等一批关键设备的自主化制造、在核电站锻件水平方面有大幅度的提高与创新，中国正在积极培育大规模 AP1000 核电制造能力。

（二）核电技术追赶路径

对于发展中国家而言，通过技术追赶，提高自主创新能力，是加快推进工业化进程和实现对发达国家经济赶超的重要驱动力。但是寻找怎么样的技术追赶路径一直是技术发展的重要问题。根据核电产品生命全周期初始、成长、成熟、退役分析，我国发展三代核电采取了不同的追赶路径。

第一代核电技术是从产品初始期开展自主研发，由于知识条件薄弱，技术发展缓慢，最终跟发达国家相差甚远，但通过依托强大的国家核工业基础，建立了比较完备的核电工业体系，打造了比较好的平台能力。实践证明，通过企业封闭式的自主研发路径，发展中国家难以实现对发达国家的赶超。由于感受到技术的差距，我国第二代核电技术是从核电产品初始自主研发、成长期与成熟期的分别引进三个阶段同时开展。

我国秦山二期的 PWR600 是基于秦山一期的 PWR300 原型堆开始的自主开发，在设计建设过程中也吸收了大亚湾的一些关键技术；大亚湾引进了法国成熟的二代 M310 技术建成大陆首座百万千瓦级大型商用核电厂，在成功经验上又开展了岭澳核电项目。我国在秦山三期引进加拿大的 CANDU 与田湾核电引进俄罗斯的 AES 技术就是从产品成长阶段开始，技术引进加产品引进同时进行，用了近 9 年时间才并网发电。通过对多种路径的尝试、广泛的知识网络的构建和基础研究的投入，我国基本跟踪和了解了国际二代先进水平。通过对发达国家先进技术引进，我国核电业大幅度节省了技术追赶的时间和成本，但同时也面临着发达国家的技术锁定，在核心能力以及配套产业上的薄弱，核电技术自主创新近在眼前却遥不可及，自主化、平台能力进展迟缓。

痛定思痛，业界人士终于认识到广泛适用于一般技术追赶的 "OEM-ODM-OBM" 线性路径追赶，在核电技术上并不能适用。适逢国际发展第三代核电技术的重大转变机遇，我国采用了统一行业标准、跳跃式技术追赶路线，跳过初始期的研发，整体引进成长期的西屋的 AP1000 技术，通过后发优势一步跨越发展第三代核电。政府整体引进技术平台，将企业、研究机构等各种要素组合成为一个强目的性的技术活动系统，并投入了 131 亿元大型核电重大专项资金（其中 1/3 将用于技术的消化吸收），整合生产链、知识链、协同控制耦合，培育有自主知识产权的产品开发平台与规模化的核电装备制造能力。

三、我国核电技术创新发展现状和特点

（一）我国核电技术创新发展现状

1. 我国核电技术创新进步表现

中国核电发展起步晚。我国大陆第一座核电站——秦山核电站于 1985 年在浙江兴建，1994 年投入商业运行，反应堆是国产压水堆；1987 年大亚湾核电站在广东深圳兴建，1994 年投入运营，反应堆是从法国引进的压水堆。根据国际原子能机构统计，截至 2014 年 5 月，我国已建成并投入商业运行的核电机组有 16 个，总装机容量为 1359 万千瓦；在建机组共有 29 台，拟在 2020 年前陆续投入商业运行。在建机组中，浙江三门、山东海阳

核电站四个机组是从美国引进的 AP1000，广东台山一期两个机组引进的是法国第三代压水堆 EPR1700，田湾核电厂是从俄罗斯引进的 VVER，山东荣成核电厂使用的是国产高温气冷堆 HTR—PM，其他在建的辽宁红沿河核电厂、福建宁德和福清核电厂、广东阳江核电厂等使用的都是经过改进的第二代国产压水堆 CPR1000 和 CNP1000。

从我国已经运行和在建的核电站核电堆型技术的发展可以看出，核电站装机容量从最初的小容量级到现在的百万千级供应量，核电技术也从引进国外技术发展到国产，这说明了我国在发展核电的同时也在进行核电技术创新，并取得了初步成效。

2. 我国核电技术创新与发达国家差距

我国核电站情况以及自主创新的核电技术情况表明，我国核电技术创新已经取得了一些成就，但与世界核电大国相比还是存在很大差距。世界上核心的核电技术掌握在美日法等发达国家，我国要挤进世界核电大国之列还有很长的一段路要走；同时也可以看出我国核电技术创新与发达国家的差距主要表现在以下几个方面：

（1）核电核心技术掌握不足，自主创新能力有待提高。我国核电技术主要是以引进利用国外核电技术为主，自主研发的核电堆型与发达国家的百万级核电堆型还存在差距。

（2）堆型杂，没有统一标准。

（二）核电技术创新的特点

1. 复杂性

核电技术属于高新技术，具有高经济性与高风险性、高投入与资产性。从核电技术广义的内涵中可以看出，核电技术的创新不只是核反应堆技术的创新，更是整个核电产业包括核电装备研发设计与制造、核原材料的供应、核电站的建设以及投入商业运营与管理，以及最后进行乏燃料、放射性废物的处理，整个过程涉及机械制造业、建筑业、化工业、电子业等多个行业。

2. 周期长

核电技术从投入使用到核电产出需要各部门的合作才能完成，并且需要很长的一个周期。整个周期的实施分为四个步骤：可行性分析——性能研究——系统示范——商用实施，其中每个步骤的实施需要至少五年的时间，因此，一个堆型从推出到投入使用需要至少20 年的时间。以从 AP-600 到 AP-1000 的改进为例，从 1991 年的设计到 2015 年投入商业运行，长达 24 年之久。可以看出核电技术的进步是一个循序渐进的漫长过程，是一个由量变到质变的过程。

3. 经济性与安全性

从核电技术的安全性和经济性考虑，核电在电力市场中的优势要取决于核电站的安全性与核电的经济性。核电技术的经济性主要体现在：核电站发电的燃料需求相对于火力发电要少，可以节约能源和成本。从短期电站建造成本来看，核电站建设周期长、规模较大，比一般电厂建设费用要高；从长期来看，对于能源短缺、环境压力，核电技术的成熟和批量生产将使核电技术的优势得到明显体现。同时，先进的技术是核电安全性的基础（周涛），核电技术安全特征主要包括核电堆型设计、安全系统设计、防自然现象设计、防止核扩散、乏燃料与放射性废物处理等几个方面。苏联切尔诺贝利核事故以及日本福岛核事故告诉我们，核电安全不仅是基于核电技术本身，还要依赖核电站运营管理以及应对自然灾害的核电站安全系统设计等。

4. 政府主导性

从政府层面的角度出发，核电技术创新具有政府主导的特征。我国核电技术最开始是从世界核电大国引进的，核电站从设计制造到投入运行是一个系统庞大的工程，涉及众多行业，不可能由一个部门单独完成，必须由国家进行宏观调控。政治因素对核电站建设以及创新具有很大的影响。以中国台湾龙门核电站为例，原计划于2002—2003年投入商业运行，后因政治原因一度停滞。即使是发达国家如欧美，核电站建设虽然是依托核电企业，但由于核电站初始投资巨大，运营管理难度大，仍然需要政府来主导。

四、我国核电技术创新

（一）核电技术创新的原因

1. 核反应堆安全性制约

对核反应堆进行技术创新的一个关键就是研发更先进的反应堆，即更安全、更具经济性的反应堆，因此，核电技术创新的重点就是进一步提高核反应堆的安全性与经济性。核反应堆的安全性一直是核电发展最受关注与重视的部分。世界核电史上发生过三起严重的核电事故：1979年美国三哩岛核电站事故、1986年苏联切尔诺贝利核电站事故和2011年日本福岛第一核电站事故，其中三哩岛和切尔诺贝利核电站事故影响了世界核电发展，事故之后世界核电总体上处于停滞阶段，但也有积极的影响，即促进了世界各国研究更加先进的反应堆，尤其是最近的日本福岛核事故引起了各国核能专家对核电安全的全面思考和重视。经历了严重的核电事故后，欧美各国积极研发更先进的反应堆，美国在原有技术基础上对System80进行改进研发出System80+，欧洲研发出更先进的压水堆EPR等，同时加强对核安全监督与审查，对以核反应堆为主的整个系统进行严格管理。

2. 核电技术创新的经济性

技术创新除了带来直接的经济收益外，能够产生一系列副收益效应，比如员工知识与技能水平的提高、持续发展能力的提升、品牌的增值等，并且有些技术对产业技术具有重要的带动、扩散和示范效应，有的可能使产业具有国际核心竞争力，而这些方面带来的收益不能简单地用货币来衡量。核反应堆的经济性一直是核电技术创新的一个重要原因，只有不断提高核能的经济效应与社会效益，核电才能得到长足发展。

以德国的施塔德核电站为例，2013年11月施塔德核电站由于运营成本太高提前一年被关闭，这也意味着关闭未到使用年限的核电站可能带来更大的经济损失。美国于20世纪90年代制定《用户要求文件（URD）》提出了对下一代核电站反应堆的安全性与经济性等要求及标准，为满足这些要求和标准，必须研发更先进的核反应堆。根据URD提出的安全、经济、可持续发展、极少的废物生成、燃料增殖的风险低、防止核扩散等基本要求，目前世界各国以美国、法国、俄罗斯、中国为首正在积极研究第四代核能技术，并已经取得很大的进展，已研发出了几种先进的轻水堆。先进的核电技术意味着在社会、经济与环境的可持续发展中核能具有更大的竞争力，基于这一点，各国都应该也必须进行核电技术创新。

3.核废物处理与防止核扩散

核反应堆用过的燃料产生的高放核废物放射性强、毒性大、寿命长，必须处理这些核废物。目前对核废物的处理方法是经过抽取、提纯将有用物质合理利用，或者经过几次处理成低放废物然后利用"玻璃固化"深埋。"玻璃固化"法目前具有很大的可行性，但是废物深埋地下经过很长的时间会发生什么样的变化我们很难预料，因此，需要进行技术创新，研发出更先进的处理方法。近年来，核能科学家们正在致力于研发一种处理高放废物的最终方法——"分离—嬗变"法。

另外，要进行核保障与核保安，防止核燃料落于恐怖分子或犯罪分子之手而用于核武器的制造。2006年2月6日，美国发布了"全球核能伙伴"计划，旨在减小核扩散威胁的同时扩大全球范围内对核能这种安全、清洁、经济能源的利用。GNEP的总体目标是：采用最新技术减少全球核扩散风险，开发使用不单独分离出钚的防核扩散后处理技术；开展国际合作，向同意不进行铀缩和后处理的国家供应核燃料；开发能在提供能源的同时消耗从乏燃料中分离出来的易裂变元素的先进燃烧堆，以及开发非常适宜发展中国家需求的安全且可靠的小型反应堆。该计划的核心环节就是先进的后处理技术。

（二）核电技术创新的影响因素

核电技术创新的特点决定了核电技术创新在各国的发展。对于堆型的选择，世界各国主要依据本国政治经济状况、核电技术路线、国家政策、核燃料获取能力、核电装备工业制造能力以及本国核电技术人才等情况的综合影响来决定。

1.基于政府角度

核电技术最开始应用于我国的军事国防，反应堆产生的能量作为动力，一方面可以制造核武器、核潜艇、核航空母舰等用于军事防御，另一方面反应堆产生的核能可以代替化石燃料，产生的能量用于社会经济工业发展。核电技术军民两用的特点使其具有保密性，对核电技术的应用与改进创新，政府具有主导作用；同时，核电技术不论是用于军事防御还是工业发展，核反应堆的设计制造形成了非常复杂的产业链且耗资巨大，不可能依靠单独的企业或个体完成整个核电产业链，需要依赖政府财政支持以及政策指导。以掌握世界上最先进核电技术的美国为例，美国社会经济市场化程度非常高，但是核电产业的发展以及技术创新都需要政府的引导与支持。2010年，美国总统宣称将建造新一代核电站，并大幅度增加对核工业的投入。日本福岛事故之后，很多国家面临着继续发展核电或暂缓核电发展计划的抉择，而美国一直是坚定大力发展核电的国家之一。

我国核电的发展起步晚但是发展迅速，这与世界核电复兴以及核电技术日益进步有着密不可分的关系，同时也是我社会经济发展的需要，在这种需求下，中国政府一直审时度势地调整政策以期社会经济更好地发展。根据对国家核电政策的梳理，中国政府对发展核电的态度主要分为几个阶段：

第一阶段：21世纪初，我国已经认识到发展核电的重要性，并决定大规模发展核电。"十一五"期间，我国明确提出"积极发展核电"。

第二阶段：2006年，中共中央国务院关于实施科技规划纲要增强自主创新能力的决定，实施《国家中长期科学和技术发展规划纲要（2006—2020年）》，明确提出增强自主创新能力，努力建设创新型国家。2007年国家正式颁布《国家核电发展专题规划（2005—2020年）》，明确提出对国外先进技术进行引进消化吸收再创新，全面掌握先进核电堆型技术，实现核电技术国产化和规模化，并提出到2020年核电运行装机容量争取达到4000万千瓦的发展目标。

第三阶段：2011年日本福岛事故之后，国务院于2011年3月16日出台核电"国四条"，提出在国家《核安全规划》和《核电中长期安全规划》批准之前暂停审批核电项目，包括开展前期工作的项目。同年发布的国家《能源发展"十二五"规划》提出推动技术进步，提高能源利用效率和转化率。与此同时，国家调整了核电发展政策，提出"在确保安全的前提下，高效发展核电"，并积极进行对第四代更具安全性与经济性的核电技术的研究。

第四阶段：2012年国务院批复《核安全规划》，规划建立核安全技术创新机制，加大核电技术研究费用的投入力度，并纳入国家科技发展管理体系。同年9月，中共中央、国务院印发《关于深化科技体制改革加快国家创新体系建设的意见》，提出增强自主创新能力、建设创新型国家，指出了我国科技发展面临的机遇与挑战，突出企业在技术创新中的主体作用，坚持政府支持市场导向的原则，充分利用国内外科技资源促进我国技术创新，完善人才发展机制，激发科研人员创新积极性。2012年11月，中共中央总书记胡锦涛在党的十八大会议上做报告，提出实施创新驱动发展战略，坚持走中国特色自主创新道路。2014年，全国两会政府工作报告中明确指出，推进创新驱动发展。全社会研发支出占国内生产总值比重超过2%。深化科技体制改革，实施知识、技术创新等工程。

2. 基于企业角度

我国进行核电技术创新的企业有几百家之多，但是从事核电反应堆技术研究的企业却只有少数几家。核电技术的关键部分是核反应堆技术，而目前我国具有核反应堆技术并运营核电站的由国家控股的企业屈指可数。中国的核反应堆供应商有4家公司：中核集团、中广核集团、国家核电公司、清华核研究院，而其中只有中核集团与中广核集团运营着核电站，成为核电业主。

核电企业作为核电技术创新的主体，承担着核电反应堆技术创新的主要工作。我国一直缺乏具有自主知识产权的百万千级压水堆技术，这使我国的核电在国际电力市场上竞争力不够，这使得我国必须进行技术创新，研发出具有自主知识产权的核电技术。同时，核电技术的创新可以节约核电成本、提高核电站运营安全性。作为我国重要的核电企业，不管是利益驱使，还是企业自身的发展，都必须进行核电技术创新。核电企业创新能力也影响着核电技术创新，核电企业的创新资源、经济实力、科研人员等都是进行核电技术创新的基础。核电堆型技术是核电技术创新的核心。

从一种堆型改进到另一种堆型，从堆型参数的对比上来看，仅仅是某些参数的细微变化却需要耗时很久，可见核电堆型技术创新的难度之大。企业的产权结构同样影响着核电技术的创新。以中核集团与中广核集团为例，二者都属于大型国有中央企业，但是前者是国有独资企业，后者是由核心企业中国广核集团有限公司和30多家主要成员公司组成的国有控股企业。核电技术的特点以及难度决定了国有性质的核电企业一方面容易得到政府政策以及财政上的支持，具有技术创新的各种资源和实力；同时又由于市场上核电企业少、竞争小，企业本身相对缺乏创新意识。另外，相对于核电企业，我国的技术创新资源大部分集中在科研院校及机构，核电技术创新能力较强。

（三）我国核电技术创新模式

1. 技术创新模式理论

技术创新模式的研究是基于技术创新理论的研究而开始的，根据不同的分类标准可以对技术创新模式进行分类。国外的学者中，Freeman 将技术创新模式分为自主创新、模仿创新、合作创新；Arundel 将中小企业的技术创新模式分为模仿创新、集成创新、改良创新；Joel West 等研究了开放式创新模式；Edwin Mansfield 分析了技术创新和模仿之间的关系。国内学者对自主创新模式的研究比较多，陈劲是我国最早提出"自主创新"概念的学者；李刚等人认为企业自主创新模式可以分为五种；周林洋根据影响技术创新的因素将我国企业技术创新模式阶段性地分为技术推动、需求拉动等几种模式。

所谓技术创新模式，是指企业根据其经营战略和技术创新战略，针对具体的技术创新项目确定项目实施的具体目标以及所需科技资源和能力的主要来源与利用方式，明确项目实施的具体途径。按照技术创新所需资源和能力的主要来源不同，可将技术创新模式分为不同类型。如果企业主要依靠自身的科技资源和能力开发某个技术创新项目，称之为自主创新模式；如果企业既充分利用自身的科技资源和能力，又比较多地利用外部各类组织如高校、科研院所和其他企业的科技资源及能力，称之为合作创新模式；如果企业主要利用外部科技资源和能力进行技术创新，称之为模仿创新模式。

2. 我国核电技术创新模式的选择与发展过程

我国核电发展史上，对于核电技术的路线选择一直在探索与尝试，不同阶段的核电技术创新所面临的障碍因子也不同，因此，创新模式也有区别。我国核电技术创新模式主要是分为以下几种：自主创新、模仿创新、合作创新以及几种模式相结合的模式。

（四）我国核电技术创新模式

1. 核电技术自主创新模式

自主创新模式目的是掌握其他国家或企业没有的核心技术，增强产品核心竞争力。我国核电技术自主创新能力与发达国家还存在很大的差距，要使我国核电在国际电力市场上更具竞争力，必须提高我国核电技术的自主创新能力。世界上的核电大国之所以拥有完整的核工业体系，就是因为其具有自主知识产权的核心核电技术。以美国为例，美国掌握着世界上大部分先进的核电技术，因此美国核电发展一直走在世界前沿。

2. 核电技术合作创新模式

合作创新模式一般指的是发达国家与跨国公司之间的合作模式。合作创新可以有效整合对方的优势资源，共同合作、互惠互利、共同承担风险，降低成本。世界上很多核电堆型技术都是由几个国家合作共同研发的，如欧洲的压水堆（EPR）就是由法国法马通公司与德国西门子公司合作开发的；包括当今世界各国正在研究的第四代核电技术，国际原子能机构成员国都在积极寻求合作与创新。

3. 核电技术模仿创新模式

模仿创新模式主要是基于引进或者购买国外先进技术，然后进行技术改进或者再创新的模式。利用模仿创新可以迅速获得急需技术，暂时缓解核心技术缺乏的困境。我国核电起步晚，利用模仿创新可以进行原始的技术积累，为我国核电技术自主创新提供参考与借鉴。以我国 CP1000 技术创新历程为例，可以看出我国核电技术模仿创新的运行过程。CP1000 技术是具有我国知识产权的第二代改进型压水堆技术，已经具备出口条件，而最初我国是引进法国 M310 堆型技术，中核集团联合中国核动力研究设计院对包括堆芯在内的 22 项技术进行改革，提高了发电功率，使堆型的使用寿命延长了 20 年，节约了成本，提高了经济效益。

4. 几种技术创新模式相结合

自主创新模式分为二次创新、原始创新、集成创新。二次创新模式一般指企业充分消化吸收其他先进技术后再通过改进创新。核电技术的引进消化吸收再创新模式可以是引进其他国家的核电堆型技术或者是核工业相关设备以及管理办法，在引进消化吸收先进技术的过程中研究其核心技术并进行改进和创新，但是这种创新并不是全新的创新，是对引进的技术的改进过程。引进、消化、吸收再创新与模仿创新模式类似，如在我国核电技术不断创新的过程中，最初是引进国外先进技术，再通过模仿进行创新，同时又与国外核电企业进行合作创新。

（五）核电技术创新模式实现过程

1. 以中广核 CPR1000 技术为代表的核电技术自主化实现过程

CPR1000 技术是基于我国大亚湾核电站建设引进的法国 M310 堆型技术，1986 年开始投建，1994 年开始运营，期间中广核集团掌握了大部门工程运营和管理技术。岭澳一期核电站在大亚湾核电站技术的基础上进行技术改进，设备国产率一直稳步提升。到 2008 年广东阳江核电机组投建时，核电设备国产率超过 80%，采用的是具有中国自主品牌的改进型压水堆。核电技术创新的自主化过程不仅是指核电堆型的创新，还包括核电设备国产化以及管理的自主化过程。

CPR1000 核电设备国产化主要是指中广核集团充分发挥企业主导作用，全面落实国家"自主设计、自主制造、自主建设和运营"的指导方针，全面推进设备国产化。而事实证明，到 2008 年我国运用 CPR1000 技术的核电站的核电设备国产率已经超过 80%；同时，中国广东核电集团从岭澳核电站一期开始就实现了工程管理自主化，到岭澳二期核电站建设时，已具备核电项目建设总承包能力。另外，通过大亚湾核电站以及岭澳一期的建设运营实践，我国初步具备了核电生产过程中自主诊断和自主解决各种技术问题的能力。中广核集团不断完善和改进 CPR1000 核电技术水平，努力掌握第三代核电技术，积极参与核电国家重大专项工作，初步形成了批量建设第二代改进项目、消化吸收第三代技术、积极参与第四代核电技术的发展格局。

2. 核电技术模仿创新模式实现过程

核电技术的模仿创新需要经历几个阶段：分析现阶段我国核电技术的需求，选择适合我国国情的核电技术作为模仿对象。选取模仿技术之后，以政府为主导引进这些技术，组织相关科研机构和院校对这些技术进行研究再创新。我国核电技术创新经过二十几年的技术经验积累，已经成功地吸收了第二代核电技术，并成功改进了二代加技术，初步具备核电技术创新能力。

但是目前世界上的先进核电技术大部分掌握在欧美发达国家，他们已经掌握了第三代核电技术，且在进行对第四代核电技术的研究。为了缩小与发达国家之间的技术差距，中国政府全面引进了以 AP1000 为代表的第三代核电技术，随后组织国家核电技术公司力图以最快的速度实现第三代技术的自主化进程。国家核电技术公司对引进的第三代技术进行消化吸收，在此基础上进行模仿创新，最终实现了核电设备等国产化的巨大进步。

（六）启示

1. 政策支持

从欧美发达国家核电技术创新的经验可以看出，政府政策的支持对技术创新具有重要的影响。美国在不缺电能的情况下于 20 世纪 50、60 年代颁布了很多促进核电发展的政策，并在财政上予以补贴；20 世纪 80 年代美国核电发展停滞，但是核电对电力市场的贡献一直稳步上升，同时美国也是世界上少数的一直坚定发展核电的国家之一。核电产业的长足发展是政府行为，政策的支持对核电发展起了巨大的推动作用。

我国在核电技术创新进程中也充分吸取了国外经验，出台了很多相关政策鼓励核电技术创新。2006 年国务院发布《国家中长期科学和技术发展规划纲要（2006—2020）》，将大型压水堆和高温气冷压列为重大专项；同年颁布《国务院关于加快振兴装备制造业的若干意见》，对核电装备、材料实现进口税收优惠；核电企业 1 五个年度内的销售环节增值税先征后返；支持核电企业发行债券、贷款等融资形式。2007 年以后中国核电发展迅速，国务院批准了一大批核电机组的建设。虽然政府在我国核电技术创新进程中提供了政策支持，但是我们也要看到核电产业的可持续稳健发展还有很长的路要走。政府要充分发挥在我国核电技术创新体系中的主导作用，全面整合各种资源，健全核电相关法制法规，加大核电技术人才的培养力度，同时结合我国核电技术创新实际情况，综合运用各种政策工具进行核电技术创新。

2. 发挥自主创新模式的先动优势

我国核电技术自主创新模式的先动优势是指通过自主创新研发出的核电技术具有独立知识产权，也可以突破发达国家对我国设立的技术壁垒。我国具有自主知识产权的核电技术可以解决我国核电产业发展的技术需求，也可以进行出口，同时，也可以对其他国家设立技术壁垒，在国际核电市场上获得比较优势。

核电自主创新模式的特点决定了我国进行核电技术自主创新必须掌握比模仿创新更多

的资源。实行核电自主创新模式使我国核电技术更具国家竞争力，在进行自主创新过程中培养了我国的核电技术人才，对核电基础技术以及应用技术的全面研发也为核电技术模仿创新提供基础；同时，核电技术的创新可以带动整个核电产业的创新，包括核电设备、核电运营管理等方面。拥有自己的核心核电技术可以使我国在核电行业抢占先机，在其他创新能力低的国家抢占核电市场。中国核电企业从 2013 年以来在英国、罗马尼亚、巴基斯坦、阿根廷等国获得多个核电项目机会，意味着我国核电技术自主创新取得了重大发展。2014 年中国国家主席习近平在访欧期间就力推中国核电"走出去"。

3.利用模仿创新的后发优势

我国核电技术的模仿创新模式与自主创新模式相比具有后发优势，对我国核电技术进行模仿创新有利于提高核电技术创新的效率。基于引进国外先进核电技术，我国可以先学习国外创新经验，对模仿的技术取其精华、去其糟粕，同时规避风险。在进行核电技术模仿创新的过程中，购买核电技术和设备，对国内的核电技术人员进行培训，我国核电企业根据国内的实际情况来进行改进创新，不仅可以提高效率，还可以提高创新能力。

我国核电技术模仿创新还可以给我国核电技术创新提供一个更高的技术创新平台。从发达国家引进高于我国现阶段技术水平的核电技术、核工业设备以及运营管理技术等，不仅可以给我国核电技术创新提供一个研究和模仿对象，还可以为自主创新提供技术积累，创新出真正适合我国核电企业需要的核电技术，实现经济利益最大化。

五、我国核电技术设备

（一）中国核电技术设备的出口现状

1.核电设备出口已初具规模，且发展空间广阔

近年来，在完整的核科技工业体系支撑下，我国核电产业发展不断加速。据中财网数据显示，截至 2017 年 4 月，我国在运核电机组共有 36 台，在建机组数量共 20 台，在建机组数量全球第一；研究堆 19 座，核燃料循环设施近 100 座；全国核技术利用单位共有 6.7 万家，射线装置 15.1 万台，在用放射源与已收贮废旧放射源分别为 12.7 万枚和 19.2 万枚。与此同时，由于国家的重视与扶持，我国核电技术设备出口已初具规模，且取得了较好的成绩。以中核集团为例，据中华网数据显示，截至 2016 年年底，该集团共向 7 个国家出口了核电设备 16 个，分别为核研究设施两个、研究堆 1 座、微型反应堆 5 座与核电机组 8 台。其中，2016 年 10 月，中核集团向巴基斯坦出口了 2 台核电机组，分别为恰希玛核电 3 号与 4 号。另据战略网 2017 年 3 月 13 日数据显示，当前，中国正以每年超过 6—8 座核反应堆的速度建设核电站，并逐步推进对亚洲和南美等国的核电站出口。未来，我国核电出口仍有广阔的空间。据中商情报网预测，到 2025 年，我国将出口新建核电机组 60—70 台。总体而言，当前，我国核电设备出口已初具规模，且随着核电产业的快速发展，未来核电设备出口仍有广阔的发展空间。

2.国有企业是核电技术设备出口的主力

中国核工业、国家核电技术和中国广核三大集团，是我国核电企业的巨头。近年来，

三大企业积极拓展核电设备的海外业务与市场，已成为我国核电设备与技术出口的主力军。据新闻网整合数据显示，截至2017年年初，我国有超过80%的核电设备由国有企业出口。

而由上述三大集团出口的核电设备，占国有企业出口总数的90%以上。其中，中核集团是我国唯一出口过核电站、核电机组，且实现了批量出口的企业；中广核自主研发并出口至英国的三代核电技术"华龙一号"，实现了我国核电技术第一次出口发达国家。除上述三大主导国有核电集团外，2017年2月14日，由东方电气重型机器有限公司自主设计及制造的低压加热器，从广州装运出口至法国。该设备将用于法国电力集团CP1系列核电站的设备更换，是我国自主设计的核电设备对欧洲的首次出口。由此可以看出，在我国核电技术设备对外贸易中，国有企业是出口的主力军。

3. 核电技术设备出口的区域范围不断拓宽

随着我国核电设备国际知名度的逐渐提高，核电技术设备出口的区域范围也不断拓宽。以中国广核集团的核电技术设备出口为例，2015年10月21日，中国广核集团的"华龙一号"正式进入英国市场。随后，"华龙一号"自主三代核电技术在阿根廷落地。截至2016年4月，中广核集团的核电技术与设备已出口至澳洲、新加坡、美国、韩国等国家地区，目前还在大力开拓非洲、中亚和东南亚等发展中国家市场，包括南非、肯尼亚、哈萨克斯坦、泰国、罗马尼亚与印度尼西亚等。再如，截至2016年年初，中核集团已累计向7个国家出口了诸多核电设备，包括核电机组、微型反应堆、核研究设施与研究堆等。2016年10月15日，中核集团第一次向巴基斯坦出口了我国核电站，并实现了恰希玛核电3号机组的正式并网成功。并且，现阶段，该集团正在与欧洲、南美的近20个国家，如俄罗斯、法国、英国、罗马尼亚、巴西与埃及等商谈核电出口与核工业产业链合作。由此可知，近年来，我国核电技术设备的出口国家逐渐增多，区域范围正不断拓宽。

4. 核电技术已成为我国核电出口新潮流

近几年，新型核电技术已成为我国核电技术设备出口的新潮流。以中核集团与中国广核集团共同研发的自主三代核电技术"华龙一号"为例，该技术选用了集团ACP1000技术中的177堆芯，并采用自主品牌CF作为核燃料，具有符合全球最新要求的高安全性与低堆芯融化概率等优势，实现了"超三代"的技术水准。并且，具有我国完全自主知识产权的"华龙一号"，可以有效满足客户的个性化需求，现已走在了世界前列。因而，自2015年研发以来，"华龙一号"便已成为美国、俄罗斯、韩国等国家核电发展的热点。例如，2015年，我国先后对阿根廷与巴基斯坦出口了"华龙一号"。同年10月，"华龙一号"出口到了英国，实现了我国自主研发的核电技术第一次出口至发达国家。2016年8月，巴基斯坦卡拉奇核电项目二号机组正式开工，"华龙一号"出口至了巴基斯坦。此外，我国具有完全自主知识产权的高温气冷堆第四代核电技术，已位居世界前列。且随着贸易自由化的全面推进，该技术因其固有安全性、多用途与接近100%的设备国产化率等优势，也受到国际社会普遍关注。总体而言，当前，具有自主知识产权的新型核电技术，已成为我国核电技术设备出口的新趋势和潮流。

（二）中国核电技术设备出口面临的主要问题

1. 我国核电企业国内融资成本偏高

当前，我国核电企业进行出口的资金来源，主要是中国进出口银行的"两优"贷款和商业贷款。但由于核电项目的投资大多规模巨大，且各大银行的贷款利率偏高，致使我国核电出口企业的国内融资成本较高。据中国能源报数据显示，截至 2016 年年初，我国仍未对核电长期出口的信贷美元利率进行明确规定。且一般而言，核电企业可获得的利率较高，为 5%—6%，造成核电出口企业的国内融资成本较高。相较而言，国外多国家对核电企业出口提供的贷款利率较低。

其中，美、日、韩等核电强国对长达 15 年的核电项目的信贷美元利率仅为 3.18%；匈牙利对长达 11 年的出口信贷美元利率不足 4%。另外，当前我国银行可供企业出口的贷款规模总体较小，贷款渠道较为单一，也使得我国核电出口企业的融资成本较高。由此可以看出，现阶段，我国核电企业的国内融资成本较高，抑制了核电技术设备的出口步伐。

2. 自主研发核电技术较少，未完全脱离国外依赖

从国际核电发展趋势来看，我国拥有的自主创新核电技术品牌总体较少，仅有"华龙一号"与第四代核电技术高温气冷堆。自主研发技术现已成为限制我国核电技术设备出口的关键因素之一。并且，我国花费了近六十年时间，才于 2015 年 10 月实现了自主研发核电技术"华龙一号"的首次出口。而截至目前，我国第四代核电技术仍未实现出口。由于我国自主研发的核电技术较少，致使当前我国部分核电技术仍未完全摆脱国外依赖。据核电纵横统计，截至 2016 年，我国在运核电站采用的多为二代改进型核电技术，且这些技术均对海外其他国家的核电技术存在一定依赖。例如，主流压水堆技术的主要组成部分包括法国技术和俄罗斯技术。并且，当前我国投入应用的五种第三代核电技术中，AP1000 属于美国西屋公司核电技术、EPR 属于法国核电技术、VVER 是俄罗斯核电技术，由此可见，现阶段完全属于我国自主研发的核电技术仍较为匮乏，对国外技术的利用仍存在一定依赖性，核电技术设备出口的技术竞争优势不显著。

3. 我国核电出口法律体系建设滞后

我国在发展核电以及核电技术设备出口方面，缺乏相关的法律支持与依据，导致核电法律体系无法满足核电发展需求，一定程度上制约了我国核电产业的快速发展。据中国核工业报统计，截至 2016 年，我国核领域仅有一部关于促进核能、核技术开发与和平利用的国家法律，即《放射性污染防治法》。而对于保护资源、环境和公众健康与安全的《原子能法》和《核安全法》等法规，仍处于制定阶段。相较而言，国外其他核能强国早就颁布了《原子能法》。美国于 1946 年 8 月 1 日颁布了世界上第一部核能法律；日本、德国与俄罗斯也都相继于 1955 年、1956 年，以及 1997 年发布《原子能法》。并且，基于《原子能法》，都建立了专业领域的相应子法、标准与条例。相比之下，我国的核能发展与出口，缺少对应的基本法律和管理标准，造成核电行业的法律保障缺失，阻碍我国核电技术设备的出口。

4. 评估出口意向国的政治风险能力较低

核电技术设备出口与高铁出口一样，面临巨大的政治风险，政局动荡或者政权更迭都会导致已签合同作废。根据最新发布的《2017"一带一路"能源资源投资政治风险评估报告》显示，目前我国尚未拓展核电技术装备出口业务的国家中，高风险和较高风险国家不断增多。例如，与我国相邻的东南亚地区中，柬埔寨的政治风险评估为25.55、印度为47.32、印度尼西亚为42.81、老挝为28.37。然而，由于我国核电技术设备出口仍处于初级起步阶段，实现成功出口的国家数量较少，国际化经营经验不足，致使我国核电企业评估和应对出口意向国政治风险的能力较低。例如，中广核与肯尼亚早已于2015年9月签署了核电开发合作的谅解备忘录，但由于其未评估到肯尼亚国内的政治风险，致使我国核电技术设备出口受阻。直至2017年4月，中广核的一个核电站真正实现了对肯尼亚成功出口。总体而言，当前我国核电企业对出口意向国的政治风险评估能力较低，不利于核电技术设备的成功出口。

（三）中国核电技术设备出口的升级策略

1. 加大自主品牌研发与推广，树立核电出口品牌知名度

我国当前与未来的核电全产业出口，应重视战略重点品牌的推广和示范项目的建设。龙头企业应通过重点推进自主品牌"华龙一号"、高温气冷堆及CAP1400项目方式，加大对中核"龙腾2020"科技创新示范工程的推广，积极塑造我国的核电技术设备品牌形象。国家应确保加大对科技投入的增长，鼓励企业进行先进技术研发和自主品牌推广。同时，政府和企业要重视示范项目对核电技术设备出口的双重效应，采用我国和国际最新核安全标准，建设CAP1400示范工程与高温气冷堆示范工程。另外，还应适时启动智能小型堆、商业快堆、60万千瓦级高温气冷堆等自主创新示范项目，推进核能综合利用。

2. 拓宽核电企业融资渠道，优化核电出口融资模式

通过充分利用国家金融支持机制，同时借鉴其他领域的融资经验，政府应积极打造适合核电出口企业的融资优势。主要方向为改变核电技术设备出口融资渠道单一结构，拓宽现有融资渠道与来源。在此过程中，国资委应给予一定的国有资金支持，设立核电投资基金，从而减少出口企业对美元、欧元的依赖。并且，应同步引入支持核电技术设备出口的市场化投资者，丰富现有核电技术设备出口的融资渠道，为核电出口企业提供多元化的融资来源。随着人民币国际化进程的推进，核电出口企业应与银行建立合作关系，简化核电贸易中的结算与贷款流程，以优化现阶段的融资模式。此外，以战略协作为基础，令银行和保险公司介入出口项目的融资过程，从而有效降低贷款利率和经营风险，提升我国核电技术设备出口企业的融资价格竞争力与收益。

3. 建立健全出口保险体系，防范核电出口风险

目前，我国保险种类较少，风险领域的险种要求和限制较多，而且关于政治风险的保护机制不足。基于此，我国应完善出口保险体系，鼓励保险公司设置承保核电出口业务的保险品种。根据实际的市场状况，调整承保范围，将政治变动等风险因素纳入为保险范畴，增加对核电技术设备出口的保护力度。同时设计评定出口国风险等级的保险产品，对于核

电出口企业实施降低费率和延长期限的优惠措施。并且，政府相关部门应建立保险和再保险机制，最大限度地降低核电出口企业的风险损失。此外，建立国际政策协调体系与国际风险信息库，设置市场风险估测与预警、产业政策研究和风险防范等模块，充分发挥风险管理功能，保障核电技术设备出口企业的发展与收益。

4. 完善核电全产业链服务，提高企业综合出口能力

政府对核电出口领域的作用主要是进行宏观管控，以及行业规范、法律法规的制定等，核电技术设备出口的实施主体仍然是核电企业。所以，核电企业应重视对提升自身出口服务能力，形成核电全产业链的综合优势。国内核电企业应依托市场化运作，灵活运用市场规律，制定适合自身的发展、经营策略。同时，应加强对自有技术设备的研发力度。现阶段，中国拥有的核工业机制较为完善，在实行核电出口时，要充分发挥这一优势。并且，核电技术设备出口企业需继续完善和提高其在核工业链各个环节的服务能力，包括开采轴矿、生产核燃料、设计与制造核电技术设备等，进而提升我国核电技术设备出口企业的综合实力，使其在参与国际市场竞争时更具优势。

5. 依托国家战略支持整体优势，提升核电出口企业竞争力

当前，我国对外开放总体呈现出利好态势，因此衔接好核电出口规划与国家能源战略，同时协调核燃料、装备和人才等配套规划，将成为核电技术设备出口发展的新方向。政府应发挥体制优势，有效整合与调动国内优势资源，加强与企业及金融机构的协作。并且，应以市场为导向，以核电出口企业为主体，通过政府提供政策支持、资金支持以及技术支持等方式，充分发挥核电出口产业政企联盟作用，促进核电技术设备出口企业的整体发展。同时，发挥我国领先的核工业整体优势，以市场需求为视角，重视设备制造、人才培训、放射性废物管理等领域的建设与管理，提升我国核电技术设备出口企业的国际竞争力。

6. 完善我国核安全防治体系，推进核电技术设备安全出口

由核事故引发的核污染将严重影响着一个国家的经济、政治与社会稳定，所以构建和完善核安全防治体系，成为当前核能事业发展的重中之重。为落实"十三五"规划强化核与辐射的安全监管体系建设的要求，核电企业应始终坚持中国核安全观，持续开展安全改进工作，提高核安全设备质量可靠性，进而提升核电厂与核能技术的安全水平。并通过优化辐射源安全管理制度，开展分类管理和隐患整改，有效降低设备、管理的安全风险。同时，政府应进一步完善我国核电安全监管体系，积极配合全国人大推进《核安全法》立法，并且深入落实核安全的政策与机制。同步推进安全监管体制改革，构建权责分明、独立监管、部门协作的核安全管理体系。通过政府和核电企业的双重改革，推动我国核安全防治体系的进一步完善，有力降低我国核电发展的辐射安全隐患，从而推进核电技术设备的安全出口。

第四节 海洋能发电

提高海洋资源开发能力，发展海洋经济，保护海洋生态环境，坚决维护海洋权益，建设海洋强国是新时期我国海洋事业的发展方针。由于两次石油危机和地球资源的持续锐减，各能源消费国加强对可再生能源开发的重视，海洋能发电事业得到了快速发展。近年来，国内外关于海洋能源发电课题的研究逐步深入，英国、挪威、澳大利亚、日本、韩国及加拿大等国的海洋能发电装置已投运或商业化运营；我国海洋能源发展起步较晚，但针对具体海域情况和发展要求，在我国可再生能源政策的支持和引导下，部分海洋能发电站也已投运。

一、波浪能发电系统

目前研究的波能利用技术大都源于以下几种基本原理：利用物体在波浪作用下的升沉和摇摆运动将波浪能转换为机械能、利用波浪的爬升将波浪能转换成水的势能等。绝大多数波浪能转换系统由三级能量转换机构组成。其中，一级能量转换机构（波能俘获装置）将波浪能转换成某个载体的机械能；二级能量转换机构将一级能量转换所得到的能量转换成旋转机械（如水力透平、空气透平、液压电动机、齿轮增速机构等）的机械能；三级能量转换通过发电机将旋转机械的机械能转换成电能。有些采用某种特殊发电机的波浪能转换系统，可以实现波能俘获装置对发电机的直接驱动，这些系统没有二级能源转换环节。

根据一级能源转换系统的转换原理，可以将目前世界上的波能利用技术大致划分为：振荡水柱（OWC）技术、摆式技术、筏式技术、收缩波道技术、点吸收（振荡浮子）技术、鸭式技术、波流转子技术、虎鲸技术、波整流技术、波浪旋流技术等。

（一）OWC 技术

OWC 波能装置利用空气作为转换的介质。该系统的一级能量转换机构为气室，其下部开口在水下，与海水连通，上部也开口（喷嘴），与大气相连通；在波浪力的作用下，气室下部的水柱在气室内作上下振荡，压缩气室的空气往复通过喷嘴，将波浪能转换成空气的压能和动能。该系统的二级能量转换机构为空气透平，安装在气室的喷嘴上，空气的压能和动能可驱动空气透平转动，再通过转轴驱动发电机发电。OWC 波能装置的优点是转动机构不与海水接触，防腐性能好，安全可靠，维护方便；其缺点是二级能量转换效率较低。

近年来建成的 OWC 波能装置有：英国的 LIMPET、葡萄牙的 400kW 固定式电站、中国的 100kW 固定式电站、澳大利亚的 500kW 漂浮式装置。

（二）筏式技术

筏式波能装置，它由铰接的筏体和液压系统组成。筏式装置顺浪向布置，筏体随波运动，将波浪能转换为筏体运动的机械能（一级转换）；然后驱动液压泵，将机械能转换为液压能，驱动液压电动机转动，转换为旋转机械能（二级转换）；通过轴驱动电机发电，将旋转机械能转换为电能（三级转换）。筏式技术的优点是筏体之间仅有角位移，即使在大浪下，该位移也不会过大，故抗浪性能较好；缺点是装置顺浪向布置，单位功率下材料的用量比垂直浪向布置的装置大，可能提高装置成本。采用筏式波浪能利用技术的有英国Cork大学和女王大学研究的Mc Cabe波浪泵波力装置和苏格兰Ocean Power Delivery公司的Pelamis（海蛇）波能装置。

Mc Cabe波浪泵由3个宽4m的钢浮体铰接而成，其中间浮体较小，但其下有一块板，可以增加附加质量，使中间浮体运动幅度相对较小，以增大前后两端浮体相对中间浮体的角位移。该装置可以为海水淡化装置提供能量，也可用来发电。

海蛇装置为改良的筏式装置。该装置不仅允许浮体纵摇，也允许艏摇，因而减小了斜浪对浮体及铰接结构的载荷。装置的能量采集系统为端部相铰接、直径3.5m的浮筒，利用相邻浮筒的角位移驱动活塞，将波浪能转换成液压能。

装置由三个模块组成，每个模块的装机容量为250kW，总装机容量为750kW，总长为150m，放置在水深为50—60m的海面上。

（三）收缩波道技术

收缩波道装置由收缩波道、高位水库、水轮机、发电机组成。该装置喇叭形的收缩波道为一级能量转换装置。波道与海连通的一面开口宽，然后逐渐收缩通至高位水库。波浪在逐渐变窄的波道中，波高不断被放大，直至波峰溢过收缩波道边墙，进入高位水库，将波浪能转换成势能（一级转换）。高位水库与外海间的水头落差可达3—8m，利用水轮发电机组可以发电（二级、三级转换）。其优点是一级转换没有活动部件，可靠性好，维护费用低，在大浪时系统出力稳定；不足之处是小浪下的系统转换效率低。目前建成的收缩波道电站有挪威350kW的固定式收缩波道装置以及丹麦的Wave Dragon。

Wave Dragon的优点在于可以根据波况调节高位水库的高度，其水轮机的启动压力为0.2m水头，故对波况的适应性很强。装置已在丹麦北部Nissum Bredning的海湾进行了近两年的实海况并网发电试验，近来正计划在中国推广其技术。

（四）点吸收（浮子）技术

点吸收式装置的尺度与波浪尺度相比很小，利用波浪的升沉运动吸收波浪能。点吸收式装置由相对运动的浮体、锚链、液压或发电装置组成。这些浮体中有动浮体和相对稳定的静浮体，依靠动浮子与静浮体之间的相对运动吸收波浪能。目前建成的点吸收式装置有英国的Aqua Bu OY装置、阿基米德波浪摆、Power Buoy以及波浪骑士装置。

（五）鸭式技术

鸭式装置是一种经过缜密推理设计出的一种具有特殊外形的波能装置，其效率高，但该装置抗浪能力还需要提高。该装置具有一垂直于来波方向安装的转动轴。装置的横截面轮廓呈鸭蛋形，其前端（迎浪面）较小，形状可根据需要随意设计；其后部（背浪面）较大，水下部分为圆弧形，圆心在转动轴心处。装置在波浪作用下绕转动轴往复转动时，装置的后部因为是圆弧形，不产生向后行进的波；又由于鸭式装置吃水较深，海水靠近表面的波难以从装置下方越过，跑到装置的后面，故鸭式装置的背后往往为无浪区——这使得鸭式装置可以将所有的短波拦截下来,如果设计得当,鸭式装置在短波时的一级转换效率接近于100%。

二、潮流能和海流能技术

潮汐能是一种周期性海水自然涨落现象,是人类认识和利用最早的一种海洋能。在月球和太阳引潮力作用下,海水做周期性的运动,它包括海面周期性的垂直升降和海水周期性的水平流动。垂直升降部分为潮汐的位能,被称为潮差能,其富集点出现在可以使潮汐波发生放大的、长30km以上的河口或海湾的端部;水平流动部分为潮汐的动能,被称为潮流能,其富集点多出现在群岛地区的海峡、水道及海湾的狭窄入口处,由于海岸形态和海底地形等因素的影响,流速较大,伴随的能量也巨大。潮流能的功率密度与流速的三次方和海水的密度成正比。

(一)与其他可再生能源相比,潮流能具有以下几个特点

1. 较强的规律性和可预测性。

2. 功率密度大,能量稳定,易于电网的发、配电管理,是一种优秀的可再生能源。

3. 潮流能的利用形式通常是开放式的,不会对海洋环境造成大的影响。

一般说来,最大流速在2m/s以上的水道,其潮流能均有实际开发的价值。全世界潮流能的理论估算值为500GW~1000GW量级。中国海洋面积广阔,根据1989年完成的《中国沿海农村海洋能资源区划》对中国沿岸130个水道的统计数据,中国沿岸潮流资源理论平均功率约为14GW。这些资源在全国沿岸的分布,以浙江为最多,有37个水道,理论平均功率为7.09GW,约占全国的一半以上,其次是台湾、福建、辽宁等省份的沿岸,约占全国总量的42%,其他省区相对较少。根据沿海能源密度、理论蕴藏量和开发利用的环境条件等因素,舟山海域的各水道开发前景最好,如金塘水道、龟山水道、西侯门水道,其次是渤海海峡和福建的三都澳等,如老铁山水道、三都澳三都角。

(二)潮流能的主要利用方式是发电

新型海/潮流能发电装置与传统的潮汐能发电机组相比,其工作原理完全不同。新型海/潮流能发电装置作为一种开放式的海洋能量捕获装置,不像传统潮汐能电站那样需搭建大坝,也无须巨额的前期投资;利用该装置发电时,由于叶轮转速慢,各种海洋生物仍可以在叶轮附近流动,同时它不会产生大的噪声,不影响人们的视觉环境,因此,可以保持良好的地域生态环境。潮流能发电装置根据其透平机械的轴线与水流方向的空间关系可分成水平轴式和垂直轴式两种结构,又分别可称为轴流式和错流式结构。

1. 垂直轴式潮流能发电系统

在垂直轴式潮流能发电装置方向,国外的研究起步较早。加拿大Blue Energy公司是国外较早开展垂直轴潮流能发电装置研究的单位。其中著名的Davis四叶片垂直轴涡轮机就是以该公司的工程师来命名的。

到目前为止,该公司一共研制了6台试验样机并进行了相关的测试试验,最大功率等级达到100kW。通过长期的试验研究发现,在样机中使用扩张管道装置可以将系统的工

作效率提高至 45% 意大利 Pontedi Archimede International SpA 公司和 Naples 大学航空工程系合作研发了一台 130kW 垂直轴水轮机模型样机，命名为 Kobold 涡轮，并于 2000 年在 Messina 海峡进行了海上试验。它采用了传动比为 160 的齿轮箱增速装置，并可以利用离心力进行叶片的节距调节，具有相对较大的启动力矩。Kobold 涡轮在 1.8m/s 的水流流速下发出功率为 20kW 左右，系统的整体工作效率较低，约为 23%。

此外，美国 GCK Technology 公司对一种具有螺旋形叶片的垂直轴水轮机进行了研究。日本 Nihon 大学对垂直轴式 Darrieus 型水轮机进行了一系列的设计及性能试验研究。

在国内，哈尔滨工程大学是最早开始垂直轴潮流能发电研究的单位。自 1984 年起，分别在实验室及河流中进行了小功率模型样机的试验；2002 年设计了 70kW 双转子漂浮式潮流能试验电站，并在浙江舟山市的官山水道进行第 1 次海试；2005 年，又在浙江省舟山市岱山县进行了 40kW 样机的海上试验。此外，在垂直轴水轮机的水动力学方面也开展了大量的理论研究。中国海洋大学通过水槽模型实验和数值模拟对垂直轴柔性叶片及水轮机转子结构、参数和性能进行了优化配置，并于 2008 年在青岛市胶南斋堂岛水道进行了 5kW 样机的海上试验。据报道，样机在 1.7m/s 流速下发出了 3.2kW 电能。

　2. 水平轴式潮流能发电系统

与垂直轴式结构相比，水平轴式潮流能发电装置具有效率高、自启动性能好的特点，若在系统中增加变桨或对流机构则可使机组适应双向的潮流环境，这种形式的发电装置兴起于最近 10 年，但取得了很大的进展。英国 Marine Current Turbine 公司是目前世界上在潮流发电领域取得最大成就的单位之一。该公司设计了世界上第 1 台大型水平轴式潮流能发电样机——300kW 的"Seaflow"，并于 2003 年在 Devon 郡北部成功进行了海上试验运转。该公司第 2 阶段商业规模的 1.2MW 双叶轮结构的"Seagen"样机也于 2008 年在北爱尔兰 Strangford 湾成功进行了试运行，最大发电功率达到了 1.2MW。目前，该样机仍处于试运转阶段。

挪威 Hammerfest Strom 公司于 2003 年底在挪威北部的 kValsund 安装了 1 台 300kW 并网型潮流能发电原型样机，进行了为期 4 年的试验运转。该样机采用重力式的安装方式固定在海底，通过变桨距控制实现双向潮流工作及最优的功率输出。

此外，美国 Verdant Power 公司于 2003 年初在佛罗里达海域进行了 35kW 潮流能发电样机的演示试验。英国 Lunar Energy 公司研究了一种带扩张管道的基于液压传动的水平轴式潮流能发电装置，并在实验室内进行了模型测试。

英国 SMD Hydrovision 公司设计了一种悬浮式的双叶轮结构样机，利用浮力、流体作用力、锚链力使装置平衡在水中，目前进行了 1/10 尺寸的模型试验。除了商业领域的研究，英国南安普顿大学 Bahaj 等人在实验室中对水平轴式潮流能发电装置的水动力学进行了大量研究。他们通过数字仿真及水槽试验研究了叶轮的翼形优化、气蚀特性及功率系数和轴向力系数最优化等问题。英国 Strathclyde 大学设计了一台双叶轮式的样机，并在实验室水槽中进行了测试，该装置在同一主轴上设计有一对相反方向旋转的叶轮来解决样机双向工作问题。

在国内，最早的水平轴式潮流能发电的探索性试验始于 20 世纪 70 年代，由何世钧工程师带领的研究组在浙江省舟山市西候门水道对一台装有船用螺旋桨叶片及液压传动装置的潮流能发电样机进行了测试，试验共进行了 21 次，最大输出功率为 5.7kW。浙江大学于 2005 年进行了 5kW 级"水下风车"的原理性样机研制，并于 2006 年 4 月 26 日在浙江省舟山市岱山县进行了海试。该样机采用定桨距的功率控制方式及重力式的安装方式，在 1.7m/s 左右的流速下最大发电功率达到 2kW。2008 年浙江大学又开展了 25kW 半直驱潮流能发电机组及 20kW 液压传动式潮流能发电机组的研究。2009 年 5 月在岱山县进行了 25kW 机组的海上试验。该机组运行正常，最大瞬时发电功率接近 30kW。另一台 20kW 级机组也于 2010 年 5 月完成了调试工作及厂房试验，该机组利用液压传动及电液比例技术可实现稳定的功率输出及变桨距运行。

三、潮汐能技术

潮汐能发电与水力发电的原理、组成基本相同，也是利用水的能量使水轮发电机发电。问题是如何利用海潮所形成的水头和潮流量，去推动水轮发电国外利用潮汐发电始于欧洲，20 世纪初德国和法国已经开始研究潮汐发电。世界上最早利用潮汐发电的是德国 1912 年建成的布苏姆潮汐电站，而法国则于 1966 年在希列塔尼米岛建成一座最大落差 13.5m、坝长 750m、总装机容量 240MW 的朗斯河口潮汐电站，年均发电量为 544GW·h，朗斯电站的建成及其近 40 年的成功运行证实了潮汐电站技术的可行性，它使潮汐电站进入了实用阶段。之后，美国、英国、加拿大、苏联、瑞典、丹麦、挪威、印度、韩国等都陆续研究开发潮汐发电技术，兴建了各具特色的潮汐电站，并已取得巨大成功。目前，在英、加、俄、印、韩等 13 个国家运行、在建、设计、研究及拟建的潮汐电站达 139 座，进行规划设计的 10 余座潮汐电站均为 100MW～1000MW 级。目前韩国正在建设世界上最大的潮汐电站——Shihwa 湖大型潮汐电站，并且已经从奥地利订购了 260MW 的发电设备。韩国兴建这项工程是政府为减轻对进口石油的依靠，其目标是到 2011 年，替代能源的份额要占 5%。

根据国际能源署的统计数据，韩国 2002 年水电年发电量为 329TW·h，占总发电量的 1.6%，其他可再生能源发电不到 1TW·h。据估计，Shihwa 湖潮汐电站建成后每年将节约石油近 90 万桶。

中国大陆海岸线长 18000km，据全国沿海普查资料统计，全国有近 200 个海湾、河口，可开发潮汐能年总发电量达 60TW·h，装机总容量可达 20GW，但至今被开发利用的不及 1%，开发潜力巨大。中国利用潮汐能的历史可追溯到距今约 1000 多年前，当时就有了潮汐磨。中国潮汐能开发已有 50 余年的历史，潮汐发电大致经历了四个阶段。20 世纪 50 年代是中国潮汐发电的第 1 个阶段。1956 年，中国第 1 座小型潮汐电站在福州市泼边建成。据 1958 年 10 月召开的全国第 1 次潮汐发电会议统计，全国兴建了 41 座潮汐电站，总装机容量 583kW，当时正在兴建的还有 88 处，总装机容量 7055kW，这一时期建设的潮汐电站大部分相继废弃。20 世纪 70 年代为中国开发利用潮汐能的第二个阶段。在此阶段，人们总结了 20 世纪 50 年代潮汐发电的经验教训，注重科学和施工质量，建成了一批较好的潮汐电站（有的至今仍在运行）。

20世纪80年代，建成了江厦潮汐电站和幸福洋电站，并对以前建设的潮汐电站及其设备进行了治理和改造，为中国试验电站建设阶段。其中，浙江省温岭市乐清湾江厦潮汐试验电站装机容量最大，仅次于法国郎斯潮汐发电站和加拿大安纳波利斯潮汐发电站，是当时亚洲最大的潮汐电站。20世纪90年代至今是中国万千瓦级潮汐电站选址阶段。1991年9月，从全国潮汐能第2次普查获得的浙闽沿海数十个万千瓦级以上的站址中，筛选出几个条件较好的站址进行了重点规划设计，开展了大型潮汐电站的设计和前期科研工作。近几十年来，中国在有关潮汐电站的研究、开发方案及设计方面做了许多工作，但建成投运的潮汐电站数量很少，目前正常运行或具备恢复运行条件的电站有8座。

四、温差能利用

热带区域的海洋表层与几百至上千米深处存在着基本恒定的20℃—25℃的温差，这就提供了一个总量巨大且比较稳定的能源。海洋温差能利用的基本原理是利用海洋表面的温海水（26℃—28℃）加热某些工质并使之汽化，驱动汽轮机获取动力；同时，利用从海底提取的冷海水（4℃—6℃）将做功后的乏气冷凝，使之重新变为液体。按照工质及流程的不同可分为开式循环、闭式循环、混合式循环。三种循环方式各有优缺点。

（一）开式循环

开式循环采用表层温海水作为工质，当温海水进入真空室后，低压使之发生闪蒸，产生约2.4kPa绝对压力的蒸汽。该蒸汽膨胀，驱动低压汽轮机转动，产生动力。该动力驱动发电机产生电力。做功后的蒸汽经冷海水降温而冷凝，减小了汽轮机背后的压力（这是保证汽轮机工作的条件），同时生成淡水。

开式循环过程中要消耗大量的能量：在温海水进入真空室前，需要开动真空泵将温海水中的气体除去，造成真空室真空；在淡水生成之后，需要用泵将淡水排出系统（注意开式循环系统内的绝对压力小于2.4kPa，而系统外的绝对压力不小于98kPa，因此排出1m³淡水需要的能量大于95.6kJ）；冷却的冷海水需要从深海抽取。这些都需要从系统产生的动力中扣除。当系统存在如效率不高、损耗过大、密封性不好等问题时，就会造成产能下降或耗能增加，系统扣除耗能之后产生的净能量就会下降，甚至为负值。因此，降低流动中的损耗，提高密封性，提高每个泵的工作效率，提高换热器的效率，就成为系统成败的关键。

开式循环的优点在于产生电力的同时还产生淡水；缺点是用海水作为工质，沸点高，汽轮机工作压力低，导致汽轮机尺寸大（直径约5m），机械能损耗大，单位功率的材料占用大，施工困难等。目前世界上净输出最大的开式循环温差能发电系统是1993年5月在美国夏威夷研建的系统，净输出功率达50kW，打破了日本在1982年建造的40kW净输出功率的开式循环温差能发电记录。

（二）闭式循环

在闭式循环中，温海水通过热交换器（蒸发器）加热氨等低沸点工质，使之蒸发。工质蒸发产生的不饱和蒸汽膨胀，驱动汽轮机，产生动力。该动力驱动发电机产生电力。做功后的蒸汽进入另一个热交换器，由冷海水降温而冷凝，减小了汽轮机背后的压力（这是保证汽轮机工作的条件）。冷凝后的工质被泵送至蒸发器开始下一循环。

闭式循环的优点在于工质的沸点低，故在温海水的温度下可以在较高的压力下蒸发，又可以在比较低的压力下冷凝，提高了汽轮机的压差，减小了汽轮机的尺寸，降低了机械损耗，提高了系统转换效率；缺点是不能在发电的同时获得淡水。

从耗能来说，闭式系统与开式系统相比，在冷海水和温海水流动上所需的能耗是一致的，不一致的是工质流动的能耗以及汽轮机的机械能耗，闭式系统在这两部分的能耗低于开式系统。

国家海洋局第一海洋研究所在"十一五"期间重点开展了闭式海洋温差能利用的研究，完成了海洋温差能闭式循环的理论研究工作，并完成了250W小型温差能发电利用装置的方案设计，2008年，承担了"十一五"科技支撑计划"15kW海洋温差能关键技术与设备的研制"课题。

（三）混合式循环

混合式循环系统中同时含有开式循环和闭式循环。其中开式循环系统在温海水闪蒸产生不饱和水蒸气，该水蒸气穿过一个换热器后冷凝，生成淡水。

该换热器的另一侧是闭式循环系统的液态工质，该工质在水蒸气冷凝释放出来的潜热加热下发生气化，产生不饱和蒸汽，驱动汽轮机，产生动力。该动力驱动发电机产生电力。做功后的该蒸汽进入另一个热交换器，由冷海水降温而冷凝，减小了汽轮机背后的压力。冷凝后的工质被泵送至蒸发器开始下一循环。

混合式循环系统综合了开式循环和闭式循环的优点。保留了开式循环获取淡水的优点，让水蒸气通过换热器而不是大尺度的汽轮机，避免了大尺度汽轮机的机械损耗和高昂造价；采用闭式循环获取动力，效率高，机械损耗小。

2004—2005年，天津大学完成了对混合式海洋温差能利用系统的理论研究课题，并就小型化试验用200W氨饱和蒸汽透平进行了研究开发。

五、海洋能利用前景

（一）各种海洋能技术评价

从目前技术发展来看，潮汐能发电技术最为成熟，已经达到了商业开发阶段，已建成的法国朗斯电站、加拿大安纳波利斯电站、中国的江厦电站均已运行多年；波浪能和潮流能还处在技术攻关阶段，英国、丹麦、挪威、意大利、澳大利亚、美国、中国建造了多种波浪能和潮流能装置，试图改进技术，逐渐将技术推向实用；温差能还处于研究初期，只有美国建造了一座温差能电站，进行技术探索。

从能流密度来看，波浪能、海流能的能流密度最大，因此这两种能量转换装置的几何尺度较小，其最大尺度通常在10m左右，可达到百千瓦级装机容量；温差能利用需要连通表层海水与深部海水，因此其最大尺度通常在几百米量级，可达到百千瓦级净输出功率；

潮汐能能流密度较小，需要建立大坝控制流量，以增大坝两侧的位差，从而在局部增大能流密度，计入大坝尺度，潮汐能的最大尺度在千米量级，装机容量可达到兆瓦级。

尺度小带来许多便利之处：

1. 应用灵活，建造方便，一旦需要可以在短时间内完成，因此具有军用前景。

2. 规模可大可小，大规模可以通过适当装机容量的若干装置并联而成。

3. 对环境的影响较小，因此，人们普遍认为波浪能和潮流能对环境的影响不大，而潮汐能对环境的影响较大。

基于以上理由，目前国外发展最快的是波浪能和海流能。而波浪能由于比海流能的分布更广，因而更加受到人们的关注。

从能量形式来看，温差能属于热能，潮汐能、海流能、波浪能都是机械能。对于发电来说，机械能的品位高于热能，因此在转换效率和发电设备成本等方面具有一定优势。温差能在发电的同时还可以产出淡水，这一点也值得注意。

（二）海洋能利用的意义

1. 开发海洋能可以缓解能源紧缺

能源是世界经济增长的动力，经济的增长总是伴随着能源消耗的增长。在20世纪的100年内，世界能源消耗量增加了约9倍。根据国际能源署（IEA）的预测，未来25年内，世界能源需求总量还将增加近1倍。期间，发达国家能源消费增长速度将减慢，但在世界能源消费总量中仍占相当比重，以亚太地区为主的发展中国家能源消费依然处于高增长状态。

与此同时，中国的化石能源资源非常有限。以石油为例，截至2004年年底，中国石油剩余可采储量为$23 \times 10^8 t$，位居世界第13位，但仅占世界总量的1.4%，石油储采比13.4，远低于世界平均水平的40.5。中国经济的增长在能源供应和需求问题上面临着严峻挑战。2004年的"电荒"已经凸显电力对经济发展的强力制约。可以预见，在不远的将来，中国有相当一部分能源需求不能由现在常规的能源供应来满足，也必须寻求新的办法来解决能源长期的需求短缺问题。海洋能作为一种新型的可再生能源，全球的可开发量远远超过目前的发电功率，大规模地开发海洋能可以缓解能源紧缺，是解决中国能源问题的一条有效途径。

中国沿海地区的经济发展水平在国内位居前列，但又是化石能源资源相对匮乏的地区，随着能源取得成本的日益上升，例如：浙江省90%以上的化石能源要从外省输入，平均运输距离在1500km以上，价格也由此而上升了1倍。因而，能源问题已经成为制约该地区经济发展的瓶颈。然而，国内沿海地区有着较为丰富的海洋能资源，如果能因地制宜，有效地开展海洋能的开发利用，将对国内这一地区的经济发展起到很好的推动作用。

随着技术的不断成熟，海洋能发电的成本也不断下降；再加上常规能源价格飙升，人们对包括海洋能在内的可再生能源越来越重视。目前某些海洋能发电技术已经接近实用，有望在经济建设中发挥作用。

2. 开发海洋能可以极大地增强海洋资源开发能力

目前陆地上资源日益枯竭，许多国家正逐渐将目光转向海洋。在海洋这一表层矿产中，有着许多沉积物软泥，含有丰富的金属元素和浮游生物残骸，例如：在覆盖超过 $10^8 km^2$ 的海底红黏土中，富含轴、铁、锰、锌、银、金等，具有较大的经济价值。海底有富集的矿床。海洋矿砂主要有滨海矿砂和浅海矿砂。它们都存在于水深不超过几十米的海滩和浅海中，该矿砂矿物富集且具工业价值，开采方便。另外，从这类砂矿中还可以淘出黄金、金刚石、石英、钻石、独居石、钛铁矿、磷钇矿、金红石、磁铁矿等。所以，海洋矿砂已经成为增加矿产储量的最大的潜在资源之一，越来越受到人们的重视。

在深海的海底，存在更加丰富的矿藏。其中多金属结核锰结核作为最有经济价值的一种，呈现高度富集状态，并分布于 300—6000m 水深的大洋底表层沉积物上。估计整个大洋底锰结核的蕴藏量约 $3 \times 10^{12}t$。因此，锰结核矿已成为许多国家的开发热点。石油和天然气是遍及世界各大洲大陆架的矿产资源。有报告指出，1990 年，全世界海上石油已探明储量达 $2.970 \times 10^{10}t$，海上天然气已探明储量达 $1.909 \times 10^{13}m^3$。油气加在一起的价值占到海洋中已知矿藏总产值的 70% 以上。开发海洋资源对世界任何国家来说都十分重要。

在 21 世纪，海洋资源必将成为许多国家争相开采的对象。尤其是在远离大陆的海洋中，海洋能是所有能源中获取较为方便和成本相对低廉的能源。发展海洋能技术，可以大大降低海洋开发的成本。因此，发展海洋能技术是提高利用海洋资源能力和降低海洋资源开发成本的重要条件。

3. 开发海洋能可以改善环境

20 世纪人类文明发展在相当程度上依赖于煤炭、石油、天然气等化石能源的开发利用。但是，利用化石能源也给地球环境造成了严重危害，使人类生存空间受到了极大的威胁。化石能源对环境的污染，主要表现在温室效应、酸雨、破坏臭氧层、大气颗粒物污染以及开采、运输、加工过程所造成的生态环境破坏。

随着现代工业的发展，环境问题日趋严重。为了减轻污染对环境和公众健康的危害，《中华人民共和国清洁生产促进法》已于 2003 年 1 月 1 日正式施行，它指明了生产领域特别是工业生产的发展方向。因此，如何更加有效地利用能源就成为国内保护环境、改善环境质量的重要突破口，而在能源利用中，节能降耗和开发新能源必然成为其核心问题。海洋能作为一种清洁、可再生的能源，资源丰富，其中全球可再生的海洋能资源，理论上总量为 76.6TW，发展前景非常可观。

20 世纪 90 年代以来，开发利用新能源和可再生能源已经成为中国的一项战略选择，正如《1996—2010 年新能源和可再生能源发展纲要》所指出的：发展新能源和可再生能源的战略目标是逐步改善和优化中国的能源结构，更加合理、有效地利用可再生资源，保护环境，促使中国能源、经济和环境的发展相互协调，实现社会的可持续发展。为此，发展开发海洋能技术，是实现这一战略目标的重要的有效路径之一。

（三）海洋能开发需要注意环境问题

尽管海洋能利用可以改善环境，但还应注意，海洋能开发过程也存在一些潜在的环境问题。如潮汐电站不但会改变潮差和潮流，而且会改变海水温度和水质，这些变化又会影响到浮游生物及其他有机物的生长以及这一地区的鱼类生活等。与此同时，建造拦潮坝也可能会给河口带来某些环境问题，如影响到地下水和排水以及加剧海岸侵蚀等。

由于开发利用海洋能对复杂的海洋生态的影响还有待深入研究，面对这一局面，对海洋能的开发和利用，一是要加强对海洋能开发技术的基础研究，二是在开发海洋能的过程中，应充分认识到其环境效应。为此，一方面，应明确工程技术人员所应有的社会责任，另一方面，国家应通过制定相关政策法规，防止对海洋能的短视性开发。

六、海洋能发电装备现场检测技术

伴随着人类对化石燃料的开发与利用，世界的能源储备量急剧减少，并且引发了很多环境问题。因此，世界各国都着手于新能源的开发与利用。海洋占地球表面积的 70% 左右，到达地球表面的太阳很大一部分被广阔的海水所吸收，同时月球、太阳等天体对海水的引潮力作用又使得海水具有规律性的周期运动，因此在海洋中蕴含着巨大的能量。同时，海洋能是绿色可再生能源，人类对海洋能的开发与利用不会引起温室效应、空气污染等环境问题。因此，目前世界上很多国家都着手于海洋能发电装备的研发。

目前世界各国研发的海洋能发电装备主要分为潮流能发电装备、波浪能发电装备、盐差能发电装备、温差能发电装备等类型。其中，盐差能发电装备和温差能发电装备还处于实验室研发阶段，并没有实现商业化应用，而挪威、英国、美国、爱尔兰等国对波浪能和潮流能发电设备的研发与利用技术相对成熟，部分海洋能发电装备已经商业化运营并实现并网发电。我国从 2010 年以来，在海洋能专项资金的支持下，也研发出波浪能、潮流能等海洋能发电装备，但是并没有实现商业化应用。海洋能发电装备的实海况测试是衡量海洋能发电装备优劣的重要方法，同时也会大大促进海洋能发电技术的发展。因而，我国目前正在积极开展对海洋能发电装备的功率特性和电能质量特性的测试与研究工作。

目前国外对海洋能发电装备的测试工作都是在相应的测试场内进行。例如，英国的欧洲海洋能中心（EMEC）、丹麦的 Nissum Bredning 测试中心、美国的 Oregon 波能测试站等。但是这些测试工作都需要将海洋能发电装备布放到测试场中，海洋能发电装备体积较大、运输难度大，并且不利于已经布放到海洋中发电装备的测试。因此，美国研制出了波浪能发电装备现场检测平台，但是随着海洋能发电装备的增多以及其他类型海洋能发电装备的研发，现场检测平台必须要能够满足不同类型海洋能发电装备的测试需求。

（一）我国海洋能发电装备的研究现状

我国的海洋能发电装备的研发技术与世界先进水平相比还存在一定差距，但自 2010 年以来，在我国海洋可再生能源专项资金的支持下，我国海洋能发电装备的研发取得了显著的进展。

在 2010—2013 年度，海洋可再生能源专项支持了 16 项电力系统研究、8 项产业化示范工程、48 项研究示范类项目，主要涉及潮流能、波浪能、潮汐能、温差能、海洋生物质能等类型的海洋能发电装备的示范工程与研发。同时，海洋可再生能源专项资金支持的独立电力系统示范工程类项目总装机容量不低于500kW，波浪能与潮流能并网电力系统示范工程类项目单机装机容量分别不低于200kW和300kW。因此，我国海洋能发电装备的发展呈现发电类型多样化的趋势，并且发电装备的数量和种类逐渐增多

（二）现场检测的需求分析及功能设计

海洋能发电装备的实海况测试是衡量海洋能发电装备整体性能的重要方法。对海洋能发电装备的现场检测有利于提高海洋能发电装备的发电技术水平，有利于当前的市场能够快速地吸收海洋能发电装备产品，促进海洋能发电装备的产业化进程。因此，我国目前所研发的海洋能发电装备具有现场检测的需求。

针对海洋能发电装备的现场测试需求，开展现场检测平台的结构和功能设计。现场检测平台的主要功能是为海洋能发电装备提供负载以消耗其输出的电力，同时测量发电装备输入能量，检测发电机输出的电压、电流、频率、功率等参数，并具备控制、数据采集与处理和数据通信的功能。因此，海洋能发电装备的现场检测平台应具备电力测试系统、数据通信系统、数据处理和控制系统，并且具备与测试场岸基总站进行通信的能力。

现场检测平台的主要设计目的是满足已进入实海况示范试验阶段、可连续稳定发电1个月以上的波浪能、潮流能等海洋能发电装备全比例尺或小比例尺工程样机的测试需求，设计出的该平台具备一定的海上作业环境适应性，连续工作时间不少于1个月。根据本书对我国海洋能发电装备研究现状的分析，现场检测平台测试对象可以是输出功率不超过500kW的海洋能发电装备，平台测试能力可根据未来装机容量的增长进行扩展。

（三）现场检测平台的设计

1. 观测系统

海洋能发电装备现场检测平台的观测系统主要是根据海洋能发电装备的测试需求，监测海洋能发电装备所在海域的气象、水文、地形等环境参数。气象参数主要包括风速、风向、温度等数据。水文数据主要是根据不同类型海洋能发电装备的测试需求进行监测，主要监测反映输入到海洋能发电装备中的能量参数，以便对海洋能发电装备的电功率特性进行评估。地形参数获取的主要目的是了解海洋能发电装备所处海域的地形情况，便于进行海洋测量仪器布放等工作。观测系统相关参数的获取主要是依托相应的海洋测量仪器。

2. 电力测试系统设计

电力测试系统主要由电气开关、耗能负载箱、电气数据采集系统和散热系统组成。电气开关主要包含主断路器和直接控制负载的接触器，通过数据处理和控制系统可为被测海洋能发电装备提供连续可调负载。消耗发电装备输出电力负载为阻性负载和感性负载。根据被测海洋能发电装备的平均输出功率设计负载的上限值以及线路内允许电压、电流的大小。考虑到负载散热问题，负载箱采用风冷方式并固定在平台之上，保证负载无红热现象。同时负载箱应达到一定的防水、防盐雾、绝缘和电磁兼容等级以保证系统的适应性。为满足不同发电机和不同输出功率的海洋能发电装备的测试需求，现场检测平台的负载调节应具有较高的灵活性，可通过改变开关柜内接线进行设置。在电气开关的断路器处，现场检测平台具备标准的电力接口，通过脐带缆与被测海洋能发电装备的发电机相连，并通过电

量采集模块对发电装备输出的电压、电流、频率、电量等参数进行采集。

3.数据通信系统设计

为了实现波浪/潮流等观测仪器与现场检测平台之间的数据通信，结合测试现场往往存在通信信号覆盖不到的情况，因此，现场检测平台的通信拟采用自身架设无线通信的方式实现。目前能够实现无线通信的方法较多，但是在考虑到海上现场测试的测试环境、测试距离、系统稳定性等多方面因素，拟采用数传电台的方式进行数据传输和仪器设备控制。通过分别在岸上基站和现场检测平台上搭建各自的数据发送和接收平台，由岸上基站进行统一分配，现场检测平台作为连接端接入岸上基站，实现远程数据传输和通信。

根据数传电台的应用特点，采集数据的传输方式采用点对多的C/S（客户/服务器）传输方式，即系统将岸基总站上的PC作为服务器端、现场检测平台作为客户端，根据采集点的设置需要可安放多个客户端。该种通信方式为广播通信方式，即同一时刻网络内部只有一个节点在发送数据。系统由服务器端向客户端发送命令，客户端按照时间片的划分区间设定将本地的数据在规定的时间片内向服务器端发送，如果服务器端超时没有收到，可再发送重新发送数据的命令。服务器端对数据进行采集和处理，通过图形界面展示给操作人员。

4.数据处理和控制系统设计

数据处理和控制系统设计为安放现场检测平台上的监控主系统，实现与采集点的测试设备进行数据通信控制和后处理，由数据接收、负载切换控制和数据计算处理三部分构成。数据接收端主要负责与各个采集点进行数据通信，读取测试数据，采用时间片轮换的方式对各个测试点的数据进行循环读取。系统控制端主要负责负载开关的切换控制。数据计算处理端主要负责测试数据的后处理。系统采集的测试数据包括测试现场的环境监测数据、发电装备的运行数据和发电监控数据等。数据采集端与各个采集点的连接为总分结构，各个采集点将采集到的模拟量经过A/D转换后进行处理，转换成预先约定的数据格式和标准进行实时处理和保存等待数据读取命令。数据采集端采用时间片轮换的方式对各个采集点的数据进行循环读取，当采集点收到数据读取命令后，便按照命令的要求将数据进行上传，根据需要各采集点可选择本地保存数据，以防止通信出错导致数据丢失。系统控制端主要负责负载开关的切换控制。在开展现场测试时，往往需要针对测试环境和发电装备的运行情况，设置对应的负载接入状态，以测试发电装备的电力输出特性。系统通过分析监控数据确定是否需要进行负载切换，一旦达到切换条件，便向负载的开关控制点发送命令进行负载的挂接或去除。

数据计算处理端主要负责测试数据的后处理。对测试数据进行管理，对发电装备的功率特性、转换效率、电能质量等测试内容进行计算。按照测试方法规定的测试要求进行数据采集和处理计算。以比恩法作为统计处理的基本方法进行系统编程和区间划分，提供较为灵活的区间划分方法和统计计算功能，绘制整个测试范围内海洋能发电装备的功率矩阵或功率曲线。另外为了方便使用专用计算软件开展数据分析和处理，系统也提供不同的数据导出格式。

七、海洋能发电装置的防腐技术

（一）腐蚀

海洋中的材料和环境之间发生化学或电化学相互作用就会引起材料的破坏或变质，发生腐蚀现象。腐蚀具有普遍性、隐蔽性、渐进性和突发性的特点。海洋能发电装置主体结构多为金属材料，较易发生腐蚀。

1. 海水腐蚀因素

造成金属材料在海水、海洋大气及海底泥土中发生腐蚀现象的因素主要有化学、物理、生物等因素。

（1）化学因素的作用主要体现在海水中的溶解氧含量，含盐量及电导率等方面。溶解氧含量是影响海水腐蚀速率的重要因素。

（2）影响腐蚀的物理因素有海水流速、波浪、潮汐、温度等，它们影响到溶解氧的供给，从而加剧腐蚀的速度。

（3）在海洋金属上还附着有一些海洋生物，包括海洋动物、植物和微生物，它们会在金属表面生长繁殖，产生腐蚀性物质或促进电化学腐蚀，造成点蚀和缝隙腐蚀等局部腐蚀。

2. 海洋发电装置腐蚀环境区域

海洋发电装置腐蚀环境按照腐蚀规律可大致分为海洋大气区、潮差飞溅区、海水全浸区、海底泥土区。

（1）海洋大气区

海洋发电装置在海面飞溅带以上的部分为海洋大气区。受日光、风雨、冰雪和高浓度盐雾等作用，腐蚀速率较快，一般阴面比阳面腐蚀严重，距海水近的下部比上部腐蚀严重。在海洋大气区的腐蚀速率一般可达到 0.1mm/a。

（2）潮差飞溅区

海洋能发电装置处于涨潮和落潮及海水飞溅达到的部分为潮差飞溅区。受阳光照射、浪花飞溅和冲击、涨潮和落潮时干湿交替、海面漂浮物的撞击和侵蚀、海水电解质腐蚀等多种因素影响，是腐蚀最严重的部分。在潮差飞溅区的腐蚀速率一般为 0.3~0.5mm/a，最高可达到 1mm/a，蚀坑的深度可达到 2mm 以上。

（3）海水全浸区

海洋发电装置处于低潮水位下的部分为海水全浸区。表层海水的水温高、氧气近于饱和、生物活性强是水下区腐蚀最强的部分。表层以下部分氧含量较少，植物性和动物性污染较少，但水温低，压力大，由海水电解质造成的腐蚀相对较轻。在海水全浸区的腐蚀速率一般为 0.1~0.2mm/a，而且容易发生严重的局部腐蚀和疲劳腐蚀。

（4）海底泥土区

在海底泥土区中，黏土和细粉沙软泥会含有厌氧硫酸菌而加速腐蚀；海砂中微生物含量较少，腐蚀速率相对低。对于浅海区域，由于陆地污染物的排入，使腐蚀变得复杂，一般会加速腐蚀。对于浅海中埋在海底部分的桩腿，由于氧浓差电池作用，将加快腐蚀。

3.海洋能发电装置存在的腐蚀类型

海洋能发电装置腐蚀类型主要有均匀腐蚀、点蚀、缝隙腐蚀、冲击腐蚀、空泡腐蚀、生物腐蚀、电偶腐蚀、疲劳腐蚀等，这些腐蚀类型往往与结构设计和冶金因素有关。

（二）海洋能发电装置防腐蚀措施

海洋能发电是新型能源的重要方式，海洋能发电装置造价昂贵，日常维护困难，为保证海洋能的安全，采取适当的防护措施，加强海洋能发电装置的防腐蚀能力，可以有效地防止和抑制海洋腐蚀的发生，避免减轻海洋腐蚀造成的危害。海洋能发电装置可以从以下几方面提高防腐蚀能力。

1.选用耐蚀材料并注重设计和加工

（1）材料选取

材料本身的耐腐蚀性能对海洋结构物的寿命和耐久性起着非常重要的作用，采用耐腐蚀材料可以取得更好的防护效果或更好的经济性。海洋环境耐腐蚀材料包括：不锈钢、铜合金、镍基合金、钛及钛合金以及非金属材料如工程塑料、聚合物基复合材料等。海洋能发电装置材料的选用不仅应考虑材料的海洋环境耐蚀性能与耐蚀机理，还要考虑不同材料之间的相容性等。

（2）结构设计

合理的设计可以减少腐蚀的发生。例如，潮差飞溅区易遭受严重腐蚀，而又不能进行喷砂处理和涂敷，在结构设计中应尽量避开类似 T、K、Y 形状的节点；可以通过减少潮差飞溅区中金属构件的密集度来减少腐蚀的蔓延；通过减少异种金属部件的直接连接，减少水下全浸区的腐蚀。

（3）加工工艺

很多事故表明，裂缝往往是发生在结构应力集中严重部位以及焊缝切割部分，因此要尽量避免不同金属的搭接和铆接，焊缝不宜太多，各部分受力要均匀。对于重要节点，随着钢板厚度的增加，焊接量大、应力集中更为明显，因此，往往除了要求完全焊透以外，并打磨焊缝表面，使光滑过度，疲劳强度可以提高一倍以上。

2.采用涂层保护技术

涂层是海洋环境腐蚀保护的主要手段之一，防护涂层包括有机涂层和金属涂层，按功能可划分为防腐涂层和防污涂层。海洋能发电装置涂层应选用高性能海洋防腐涂料、环境友好涂料、长寿命绿色防污涂料；还应考虑金属涂层、复合涂层等技术的采用。此外，对涂层制备工艺技术、涂层体系性能评价与试验方法、涂层防护机理等作充分的考虑。

（1）涂料的选取

防护涂料的品种很多，性能各异，被保护的对象多种多样，使用条件各不相同。总之没有"万能涂料"可以适应各种用途。因此，选择涂料是十分重要的。选取具备以下特征的防腐蚀涂料：

①耐腐蚀性能好。

②透气性和渗水性要小。

③要有良好的附着力和一定的机械强度。

总之，实际中往往会出现这样的情况，某一涂料品种耐腐蚀性能很好，但对基材附着力和机械性能不佳而无法使用。为了解决耐腐蚀性能和机械性能之间的矛盾，海洋能发电装置的防腐蚀涂层可采用几种涂料复配的方法。

（2）涂装

防腐层对喷涂表面也有一定的要求，被涂材料表面在涂装前必须进行必要的表面处理，使其达到表面平整光洁，无焊渣、锈蚀、酸碱、水分、油污等污物，是保证涂装的关键。因此，在涂装前进行完善的表面处理，对增强涂膜的附着力，更大地发挥涂料的保护和装饰作用，延长产品的使用寿命，起着极为重要的作用。防腐效果的好坏，60%—70%在于表面处理和施工。

3. 采用电化学保护技术

电化学保护是防止海水腐蚀的重要方法，主要采用阴极保护法。阴极保护法和有机涂层相结合是防止金属结构物海水腐蚀的有效措施，可取得协同的优化防腐蚀效果。阴极保护法将处于电解质溶液中的金属结构进行阴极极化，使其电位向负的方向移动，从而使金属腐蚀得到抑制。根据提供阴极保护电流途径的不同，又分为牺牲阳极电保护和外加电流阴极保护两种方法。前者是通过电负性金属作为阳极（例如特制的锌合金和铝合金）与被保护的金属相连接，通过阳极材料的溶解消耗来提供保护电流。后者是利用外部电源如整流器等来提供阴极保护所需的电流。海洋能发电装置既可以采用外加电流装置，也可以采用牺牲阳极装置，甚至可以两种类型联合使用。

（三）不同腐蚀环境区域防腐蚀分析

不同的腐蚀环境区域具有不同的腐蚀特征，不同材料在不同海洋环境中的腐蚀规律不同，即使同一种材料在海洋不同区域的腐蚀也存在着较大差异。因此，海洋能发电装置各部分根据不同的腐蚀规律和防腐要求，采取不同的防腐蚀方案。

1. 海洋大气区的防腐蚀

海洋大气区多发生点蚀和缝隙腐蚀，因此应选用无缝、光滑的管件。选用耐蚀材料加防腐涂层的方法防腐蚀，涂层要求具有优异的耐大气老化和盐沉积性能。

2. 潮差飞溅区的防腐蚀

潮差飞溅区是腐蚀最严重的部分，结构设计时应使结构件在该区的表面积尽量小，一般采用防腐涂层和电化学保护相结合的方法进行防腐蚀保护。使用的防腐涂料应具有良好的耐海水性、耐候性、耐磨损、耐冲击、耐化学腐蚀、耐干湿交替性能，在海水长期浸泡下，不会起泡和脱落。此外，增加结构壁厚或附加"防腐蚀钢板"是也潮差飞溅区有效的防护措施，有关的规范仍然要求潮差飞溅区防腐蚀钢板厚度应达13—19mm。

对潮差飞溅区进行腐蚀保护时，必须清楚地了解海洋能发电装置使用环境的风浪情况，准确确定范围。由于潮差飞溅区防护对发电装置的安全是极为重要的，所以，在确定其范围时宁可扩大一些，有一定的安全系数。

3.海水全浸区的防腐蚀

在海洋全浸区的腐蚀程度比大气区严重，但比潮差飞溅区要轻。当水深较浅时，可采用涂层联合阴极保护进行防腐蚀，水较深时，可以单独采用阴极保护，因为目前防锈、污涂料使用期限很难达到永久性的保护，并且水下施工较困难。对于半潜式发电装置，对负重有一定要求，最好使用涂层和电化学保护相结合的方法，能够在正常使用情况下减轻牺牲阳极的重量。要求涂层具有良好的耐海水性和耐电位性能。

4.海底泥土区的防腐蚀

根据海洋能发电装置使用环境的海底沉积物的腐蚀性来采取防腐蚀措施，可采用防腐涂层联合阴极保护进行防腐蚀，或者单独采用阴极保护。

（四）规范化海洋能发电装置的防腐蚀

除海洋能发电装置采取必要的防腐蚀措施外，建议建立完善的防腐蚀规章制度，在海洋能发电装置设计、制造以及使用时涉及防腐蚀时必须按相应的规定执行，做到规范化防腐，使防腐蚀措施行之有效。

1.建立腐蚀监测系统

建立腐蚀监测系统进行在线监测，及时了解海洋能发电装置的腐蚀与防腐蚀，对腐蚀保护状况和结构的耐久性进行评价，为合理的维护维修以及改进防腐蚀措施提供科学依据。

2.制定防腐蚀设计制造和使用的规范和标准

对海洋能发电装置各部件各腐蚀区域的防腐蚀措施，例如材料选取、结构设计、涂层设计、施工工艺、阴极保护等均制定相应的规范和标准，在海洋能发电装置设计制造和使用中必须遵守，规范海洋能发电装置设计制造。

3.建立检测制度，定期检测

编写全面完善的检测规程，对海洋能发电装置使用前、使用中定期开展检测，客观地评估海洋能发电装置的防腐蚀能力及腐蚀状况，为有效利用海洋能发电装置提供科学依据。

第五节　水力发电

一、我国水力发电背景

我国具有大规模开发利用水能资源的先天条件和必要性。我国河流众多，流域面积宽广，是世界上水能资源最丰富的国家。不论是从水能资源的理论蕴藏量，还是技术可开发的水能资源来说，我国的水能资源在世界各国中都是均居前位。据调查数据显示，发达国家水资源开发利用率均已超过60%，而我国目前水资源开发利用率仅约为31.5%，所以，水力发电前景巨大。

二、我国水力发电的发展及现状

（一）我国新中国成立前夕及新中国成立初期的水电情况

新中国成立前中国的水电建设十分缓慢和落后，主要是有两座，一座是吉林第二松花江的丰满，一座是中朝边界鸭绿江上的水丰，都是在日本侵略者占领下修建的，并都受到战争破坏和拆迁。1949 年全国水电容量仅为 3 万千瓦，水电发电量为 12 亿千瓦时，分别居世界第 20 位和 21 位。在 20 世纪 50 年代至 60 年代初，主要是修复丰满大坝和电站，续建龙溪河、古田等小型工程，并着手开发一批中小型水电，如官厅、淮河、黄坛口、流溪河等电站。

在 50 年代后期我国的水电开发技术开始逐步发展起来，于是对一些河流进行了梯级开发，建设了一批比较有代表性的大中型水电工程，如盐锅峡（35.2 万千瓦）、拓溪（44.75 万千瓦）、新丰江（30.25 千瓦）、新安江（66.25 万千瓦）、丹江口（90 万千瓦）等工程。在 60 年代中期到 70 年代末这段时期内又开工的有龚嘴乌江渡（63 万千瓦）、碧口（30 万千瓦）、刘家峡（112.5 万千瓦）等工程。

（二）改革开放以后我国的水电情况

改革开放以后，国家和政府更加重视水电事业的发展，更加重视水电在电力生产中的比例和水利工程的综合效益以及建造技术的更加成熟。在这之后国家筹建了一批装机总容量更加大的水电站，如白山（150 万千瓦）、二滩（330 万千瓦）、葛洲坝（271.5 万千瓦）等具有代表性的水电工程。同时总装机容量达到 2240 万千瓦的世界上总装机规模最大的水电站，也是中国有史以来建设最大的水利工程项目三峡工程也在 1994 年开工建设。三峡水利枢纽总共安装 32 台单机容量达到 70 万千瓦的水轮机组，这是我国水电事业的一个里程碑，也是我国新中国成立史上的一个里程碑。

（三）进入 21 世纪后我国的水电状况

随着改革开放的进一步深化，我国的经济都保持着高速的发展，对于能源的需求也进一步加强，而随着煤炭、石油、天然气的大量消耗，对环境产生的影响也更加显著。以温室效应为代表的环境问题影响着整个国家，所以国家和政府就进一步加大了对水电的开发，以进一步加大水电在发电中所占的比例，改善我国主要以煤炭为能源的火力发电厂的供电方式，同时加大其他新能源的发电开发，如太阳能、核电、风电、潮汐、地热发电等新型方式。

近年来，政府高度重视发展水电。伴随着经济的快速增长，中国的水力发电建设继续保持平稳较快的发展态势。截止 2015 年，中国水力发电总装机容量已达到 3.2 亿千瓦，稳居世界第一水电大国。

随着西部大开发战略和"西电东送"工程的实施，一批装机容量巨大的世界级巨型水电站正着手修建。水轮机组单机容量也已由三峡的 700MW 提高到向家坝的 800MW，这标志着我国水电大机组设计、制造、安装都取得了巨大成功。

三、水力发电的效益

（一）水力发电的经济效益分析

水力发电的经济效益包括两方面，一是发出电能直接创造的经济效益，二是衍生出的其他方面经济效益，比如水产养殖业带来的经济效益、水上旅游娱乐创造的经济效益以及水上航运、农业灌溉等可以量化价值的经济效益等。

但不可否认，在水力发电开发过程中，还伴随着一些问题，包括移民问题、生态环境破坏问题，这些会在一定程度上增加水力发电的成本，但从整体来看，相比于光电、风电等需要大量补贴以及火电严重的环境污染，水力发电还是具有较高经济效益的，具有良好的开发利用价值。

（二）水力发电的社会效益分析

除了经济效益外，水力发电的社会效益也十分显著。

1.环保方面社会效益

水力发电不会消耗非可再生能源，不会产生环境污染，改善了我国能源结构，降低石油、煤炭等的使用量，可以起到一定环境保护的作用。

2.水力农业方面社会效益

通过建立水电站，可以起到调节水资源的作用，为农业灌溉提供水源，预防洪涝、旱灾，有助于水力事业、农业的健康发展。

四、水力发电与其他发电方式的比较优势

（一）相比于火力发电的比较优势

火力发电是我国最为主要的发电方式，将水力发电与护理发电相比较，水力发电拥有以下几方面的优势：

1.在发电量的利润上，火电的单位发电成本、单位售电利润分别是水电的 5.65 倍以及 1/8 左右，水电能够以 15% 左右的发电量为电网创造一半以上利润，由此可知，水电比火电有十分突出的经济优势。

2.在能源利用效率和生态环保方面上，水力发电的能量来源是水的势能，是可以循环往复进行的，只要有水流，就可以一直持续，是一种可再生能源，且在发电过程中，几乎可以将所有的能量全部转换为电能，其能源利用效率较高，且不会产生其他污染。火力发电利用的是煤炭，是一种不可再生能源，在热效率方面，通常只有 40%，即使改进火力发电技术，提高热效率，最高也只有 45% 左右，有大量能源被浪费，能源利用效率较低；同时，煤炭燃烧过程中，还会产生大量温室气体以及废渣等污染，对生态环境造成一定破坏。

因此，从能源利用效率和生态环境保护的角度来说，水力发电也比火电发电有显著优势。

（二）相比于风力发电的比较优势

风力与水力都是清洁、可再生能源，风力资源也十分丰富，风力发电也具有许多优势。在近些年来，我国风电发展十分迅猛，世界各国风力发电技术都有了长足进步，比如三叶

片、水平轴等风力发电装置，同时，风力发电的自动化、数字化水平也不断提高。在风力发电技术中，有许多技术对风力发电起着重要促进作用，比如小户型风力发电机技术，可以有效降低发电成本；变浆距技术则能够代替定浆距技术，有效提高风能的利用效率；变速恒频技术不仅能够降低成本，也能够提高发电效率；直驱传送技术则进一步提高了转矩与机械能的转换效率。但是对水电、风电进行比较，风力发电还存在许多不足，具体包括：

1. 在稳定性方面

风力发电大多采用的是 CSCF（恒速恒频发电系统），频率固定，在风速变化时，风力机转速却不会随之改变，缺乏良好的灵活性、适应性，降低了风能利用效率。

2. 在发电成本上

需要建设大量的风电站，由于稳定性较差，会在一定程度上威胁电网安全，需要在电网改造方面花费巨量自己，建立与风电相配套的调峰调频电站，极大地增加了发电成本，就单位发电成本而言，风电是高于火电，相比于水电，其成本劣势更加明显。

3. 在技术水平上

虽然风力发电技术有了长足进步，但就整体技术水平而言，还是不够成熟的，加上我国风机资源短缺、风能资源与负荷中心距离较远等情况，都不适合风力发电的发展。

综上所述，与风电相比，水力发电的技术更为成熟、能源利用效率更高、发电成本更低、稳定性和安全性更好，在经济效益上优势更为突出。

（三）相比于光能发电的比较优势

光能发电也是一种十分环保的发电技术，但将水力发电与广电相比，在经济效益和能源利用效率上有显著优势。

1. 从经济效益角度来说

就现阶段，光电的上网价格还是相对较高的，每度电上网价格在 1 元以上，加上线路损耗、售电成本等因素影响，其光电的售价价格远远高于水电，其经济效益较差。

2. 从能源利用效率来说

现阶段，光能转换效率最高的只有 30% 左右，比水电能源转换效率有着巨大差距；同时，就桩机容量来看，我国真正投入运营的光电也不到 200 万千瓦，难以进行大规模开发利用，这也是光电不如水力发电的之处。

（四）相比于核能发电的比较优势

相比于核能发电，水电与核电有着一些相同的优势，主要包括：能源都是清洁能源，不会产生有害气体造成环境污染与破坏；需要大量的建设投资以及长期的建设时间；在接入电网时，稳定性、可靠性都比较高；相比于火电，两者都更为经济。但就水电与核电而言，水电比核电在性价比、安全性以及管理运行等方面有着相对优势。

1. 从性价比来说

水电的开发只需要建设相应的水电站，在开发与运营费用上，是低于核电的；核电的开发与运营费用，如果按照美国核能协会的相关规定，是相对较低的，只有燃料费、维护及运行费，但是，在实际当中，还会发生核技术采购进口花费费用、燃料管理所需费用、废物最终处理费用以及电厂退役所需费用等。同时，核电转换效率远远低于水电，通常只有1%左右,在上网电价上,核电是非常高的,对政府依赖程度较大,其售电成本也高于水电。因此，就整体性价比来说，核电远远不如水电。

2. 从安全性来说

核电运行过程中存在核泄漏风险，有着严重的安全隐患，加上其原材料的有限性，如果单纯依赖进口，其承担的风险会更多，所以，在安全性方面，核电也低于水电。

3. 从管理运行角度来看

相比于水电，我国在核电研究、建设、运营以及管理等方面，都缺乏足够的人才资源，增加了核电建设与使用难度，增大管理运行风险，这也是核电不如水电之处。

五、我国水力发电发展面临的问题

我国的水力发电事业在新中国成立以后有了长足的发展，水电建设从小到大、从弱到强不断发展，工程规模不断扩大。但仍然还存在很多问题。主要有以下几点。

（一）水电建设不够重视生态问题

常规的水电工程建设会破坏河流、湖泊的连续性。水库内水的囤积对水质会产生不同程度的富集影响。建坝后必然导致上游集水区的环境改变，破坏生态平衡；也极有可能带来不同程度的地质灾害，影响下游生态环境、威胁下游人民生命财产安全。在施工过程中还可能会涉及自然保护区、风景名胜区、水源保护区等生态敏感区。另外，建设工程前的移民搬迁矛盾也将更加突出。

（二）电力管理制度的制约

从本质上来讲电力行业还是高度垄断行业，由单一企业全面控制电力的调度、分配、销售、结算等，拥有绝对权力。在电力相对过剩时期，水力发电与火力发电之间的矛盾尖锐，受到高度垄断的影响，无法优先利用水力发电资源，造成浪费。而我国长期以火力发电为主，各个火电厂与各个煤矿建立了相对固定的关系。如果全面运用水力发电代替火力发电，不仅电厂面临巨大压力，煤矿也会跟着受到影响，会造成两方出现经济困境。受到多方经济利益的驱动，我国目前形成了"保火电，轻水电"的局面，造成了大量的水电资源被浪费。

（三）电力资源配置不合理

就技术而言，水电的调峰或甩负荷相当容易，完成大型水电机组的起动、并网发电或停车所需时间短，容易实现完成。但同级容量的火力发电机组则可能需要很长的时间来完成起动或停车。因此，往往把水电机组作为调峰或备用机组，不重视水力在常规时期的发电应用，造成水电的巨大浪费。

（四）客观思想的限制

目前，国人在思想上还没有充分地认识到水力发电的必要性和紧迫性，往往只看到水力发电的缺点和困难，只顾眼前的经济利益，给水力发电营造多重阻力，阻碍了水力发电的发展。

六、我国水力发电的发展趋势

我国是世界上水能资源最丰富的国家之一，大力开发水电能源符合我国可持续发展战略，可以缓解我国人口众多，资源短缺的现状。因此，水力发电的发展趋势必然受到人们的广泛关注。

（一）更加注重移民和生态问题

随着我国经济的发展、社会的进步，人们越来越重视可持续发展，人口、资源、环境的协调发展成为目前社会发展的首要课题。而水资源问题则是各国科学家、社会各界人士和政府领导人广泛关注的焦点。但水力发电工程的建设离不开流域规划。这就需要我们进行综合开发、科学管理，时刻注意把水资源、国民经济和社会发展紧密联系起来。结合我国的实际情况，应优先开发具有防洪抗旱等功能的水电项目。

水力发电建设的移民问题一直是影响水电发展的关键因素。随着经济的发展和人民生活水平的提高，移民搬迁的矛盾更加突出。而单纯为了得到发电效益，需要大量移民的水力发电建设项目也将会越来越难实施运行。这就需要我们把这一因素放在关键位置，更多的关注，合理安排解决。

（二）优化配置电力资源

水力发电和其他发电方式相比，具有很好的调峰能力。这不仅能给电力调度带来方便，同时也能带来很好的经济效益。相对的，一些库容量小的水库电站的调节性能差，也给电网的运行带来了不小的困难。因此，开发具有多年调节性能的大中型或特大型水电站，特别是流域开发的龙头水电站，能推动水力发电的快速发展，充分发挥水电的调峰优势。

（三）合理规划水力发电电价

在市场经济条件下，发电成本和上网电价的高低是影响水力发电发展快慢的决定性因素。水力发电的成本与其他发电方式相比是最低的，但由于水力发电的建设初期投资大，偿还银行贷款的负债压力大，导致水电站投产发电后制定的上网电价过高，影响水力发电的发展。并且当电力工业实行"厂网分开，竞价上网"的改革后，使得这个矛盾更加突出。

（四）阶梯开发建设水电基地

近年来，国家投资建设了一大批基础设施，我们要牢牢抓住这不可多得的历史机遇，加速完成项目的前期准备工作，争取新开工一批水电建设项目，让其成为我国经济发展的新增长点。我国的水能资源主要分布在西南地区，但目前这些地区的开发率仅为8%左右。随着西部大开发战略的实施，西电东输工程必将激活西部丰富的水力资源，发挥西部各省的地区优势，促进我国水电事业的发展。从而改善我国的电力结构，满足当地经济发展对电力的需求，促进能源的平衡与优化配置。

另外还需要继续重视小水电的开发和建设。小水电建设大多可采用当地的建筑材料，吸收当地劳动力来实施建设，从而降低建设费用。并且其设备易于标准化，技术简易，造价低，工期短，利于我国经济不发达的山区和农村实现电气化。

（五）加强我国水电技术的改造

水力发电的技术改造主要是针对水轮发电机组进行增容改造，从而提高发电量和发电效率，保证发电机组的安全运行。水力发电的技术改造具有投资少，见效快，回报大的优点。而电力机组设备运行的可靠，设备自动化水平的提高，调节能力的增强，都有利于电力系统的安全，提升经济效益。就目前阶段，我国水力发电的技术改造具有很大的潜力。

21世纪以来，国家间的竞争体现为科技实力和综合国力的竞争。科学技术是第一生产力，只有把科技摆在国家发展的战略地位上，才能把握国家发展的命运，只有掌握了先进的科技并及时转化为现实生产力，才能在竞争中赢得主动。

七、水力发电对生态环境的影响

（一）水力发电项目对生态环境的影响，主要有以下几个方面

1.气候方面的影响

一般来说，区域气候是由大气环流控制。水力发电是利用潜在的水的势能发电，一方面，水力发电项目建设的建设会淹没一定的土地和植物，减低植物覆盖面积，在一定程度上改变了区域地块结构，会影响到区域的二氧化碳浓度，进而影响温度的变化，该地区的温度可能会上升，平均年温度略有上升。这也是一种湖泊效应的表现，无论是地理上的还是温度上的影响程度都较低，甚至是微不足道的，而二氧化碳的浓度也并不和水力发电本身直接相关。另一方面，大型水力发电更环保，可以有效地减少化石燃料燃烧带来的二氧化碳、氮氧化物和其他气体排放。如果使用水力发电代替煤炭发电，产生的电力可以减少每千瓦时 0.3 公斤的二氧化碳排放，而由此带来的气候影响将不能被忽略。

2.水资源方面的影响

流动性的水在水库中储存时间过长便会产生变化，会影响水库水整体水质质量，主要表现在以下几个方面：一方面，水库的水流水速将会减少，但透明度会上升，透明度会对藻类的光合作用更有利，但这将导致大量的海藻生长，最终导致水体营养化过剩。另一方面，当水库水流的速度下降时，污染物的迁移速度和空气的流动将会减少，而水的自我净化的能力将比河流水库更弱。如果水体含有重金属和有毒物质或难以提取的污染物，从而导致分解能力不利，并演变二次污染。此外，对自然河流来说，河水是给水库提供水资源的主要源泉，既能造成洪涝灾害，也会产生干旱灾难。而水库的空间和临时对水源的分配是可以改变自然河流水的流入或利用，是控制和调配水资源的重要手段。

3.水泥沙方面的影响

水电站水库的建造会改变水流的输沙过程和输沙能力，一方面会对环境造成不利影响，主要表现在以下几点：

（1）泥沙堆积量过大会影响大坝运行安全，在严重的情况下，它也会威胁到下游的两岸的环境以及两岸的居民。

（2）淤积的泥沙量大，会降低了水库库容，并影响了水库的使用。

（3）水库的排放将减少下游河流的泥沙淤积，冲刷河岸和下游河床，最初附着在沉

淀物上的微生物和矿物会大大减少，这可能会破坏水生生物的生活环境，特别是鱼类，也可能净化下游水质的质量。

4. 河流泥沙的影响是不确定的因素

一般会利用水库的水资源调配来改变泥沙沉积造成的问题，并结合过往的实践经验来进行泥沙治理，如果采用的治理方法正确合理，设计方法符合实际，将会在很大程度上减少水土流失和泥沙对环境造成的破坏，例如，在黄河上的三门峡和"小浪底"水库，水库对泥沙的调节成功有效，成为解决河流泥沙问题的有力措施。

5. 观光方面的影响

水力发电项目建设对景观的影响几乎都是比较有利的，即使水库的储水和水力发电项目的建设或破坏原始的景观，或减少其最初的原有生态，但水库的水面积一般将会形成新的港口和湖泊，可以有效地改善水库区域的原始景观，并有利于建设和打造新的生态景观，增加旅游项目，吸引更多的观光游客，利用旅游业的发展来改善当地居民的生活质量，提高水库使用的经济效益。

通过以上分析，对水力发电项目的环境影响应综合考虑：除了对水库自身的影响之外，还应考虑环境的保护，以及利用好环境所带来的经济利益。合理的开发和管理，可以利用水力发电的优势，创造出一个适宜居住的优美生态环境。

（二）加快开发水电项目在环境保护方面的意义

1. 加快开发水电项目可以促进水土流失防治

截止目前，我国的水土流失已达300万平方公里以上。水力发电项目的开发建设和运营管理在一定程度上可以有效地调节水资源的分配和利用，通过加快水力发电项目建设是改善贫困地区农民生产和生活条件的有力措施之一，可以达到改善土壤和保持水土防止流失的目的，同时也是改善动植物生长和生存空间，保护生态环境的重要基础建设。

2. 加快开发水电项目建设是防汛抗旱的有力措施

因干旱所造成的灾难将导致大量的植物干枯和动物的死亡，而洪水将摧毁各种自然和人造的景观，并威胁到所有生物的生存。这种严重的环境伤害，在我国经常发生，造成了严重的生态环境失衡。基于水力发电项目的蓄洪和水资源调节功能，通过加快的水利和水电项目建设，可以有效地防治洪水和干旱，避免因此带来的生态损害和经济损失。

3. 加快开发水电可以更好地减排降耗

化石燃料的使用导致了大量温室气体的排放，严重污染了空气质量，成为污染环境和破坏环境的主要因素。因此，世界各国的环境保护部门都在倡导包含水力发电或核能源发电、风能在内的绿色清洁能源的使用，水力发电项目的快速和有序发展可以有效地减少化石燃料的应用，达到节能减排的目的。

4. 加快开发水电项目可以更早地实现非化石能源目标

根据有关的统计数据可知，目前全世界的水力发电能力仅有33%的发电水平，但它能节省4400万桶的燃烧化石燃料，是控制温室气体排放重要手段之一。我国政府承诺在2020年，非化石能源占一次消费能源的比重将提高至15%左右。虽然替代化石燃料有很多选择，但从技术和经济层面上看，水力发电是目前最经济和可行的，也是最可靠和成熟的技术。同时，水力发电不仅是一种绿色和清洁的能源，而且是可再生的能源。因此，加快水力发电项目的开发建设可以有助于我国早日实现 2020 年政府既定的非化石能源消费目标。

（三）开发目标和生态保护目标相协调

中国以往的水力发电项目计划往往忽视工程开发给环境的发展带来的影响，由于发展模式是基于流域阶梯的，开发率还很高，水管理项目应通过综合的河流域规划来协调，而理性规划应尽量减少对环境和环境的影响。水力发电项目的设计和开发应以可持续的水资源管理、环境建设和环境保护为基础，坚持工程建设和环境保护相协调的原则，实现水力发电项目的经济、社会和环境优势相统一。

（四）设立水电工程中的设计和施工科技进步奖项激励推动建设

在我国每过 5 年或 10 年，国家就可以评估在这一时期建造的水力发电工程技术。设立水电站的专家委员会来评估水电建设人员的业绩，奖励他们在生态环境保护中所创造利益和价值。对于环境的影响造成最小的水电站的开发和设计给予重大的奖励以及肯定。在设计和施工中，要求单位或个人在建设中必须充分考虑到生态环境，应尽量减少或避免给环境造成不利的影响。

（五）建立环境影响评价制度、以保护生态环境为原则

环境影响评估系统指的是一个制度，它可能会影响到一个区域的水力发电工程建设，也会提供预防和控制环境污染和损害的相关措施，并开发相应的解决方案。在水利工程项目的建设和开发中，实施保护环境影响的评价制度，是同时实现经济建设、和保护生态环境建设的主要手段之一。水电工程建设项目应将环境影响评估和经济评估相结合，科学设计，充分考虑建设活动可能产生的环境问题，并提出科学有效的预防和控制措施。

一个科学完善的水电项目建设，出于环境保护的考虑，在选址上，应进行环境影响评估，以避免由于不合理的建设而造成环境的破坏。

1. 在建设水电工程项目之前，应考虑和研究当地的气候和环境情况，其中包括水质、地质和水生生物以及人类的居住环境。

2. 针对水电工程项目建设，还要结合当地环境以及能源的影响要进行预测和评价。在研究结果的基础上，对环境影响的范围进行预测。

3. 根据一项原则和一种方法，以完善建设、保护环境为原则目标，对拟议的水电建设工程项目应进行全面的评估，并为设计选择提供依据。

八、水力发电自动化

（一）目前水力发电自动化系统建设过程所存在着的不足

1. 系统的控制、维护和管理三大构成部分的发展较为滞后

在水力发电自动化系统当中，控制部分的发展和后两者相比是属于比较早的，然而目前国内水力发电自动化系统的管理部分仅仅关注与重视财务、物料等直接与经济效益挂钩

的工作内容，只有部分少数的管理工作真正接触到技术性的管理内容。而和另外两种系统构成部分相比较，维护部分的自动化发展就比较迟，而且绝大多数的维护工作者仍然停留于维修计划以及事后维修这两大环节，换而言之整个水力发电自动化系统的维护工作均滞留在手工化时期。

2. 系统的控制、维护和管理三大构成部分缺乏必要、具体的联系交流

在水力发电自动化系统的实际运行过程中，负责以上三大构成部分工作的部分都较少进行沟通交流，甚至在某些重大决策环节都不会集中各部门的意见与信息资料，然而事实上，水力发电自动化系统要得到高效、稳定、安全的运行，就务必要使得某一构成部分的发展依赖于另外两构成部分的内部资料、发展实况等信息。所以，当水力发电自动化系统出现了控制、维护和管理三大构成部分互相脱离的问题时，工作人员务必要实时地选择调整策略来加强三者的联系与作用。

3. 存在着不良的环境问题

（1）水力工程项目在一定程度上影响了施工当地水文的实际情况、改变了水域床底的冲淤情况、破坏了水下的生态平衡，给广大水生动植物带来了较大的新生存挑战。

（2）因为水利工程项目所涉及的施工范围比较广，有时会选择一些居民区进行施工，为此就会引发起比较大的人口迁移问题，给当地的日常生活、文物保护、工业农业、旅游航空等方面形成一定的不良影响，从而阻碍施工当地生态环境实现可持续发展战略。

（二）水力发电自动化系统的改善策略

1. 加强水力发电自动化系统的集成性建设

所谓水力发电自动化系统的集成化，即将系统的控制、维护和管理三大构成部分集于一体，其主要涉及性能集中化与目标集中化两大内容，而性能集中化即指工作人员务必要随着科学技术与通信信息的不断蓬勃发展，进一步地改进与完善该集成化系统的性能、功能，为更好更快地完成水力发电自动化的正常运作工作。而目标集中化即指将各构成部分的运行目的、效益要求、可行性、稳定性等发展子目标整合成该集中化系统的一致性目标，从而让该水力发电自动化系统所带来的总效益达到最大化。

2. 加强水力发电自动化系统的智能性建设

要全面高效地完成水力发电自动化系统的性能集中化与目标集中化两大工作内容，工作人员务必要尽可能地强化当前系统的智能化性能，换而言之，即是在决策、运行、管理、检测等环节上真正实现智能化发展，不断完善水力发电自动化系统的装置设备，使水利工程项目所配置的设施设备都拥有着一定的目标检测、故障分析、工作预测等功能特点，从而为往后实现水力发电自动化系统提供强有力的装备基础。

3. 加强水力发电自动化系统的分布性建设

处于如此强大、稳定的集成化系统环境下，水力发电自动化系统的分布工作务必要做到科学恰当、有条不紊，而且其主要涉及如下两方面任务：一是任务分布；二是智能分布。

水力发电自动化系统只有将集成化与分布化有效地融合起来，方可以让各环节、各阶段的工作任务与职责权利落实到底，在根本上做到"高质量、高效率、高安全"的运营准

则，从而使当前水力发电自动化系统的运行变得更为稳定、可靠，为建设最高性能的水力发电自动化系统提供具体的实践经验。

4.加强水力发电自动化系统的开放性建设

所谓水力发电自动化系统的开放性建设，不但要求工作人员选择性价比高、供货单位综合评价好的设施设备，而且还需要工作按照系统的实际发展情况，不断选择合理、高效的新型设备安装在系统的硬件方面，不断对系统上的软件进行适当地更新换代，从而在性能、特质方面进一步地提高水力发电自动化系统的使用效率与使用年限，为有效结合水力与电力系统而提供良好的基础设施。

5.对水力发电自动化系统进行适当地优化调度工作

依据水利工程施工当地实际的防洪能力、工农业发展情况等信息资料，工作人员务必要对水力发电自动化系统落实科学有效的优化调度工作，尤其是要让水力发电自动化系统尽可能地适应施工当地水资源的使用情况，降低水力发电系统对自然生态环境所造成的破坏性，从而让整个系统的总效益达到最大化。例如有关政府部门或者单位人员可以加大对鱼道或者人工景观的建设力度，为众多水生动植物提供舒适、健康的生存环境。

一般而言，水力发电自动化系统能否得到贯彻落实直接取决于当前建设项目能否由传统的 DDC 现场控制技术逐渐转变现代化的由数据库而打造成的中心化管理性技术、能否在根本上参考建设当地的发展实况（比如农牧业发展、防洪抗灾性能等），唯有全面地落实好水力发电自动化系统的优化调度工作，方能行之有效地推动我国水利工程朝着又好又快的方向发展进步。

九、水力发电系统设备状态检测的重要性及应用

（一）水力发电系统设备状态检测的重要性

1.维护水力发电系统设备的生命周期

在水力发电系统工作运行的过程中，通过对设备的运行状态进行检测，能够在一定程度上及时的发现系统设备是否处于一个正常运行的状态，是否需要对系统设备的相关参数进行修改，以此来确保系统设备能够在一定的时间范围内进行正常的生产工作而不会出现一些其他的问题，同时还可以在一定程度上避免系统设备由于长时间超负荷运转而造成较大的磨损消耗，导致水力发电设备的使用寿命缩短，就会使生产效率与设备成本的平衡被打破。除此之外，在科技的发展过程中产生了一批更加先进的系统设备，这些系统设备与一些传统的设备之间是存在着一定的区别的，如果继续使用传统的设备检修方式来对现阶段的系统设备进行检修的话，不仅会在时间和资金上产生巨大的浪费，还会使系统设备在正常的运行过程中产生一定的损耗，缩短设备的使用寿命。

2.维护水力发电系统稳定安全地运转

水力发电系统发生故障产生事故的案例有很多，其中影响最大的就是俄罗斯萨扬水电站所发生的事故，也正是因为这个事故所产生的影响使得全世界的人们都开始重视水力发电的系统设备的状态检测。俄罗斯水电站事故发生的原因是当天的水电站值班人员，在进行设备检测的过程中，对在线监测系统利用的不够充分，忽略了对振摆、气隙数据进行实

时的检测与分析，致使当天的检测值班人员没有能够及时去发现系统运行中存在的问题，这才导致了悲剧的发生。我国在这个过程中也迅速地出台了一些关于加强水电站安全监管工作的规定，对中大型水电机组必须加强状态检测工作，要对整个水力发电设备进行实时的监控与检测，在一定程度上降低事故发生的概率。

3. 节省设备维修与更换费用

在水力发电系统生产运行的过程之中，系统设备占据着非常重要的作用，没有系统设备，水力发电系统就无法进行正常的运行。所以说，在电力企业发展的过程中，对相关设备的购置属于一项比较大的开支，除了在前期需要花费大量的资金进行设备的购置之外，在设备后期的运行过程中还要花费一定的资金对水力发电系统设备进行相关的维护与检修工作。电力企业在电力系统运行生产的过程中一定要重视对系统设备的检修工作，如果电力企业不能投入足够的重视，就不会及时的发现设备运行过程中存在的一些安全隐患，就会使设备在实际的运行过程中存在着一定的风险，这种风险一旦发生，那么造成的经济损失将会是巨大的。

（二）水力发电系统设备状态检测的实际应用

1. 将传统的预防性检修转变为状态检修

我国电力企业在过去的发展过程之中，在对系统设备进行检修工作的时候，主要采用的检修方式就是预防性检修方式，检修进行的主要目的就是防止设备在运行的过程中发生故障，这种检修方式也叫作预防性检修方式，这种检修方式不仅会浪费时间和资金，对系统设备的正常运行还没有一个合理的保障，在现阶段电力企业的发展过程中已经无法满足检修的需求了。所以现阶段的电力企业在进行系统设备维护检修工作的时候，就要采用预知性的设备状态检修方式来进行检修操作，这种检修方式在设备检修工作进行的过程之中，主要是以设备当前的工作状态为依据来进行检测的，通过一定的检测手段来对电力设备的健康状况进行诊断，从而来确定设备是否存在故障或者是否需要进行相关的检修过程。状态检修的内容比预防性检修的内容要更加的广泛，包括有对设备进行在线的检测与诊断，还包括对设备的运行进行维护、带电检测、预防性试验、故障记录等诸多的设备检修环节。

2. 建立对设备状态进行实时检测的信息系统

在电力系统设备检修工作进行的过程之中，是有着一定的操作程序的，而不是随意地进行相关的检测。在检测工作正式开始之前，需要建立一个针对系统设备状态进行实时检测的信息系统，在使用这个系统进行相关信息管理的时候，不是简单地将相关的定期检测的数据信息录入到系统之中就行了，而是要将设备在各个时段的运行状态进行一个连贯性的记录，从而确保信息记录的完整性与可靠性，之后再通过对这些数据的综合分析，来对设备的整体运行状况进行一个合理的评估。同时，在水力发电系统设备的维护检修的过程中，要注意检测过程的实用性和全面性，要对检测的内容和检测的情况做好及时的记录，这样就可以给设备在后期的维护检修过程中提供一定的数据依据。

3. 提升设备检测人员的信息化技能

检测信息系统的操作和管理以及维护系统稳定运转的工作，都是由相关的设备检测人员来执行的,电力企业要是想在发电系统运行的过程中,保障发电系统运行的稳定性与安全性,就必须要加强对检修人员的技术培训工作,不断地提升故障检修人员的专业性技能以及实际的操作技巧。由于以往的检修过程存在着一定的盲目性,检修人员在实际检修的过程中虽然投入了大量的时间和精力,但是往往却得不到一个很好的检修效果,而现在所采用的检修方式可以在一定程度上极大地减轻检修人员的工作量,检修人员只需要对检测过程中所反馈的数据值进行相关的分析,通过状态分析和数据值的异常来开展相关的检修工作,在这个过程中对检修工作的针对性和科学性进行强化。

(三) 状态检修应注意的几个问题

1. 在检修工作进行的过程之中,要坚持安全第一的施工思想

要有计划、有步骤地开展相关的设备检修工作,在设备检修工作进行的过程中,要从客观实际出发,要根据水电站的实际生产状况来进行设备检修工作的进行。在对现阶段的系统设备进行状态检修工作的过程中,要融合故障检修、计划检修为一体来进行操作,以设备具有最大的运行可靠性和最低的维修成本为目标来进行相关的操作,要对设备的状态检修进行积极的探讨,还要防止设备检修的时间间隔过长导致设备的失修。

2. 在对水电设备进行状态检修的过程中要对整个检修过程进行合理的管理

水电设备的检修是一项非常复杂的工作,要想彻底的搞好这项工作,就必须从设计选型、制造安装、运行管理、科学研究等多个方面来进行工作。在设备运行管理的过程中,要尽可能地加强对设备的维护程度,保证设备的完整性。对设备的维护与检修还要定期地开展,在这个过程中还要加强对设备运行资料的保存与整理,与国外的一些相关机构要进行相关的技术沟通。

3. 在进行设备维护检修的过程中,要有着一定的技术标准和管理制度

要对计算机监控系统的资源进行充分的利用,避免重复建设。一定的技术标准与管理制度,就是为了防止在维护检修工作进行的过程中,相关的工作人员会进行盲目的设备检修工作,而管理制度的确立是为了营造一个良好的工作环境,消除状态检修的后顾之忧。在现阶段,大多数的电力企业都具备计算机监控系统,在进行设备的状态检测以及诊断工作时,要积极的对这些资源进行利用,在一定程度上对项目的资金进行节省,同时还要避免布线和布置设备的拥挤。

综上所述,水力发电是一种符合我国当前现状、满足我国环保节能社会发展需求的发电技术,在经济效益、社会效益方面都有着较为突出的优势。将水力发电与火力发电、风电、光电以及核电相比,其经济性、安全性、技术成熟性等方面都有着显著优势,值得加大推广利用。因此,必须加强对水力发电的研究,促进水力发电建设,相信清洁环保可持续利用的水电资源一定会有一个光明美好的前景。

第四章　智能输电技术

第一节　特高压输电

　　特高压是世界上最先进的输电技术。大家都知道，电是要靠电线传输的。我们家里、企业工厂里、商店学校医院里到处都用电，这些电都是通过电网输进来的。电网里的电是从发电厂发出来的。发电厂我们也许见过，也可能从来没见过，这没关系，因为发电厂大都建设在离我们很远的地方。把发电厂发出来的电传输到电网里，再通过电网一直传输到我们家里、工厂里、商店里、学校里、医院里，这就要"输电"。

一、特高压输电特点

　　使用1000kV及以上的电压等级输送电能。特高压输电是在超高压输电的基础上发展的，其目的仍是继续提高输电能力，实现大功率的中、远距离输电，以及实现远距离的电力系统互联，建成联合电力系统。

　　特高压输电具有明显的经济效益。据估计，1条1150kV输电线路的输电能力可代替5~6条500kV线路，或3条750kV线路；可减少铁塔用材1/3，节约导线1/2，节省包括变电所在内的电网造价10%~15%。1150千伏特高压线路走廊约仅为同等输送能力的500kV线路所需走廊的1/4，这对于人口稠密、土地宝贵或走廊困难的国家和地区会带来重大的经济和社会效益。

二、特高压输电现状

　　因为中国要长距离大容量传输电能，有基本的地理知识、对中国国情有所了解的人都知道，中国人口很多，多达十四亿，大多数人口都集中在中东部地区。因为中东部特别是沿海地区经济相对发达，生产生活条件较好，而西部、西北地区多山少地，条件相对艰苦，人口分布相对较少，经济也不如中东部地区发达。

　　经济较发达、人口众多的中东部地区，必然要消耗更多的能源，主要是需要更多的电力供应。前面说到，电是从发电厂发出来的。

　　发电厂靠什么来发电呢？在中国，发电厂主要靠烧煤或靠水力来发电，也有少量的用核能发电。用煤发电的叫火电厂，靠水力发电的叫水电厂，用核能发电的叫核电厂。换句话说，要想能发电，就要有煤炭或者水力资源，核能发电只占很少部分。

　　可是，中国的煤炭储藏主要在西北，如山西、陕西、内蒙古东部、宁夏以及新疆部分地区，中东部省份煤炭储藏量很少。水力资源主要分布在西部地区和长江中上游、黄河上游以及西南的雅砻江、金沙江、澜沧江、雅鲁藏布江等。

这样一来，中东部及沿海地区需要大量电力供应，又没有用来发电的资源，能用来发电的煤炭、水力资源却远在上千公里之外的西部地区。怎么解决这个能源问题呢？

三、特高压输电解决方法

（一）输煤

采取把西部的部分煤炭通过铁路运到港口（大同—秦皇岛）再装船运到江苏、上海、广东等地，简称输煤。

具体来说，就是先要把煤矿挖出来的煤装上火车，长途奔袭上千公里到达港口，卸在码头上临时储存。再装到万吨级的轮船上，从海上长途运输到目的地港口，又要卸煤、储存。最后再装上火车等运输工具才运到当地的火电厂储煤场，卸下储存待用。整个输煤过程要经过三装三卸，中途还要储存，要借助火车、轮船这些运输工具，所以运输成本很高，往往运输成本比在煤矿买煤的费用都要高。经过专家们的技术经济计算比较，在中国，如果煤矿与发电厂的距离超过 1000km，采取输煤策略就不大合算了。

（二）输电

用西部的煤炭、水力资源就地发电，再通过输电线路和电网把电送到中东部地区，简称输电。

具体来说就是用西部的煤炭、水力就地发电，只要在当地建火电厂或水电厂就行了。建电厂当然要花钱，尤其是建水电厂投资较大，但这是一次性投资管用很多年。然后就是要建输电线路，把电送到中东部地区。

四、特高压输电优势

特高压输送容量大、送电距离长、线路损耗低、占用土地少。100 万伏交流特高压输电线路输送电能的能力（技术上叫输送容量）是 50 万伏超高压输电线路的五倍。所以有人这样比喻，超高压输电是省级公路，顶多就算是个国道，而特高压输电是"电力高速公路"。

大家都知道，中国的高速公路经过近几年的快速发展，已经基本成网，四通八达。而中国的特高压输电这个"电力高速公路"，2008 年年底才刚刚建成一个试验示范工程，线路全长只有 640km。所以，要建成特高压电网这个电力高速公路网，还需要较长时间，也必然要花费不少的人力、物力、财力，为的就是要在全国范围内方便、快捷、高效地配置能源资源。

在电力工程技术上有一个名词叫"经济输送距离"，指的是某一电压等级输电线路最经济的输送距离是多少，因为输电线路在输送电能的同时本身也有损耗，线路太长损耗太大经济上不合算。

50 万伏超高压输电线路的经济输送距离一般为 600—800km，而 100 万伏特高压输电线路因为电压提高了，线路损耗减少了，它的经济输送距离也就加大了，能达到 1000—1500km 甚至更长，这样就能解决前面说到的把西部能源搬到中东部地区使用的问题。

建设输电线路同样也要占用土地，工程上叫"线路走廊"。前面说过，建一条 100 万伏特高压输电线路能顶 5 条 50 万伏超高压输电线路，而线路走廊所占用的土地只相当于 2 条 50 万伏输电线路，所以相对来说，建特高压输电线路能少占土地，这对土地资源稀缺的中东部地区来说尤其有利。

当然，特高压输电，特别是建设特高压电网，还有很多好处。它能把中国电网坚强地连接起来，使建在不同地点的不同发电厂（比如火电厂和水电厂之间）能互相支援和补充，工程上叫"实现水火互济，取得联网效益"；能促进西部煤炭资源、水力资源的集约化开发，降低发电成本；能保证中东部地区不断增长的电力需求，减少在人口密集、经济发达地区建火电厂所带来的环境污染；同时也能促进西部资源密集、经济欠发达地区的经济社会和谐发展。

五、历史现状

1000 千伏电压等级的特高压输电线路均需采用多根分裂导线，如 8、12、16 分裂等，每根分裂导线的截面大都在 600mm² 以上，这样可以减少电晕放电所引起的损耗以及无线电干扰、电视干扰、可听噪声干扰等不良影响。杆塔高度 40—50m。双回并架线路杆塔高达 90—97 米。许多国家都在集中研制新型杆塔结构，以期缩小杆塔尺寸，降低线路造价。苏联、美国、意大利、日本等国家都已经着手规划和建设 1000kV 等级的特高压输电线路，单回线的传输容量一般在 600—1000 万千瓦。

例如，苏联正加紧建设埃基巴斯图兹、坎斯克 - 阿钦斯克、秋明油田等大型能源基地，已经有装机容量达 640 万千瓦的火电厂，还规划建设装机容量达 2000 万千瓦的巨型水电站以及大装机容量的核电站群。这些能源基地距电力负荷中心约有 1000—2500km，需采用 1150kV、±750kV 直流，以至 1800~2000kV 电压输电。苏联已建成 1150kV 长 270km 的输电线路，兼作工业性试验线路，于 1986 年开始试运行，并继续兴建长 1236km1150kV 输电线路，21 世纪将形成 1150kV 特高压电网。

美国邦维尔电力局所辖电力系统预计 20 世纪末将有 60% 的火电厂建在喀斯喀特山脉以东地区，约有 3200 万千瓦的功率需越过这条山脉向西部负荷中心送电，计划采用 1100kV 电压等级输电。每条线路长约 300km，输送容量约 1000 万千瓦。意大利计划用 1000kV 高压线路将比萨等沿地中海地区的火电厂和核电站基地的电力输送到北部米兰等工业区。日本选定 1000kV 双回并架特高压输电线路将下北巨型核电站的电力输送到东京，线路长度 600km，输送容量 1000 万千瓦。这些特高压输电线路均计划于 20 世纪 90 年代建成。

中国幅员辽阔，可开发的水力资源的 2/3 分布在西北和西南地区，煤炭资源大部分蕴藏在西北地区北部和华北地区西部，而负荷中心主要集中在东部沿海地区。由于电力资源与负荷中心分布的不均匀性，随着电力系统的发展，特高压输电的研究开发亦将会提上日程。

六、世界工程

1. 苏联 1150kV 工程

20 世纪 70 年代, 苏联开始 1000kV 特高压交流输变电技术的研究工作, 1985 年 8 月建成了埃基巴斯图兹—科克切塔夫线路 (497km) 以及 2 座 1150kV 变电站 (升压站), 并按照系统额定电压 1150kV 投入工业运行。

2. 日本 1100kV 变电站

日本 1000kV 电力系统集中在东京电力公司, 1988 年开始建设 1000kV 输变电工程, 1999 年建成 2 条总长度 430km 的 1000kV 输电线路和 1 座 1000kV 变电站, 第 1 条是从北部日本海沿岸原子能发电厂到南部东京地区的 1000kV 输电线路, 称为南北线 (长度 190km), 南新泻干线、西群马干线; 第 2 条是连接太平洋沿岸各发电厂的 1000kV 输电线路, 称为东西线路 (长度 240km), 东群马干线、南磐城干线。

3. 意大利 1050kV 试验工程

20 世纪 70 年代, 意大利和法国受西欧国际发供电联合会的委托进行欧洲大陆选用交流 800kV 和 1050kV 输电方案的论证工作, 之后意大利特高压交流输电项目在国家主持下进行了基础技术研究, 设备制造等一系列的工作, 并于 1995 年 10 月建成了 1050kV 试验工程, 至 1997 年 12 月, 在系统额定电压 (标称电压) 1050kV 电压下进行了 2 年多时间, 取得了一定的运行经验。

4. 晋东南—南阳—荆门 1000kV 高压交流试验示范工程

2009 年 1 月 6 日, 我国自主研发、设计和建设的具有自主知识产权的 1000kV 交流输变电工程——晋东南 - 南阳 - 荆门特高压交流试验示范工程顺利通过试运行。这是中国第一条特高压交流输电线路, 标志着我国在远距离、大容量、低损耗的特高压 (UHV) 核心技术和设备国产化上取得重大突破, 对优化能源资源配置, 保障国家能源安全和电力可靠供应具有重要意义。

5. "皖电东送" 工程

我国首条同塔双回路特高压交流输电工程——"皖电东送" 工程西起安徽淮南, 经皖南、浙北到达上海, 线路全长 656km, 共有 1421 座铁塔, 整个工程计划于 2013 年年底建成投运。工程建成后, 每年将能输送超过 500 亿度电, 相当于为上海新建了 6 座百万千瓦级的火电站。

七、特高压输电发展前景

2013 年 9 月 25 日, 世界首条 1000kV 同塔双回特高压交流工程——皖电东送正式投运, 至此, 国家电网已建成 2 项 1000kV 交流和 2 项 ±800kV 直流工程, 标志着我国特高压建设取得了新成果。刘振亚介绍: "国家电网正在建设 2 项 ±800kV 直流工程, 同时在研发 ±1100kV 直流技术和设备, 输电容量可达 1375 万千瓦, 经济输电距离 5000km, 将为构建跨地区、跨国、跨洲输电通道创造条件。如非洲和中东可以连起来, 南美可以组成大电网。"

国家电网还建立了系统的特高压与智能电网技术标准体系，目前已制订企业标准356项、行业标准90项、国家标准44项，编制国际标准19项，特高压交流电压成为国际标准电压。

对此，国际电工委员会（IEC）主席克劳斯·乌赫勒指出："和中国一样，世界上许多国家都存在能源资源分布不均的情况，如德国就需要通过特高压把风电从北部送到南部。同时，特高压能够减少长距离输电的损耗，在世界上其他地区也有着广泛的应用前景。目前中国的特高压输电技术在世界上处于领先水平，作为国际标准电压，中国的特高压交流电压标准将向世界推广。"

此外，德国电气工程师协会（VDE）主席乔希姆施耐德也表示："我们需要长距离输电，对于德国等弃核后所面临的挑战，特高压是一个好的解决方案。"据介绍，目前印度、巴西、南非等国正在积极推进特高压交、直流工程建设，其中巴西等将采用我国的特高压技术。

八、特高压输电线路运行维护技术

（一）架空特高压线路的运行维护特点

1. 特高压输电线路的总体特点

我国的特高压线路主要指电压等级为 ±800kV 的直流特高压线路和 1000kV 的交流特高压架空线路。由于电压等级高，电气间隙要求大，电磁影响严重，目前设计建造的特高压架空输电线路具有以下总体特点：

（1）线路的结构参数高

为保证足够的电气间隙和限距要求，特高压输电线路的杆塔高、塔头尺寸大、绝缘子串长（较 500kV 绝缘子串长约一倍）、片数多（同一铁塔上绝缘子的数量比超高压线路约多8倍）、吨位大（单串直线瓷质绝缘子串重约 1.5t）。

（2）运行参数高，输送容量大

特高压线路的额定电压为我国最高的电压等级，带电体周围的电场强度较高。为保证特高压线路通流能力、机械性能、电磁环境及供电经济性等要求，特高压线路大多采用分裂导线。

（3）运行可靠性要求高

1000kV 特高压交流输电线路输送功率约为 500kV 线路的 4—5 倍；±800kV 直流特高压输电能力是 ±500kV 线路的 2 倍多。一旦线路出现故障，对我国国民经济将产生巨大的影响。因此，线路在可靠性方面有着很高的要求。

2. 导线结构

特高压线路直流线路导线结构为六分裂，交流线路导线为八分裂，两边相导线间水平距离 40m 以上，两地线间水平距离 30m 以上，三角排列杆塔的导线中相与边相的垂直距离 20m 以上。子导线间采用阻尼间隔棒。

3. 杆塔及基础

由于特高压线路的功能要求，其所用杆塔塔型多，结构尺寸和重量大。与此相应的基础形式也具有多样化、结构复杂、性能要求高、运行维护困难等特点。

4. 绝缘子类型及组串方式

对特高压输电线路绝缘子要求较之一般电压等级的输电线路绝缘子的要求更高。所用绝缘子除了必须具有更高的电气性能、机械强度和防污秽性能外，还需从特高压线路绝缘子串更长、检测和检修、更换困难等因素考虑，因此，要求绝缘子有更高的运行可靠性。

目前特高压线路上所用绝缘子按形状和材质分主要有盘形瓷质绝缘子、盘形钢化玻璃绝缘子和棒形复合绝缘子三类。通常耐张串采用瓷质绝缘子和玻璃绝缘子组串，直线串采用复合绝缘。组串形式有 2~4 联的"I"型串并联和 V 型双串。布置方式有垂直布置、水平布置和 V 串布置等。

以我国晋东南—南阳—荆门 1000kV 特高压输电线路示范工程为例，耐张串为 2 联绝缘子，水平排列，与铁塔连接为 2 挂点，2 联绝缘子通过整体联板及 2 联板与 8 根子导线相连，每联为 54 片 55kN 瓷式绝缘子，整串长度达 12.96m，单联绝缘子重 1.269t，整个耐张串长 17.0~17.6m，整个耐张串重 3.268t。

4. 金具

特高压输电线路金具包括间隔棒、悬垂金具、耐张金具、跳线金具、联塔金具和保护金具等。特高压输电线路分裂导线上的间隔棒大多采用铝合金材料的阻尼间隔棒，其既可保证各子导线之间适当的间距，又可以通过关节处嵌入的橡胶垫消耗振动能量，对抑制微风振动和次档距振荡效果明显，且磁滞损耗小，节约电能，减轻重量。

交流特高压输电线路悬垂联板采用了 8 分裂分体式组合联板，其可使悬垂线夹摆动较为灵活，单件重量轻，便于制造、运输和安装。

根据耐张串绝缘子的配置，耐张金具形式有双联耐张串金具、三联耐张串金具和四联耐张串金具。耐张用八分裂联板采用了组合形式联板，通过联板组合先由二变四，再通过四个二联板变为 8 个挂点。

跳线金具采用预制式铝管硬跳线和鼠笼式硬跳线两种形式。预制式铝管跳线是以 2 根水平排列的铝管代替原有的八分裂软导线。2 根水平排列的铝管通过间隔棒相隔。两端以四变一线夹、引流线、连接金具等与导线相连。耐张塔结构及使用方式的不同，预制式铝管跳线的结构形式也不同。按照悬挂方式有直挂式和斜挂式转角内侧 2 种形式的预制式铝管跳线形式。整个跳线装置未装绝缘子串，但在铝管两端各 500mm 处加装一可调式爬梯。它的作用是拉提铝管，使铝管跳线不下沉；可以为检修人员从耐张串下到铝管跳线检修时作梯子用。鼠笼式硬跳线是将 4 根软导线编结成一种鼠笼形的结构，使之成为一刚性体。鼠笼式硬跳线比预制式铝管硬跳线少两个中间接续环节，其过流特性优于预制式铝管硬跳线。

特高压线路的防护金具（均压环）与 500kV 线路所用的形式相似，只是环体尺寸及管子外径有区别。目前用于 1000kV 线路的均压屏蔽方式主要为在分裂导线两侧安装均压屏蔽一体的均压屏蔽环和在分裂导线两侧安装屏蔽环之外，另在绝缘子串的线端安装 2 只均压环 2 种。

由于特高压线路导线分裂数多、导线截面大、金具承受的荷载也随之增大，因此，特高压线路金具具有结构较复杂、尺寸大、性能要求、工艺质量和机械强度要求高等特点。

（二）特高压线路的运行特点

1. 环境特点

由于特高压线路输送距离大，线路长，大多贯穿南北或东西。沿线经过地区的地形、地貌复杂（途经中低山、低山、丘陵、山前平原、山间凹地、垅岗、河流漫滩等），气候多变，气象条件恶劣，许多地区为事故多发区（如山西、河南、湖北、湖南、江西、贵州等地均属于我国输电线路冰害和舞动的易发区，华北为污闪事故区等）。加之途经的高海拔山区具有明显的立体气候特征，微地形、微气象条件复杂，在一个小范围内，由于地形的变化，气候会有很大的差异。

2. 故障特点

（1）雷击故障特点

特高压线路的结构特点导致其遭雷击的概率也会增加，因此防雷也是特高压线路故障防治的重点之一。由于特高压线路的本身绝缘水平很高，雷击避雷线或塔顶而发生反击闪络的可能性较低，但特高压线路杆塔高度大，相导线电压高，具有一定的迎雷特性，使得雷云绕过避雷线，直击导线的概率将显著增加。

（2）污闪特点

特高压线路绝缘子串长达十几米，且线路路径长，途经不同污区，使得特高压线路的防污问题更加突出，对线路绝缘子的防污闪特性提出了更高的可靠性要求。

（3）覆冰特点

我国目前投运的特高压线路大多经过重冰区，由于其结构特点，导线截面较大，导线分裂数较多，覆冰重量也会较大，因此，覆冰超载事故、不均匀覆冰及不同期脱冰事故容易发生。特别是脱冰引起较大幅度的跳跃，对特高压线路的影响更为严重。

（4）振动特点

特高压输电线路在运行过程中同样会面临微风振动和舞动问题，由于特高压线路具有电压等级高、档距大、挂点高、分裂数多、导线截面大等特点，给线路的防震、防舞带来了新的问题。由于特高压线路多采用分裂导线，且安装有具有良好耗能减振作用阻尼间隔棒，使得子导线微风振动水平较相同条件下的单导线小得多，因此，对多分裂导线微风振动的防治是有利的。但从高可靠性要求出发，对特高压线路仍需进行防风振设计。特高压线路舞动发生的条件与其他电压等级输电线路基本相同，当线路通过风速为 6—25m/s，覆冰厚度在 3—25mm，气温 -6—0℃，地形为平坦开阔地、江河湖面等雨凇地区时需进行防舞设计。

（5）风偏故障

特高压线路杆塔的大高度和超长的绝缘子串，使得线路发生风偏事故的可能性增加，特别是重污区的"Ⅰ"型复合绝缘子因串长、重量轻，在微气象区的影响下，发生风偏故障的可能性较大。因此，在线路途经局地强风带地区时，应进行防风偏设计并采取防风偏措施。

（三）特高压线路的检修特点

1.线路荷载大，对检修用承力工器具要求高

由特高压线路的结构特点可知，特高压线路的架空线（架空导、地线）、杆塔、绝缘子、金具等结构尺寸大、载荷大，使得现有一般电压等级线路所用的检修工具在尺寸、承载能力、安全措施等方面无法胜任其检修作业要求，因此需要开发研制新的检修工器具或对现有检修工具进行结构改造。

2.绝缘子串型多，长度大，更换难度大

特高压线路中，直线塔大多数采用 V 型复合绝缘子串，而且串型多（整体型、分段组装型），串长大。使得绝缘子串（片）的更换的难度较之一般电压等级线路要困难许多。

检修作业中需解决以下关键技术问题：导线垂直荷载大，使绝缘子串受力较大，在更换单片绝缘子或采用整体提升导线法更换整串绝缘子时，荷载转移难度系数较高，需要有安全、高效，可靠的荷载转移方案和相应的配套工器具；耐张串导线水平应力较大，在更换整串绝缘子时，需要考虑提拉导线所引起的过牵引问题，保证载荷转移过程中不出现断线的情况；V 型悬垂串与耐张串长度均较长，常规的承力检修工器具尺寸不适用，比如吊线杆、托瓶架等均无法满足检修要求，从而使检修方案可选性明显降低；绝缘子的片数多，连接金具、保护金具多，对绝缘子的拆装有一定的干涉和牵制，因此需要有相应的合理有效的作业顺序方案。

因此，绝缘子检修中需解决作业方式的设计和选择、检修工具的研制或改造、作业中绝缘子的强度及与其他附件之间的干涉问题等。

3.电压等级高，停电损失大，带电作业为首选检修方法

线路电压等级越高，停电损失越大，为保证供电的可靠性和连续性，特高压线路的检修方式应以带电作业为主，而特高压线路的结构特点（塔头尺寸大，作业空间大）为带电作业提供了一定的便利。但在特高压电压等级很大的情况下，对带电作业的安全性则要求更高。因此，研究试验安全有效的特高压带电作业方法（作业方式、操作规程、确定安全距离、有效绝缘长度等），制定科学、合理的安全保障措施以及研制性能优异、稳定的带电作业工具和防护用具是保证带电作业安全的重要内容。

（四）特高压输电线路运行维护技术现状

1.试验基地建设

试验既是考核和验证工程用产品性能和可靠性的有效方法，也是研究和解决特高压线路设计、施工、运行维护中相关技术难点的重要手段之一。目前我国已经建成投运的特高压试验研究体系包括"四个基地，一个中心"，即特高压交流试验基地（武汉）、特高压交流试验基地（北京昌平）、高海拔试验基地（西藏当雄）、杆塔试验基地（河北霸州）和国家电网仿真中心（北京）。

交流特高压试验基地包括 1000m 单回特高压试验线段、1000m 同塔双回特高压试验线段、电磁环境实验室、环境气候实验室等试验装置。特高压单回路和双回路试验线路杆

塔布置均为耐—直—直—耐方式。单回试验线段铁塔导线荷载按 8×LGJ-630/55 导线设计，杆塔按 IVI 型绝缘子串猫型塔设计。双回路试验线段铁塔导线荷载按 8×LGJJ-800/55 导线设计，杆塔按鼓型塔设计。可进行不同相间距离的试验、不同形式绝缘子运行性能的试验、在线监测装置的试验等试验项目。试验基地投运以来，针对 1000kV 特高压线路的运行维护工作相继进行了导线选型及其排列方式优化的真型试验研究；GIS 内部快速瞬态过电压试验研究及测量装置的研制；同塔双回输电线路电晕损失研究；特高压电晕笼与试验线段电晕特性试验等效性研究；输变电设备覆冰闪络特性、融冰闪络特性试验研究；绝缘子防冰冻材料研究等科研项目，为特高压线路的设计、施工及运行维护积累了大量的试验数据和经验。

特高压直流试验基地由污秽环境实验室、绝缘子试验室、试验大厅及特高压直流试验线段等主要实验设施构成。截至目前，中国电科院技术人员已在特高压直流试验基地开展了近 40 项特高压 / 超高压直流试验研究，为已建成的特高压试验示范工程和在建特高压工程的规划、设计、建设和运行维护提供了强有力的技术支撑。

西藏高海拔试验基地是对特高压直流试验基地的补充，其定位为西藏电网建设和西电东送输电工程建设需要提供全方位的技术支持，为高海拔条件下的超 / 特高压输电关键技术创造试验条件。该试验基地位于西藏自治区当雄县羊八井镇境内，地处拉萨市西北，距拉萨市区约 95km，海拔高度为 4300m，占地 6000m²，主要包括户外试验场、试验线段、人工污秽试验室三大试验功能区。可开展的试验项目有：

（1）高海拔条件下的空气间隙放电及设备外绝缘特性研究

如高海拔条件下超 / 特高压线路和站内等各种空气间隙的雷电、操作冲击试验研究、带电作业技术研究；高海拔下各种设备的雷电、操作、交直流耐压等试验研究；已有高海拔相关试验研究结果的验证，高海拔试验数据校正；直流设备电晕特性试验研究等；高海拔条件下，各类绝缘子的人工污秽和淋雨试验研究。

（2）高海拔条件下直流电磁环境特性研究

包括对所选择的高海拔条件下的 ±5000kV 直流输电线路导线的电磁环境进行考核；高海拔直流线路地面合成电场、可听噪声和无线电干扰分布研究；直流线路合成电场、可听噪声和无线电干扰海拔修正研究等。

特高压杆塔试验基地是目前世界上规模最大、试验能力最强、功能最完善的杆塔试验基地，其主要包括纵向、横向、纵向反 3 座加荷塔（高 133—150m）、四个方向的液压加荷设施、1 座万能试验基础、部件试验室以及观测、测控设施及相关配套设施。该基地在万能基础、加荷塔架、加载控制系统、液压加载系统、部件试验室、整体试验能力等多项主要技术装备、性能指标和综合试验能力上达到了国际领先水平。具备海拔 2500m、覆冰 20mm 中冰区、8×1000mm² 交流 1000kV 特高压同塔双回线路杆塔试验能力；具备海拔 5000m、覆冰 30mm、10×900mm² 直流 ±1000kV 特高压单回线路杆塔试验能力。目前该基地已完成皖电东送工程 5 基同塔双回钢管塔、锦屏—苏南工程 3 基角钢塔和 1000kV 人字柱构架的真型试验，所取得的试验数据为东线特高压工程的顺利建设提供了有力的保障。

2.事故预防措施的研究现状

（1）防雷措施

针对特高压线路的结构特点，运行特高压线路防雷的重点为防绕击，亦即从降低架空地线保护角着手保证架空线路的低绕击率。

（2）防污措施

按照国家电网公司"绝缘到位，留有裕度"的防污设计原则，目前特高压线路防污闪事故措施主要是从设计上通过增加绝缘子串长，提高泄漏距离来提高耐污闪的能力；在污秽严重地区采用大吨位、高强度的复合绝缘子；加强污区图的制定与修订、根据实际情况使用防污闪涂料、开展带电清扫技术的研究与应用等综合措施；开发在线监测系统，实时掌握线路的污秽情况，及时进行绝缘子清扫等防污闪措施。

（3）防微风振动措施

特高压线路采用多（六、八等）分裂导线，并采用阻尼间隔棒，由于阻尼间隔棒具有良好的耗能减振作用，子导线的微风振动水平较相同条件下的单导线小得多，从这个角度而言，多分裂导线的微风振动防治存在有利的因素。

参考苏联和日本交流特高压线路的导线防振经验（以上两国的特高压交流线路均采用八分裂形式，只安装了间隔棒，未安装形式的防振装置），我国500kV普通线路四分裂导线若安装阻尼间隔棒，则在档距不超过500m时一般不安装防振锤，当档距超过500m时安装1—2个防振锤。但由于特高压线路导线平均挂点更高，从确保安全的角度出发，我国特高压线路的防振参照了超高压线路的方式进行了防振设计。

（4）防舞动措施

目前中国电力科学研究院在充分调研和总结已有防舞研究成果的基础上，研究建立了适用于我国特高压输电线路的防舞措施。通过研究分裂导线覆冰扭转特性及扭转振动与横向振动的耦合问题，建立了分裂导线失谐防舞机理，设计了失谐间隔棒防舞装置；基于减轻导线覆冰不均匀性原则研制了线夹回转式间隔棒；基于舞动稳定性机理设计了双摆防舞器；并建立了相应防舞器的防舞设计方法。清华大学孟晓波等在建立了自由度多档导线模型的基础上，研究分析了特高压输电线路覆冰厚度、脱冰量、档距大小、耐张段中档数、导线悬挂点高差、不均匀脱冰等因素对导线脱冰跳跃的影响，为特高压输电线路导线排列、铁塔选型、档距配置等提供了理论依据。

（5）防覆冰措施

按照国网公司重冰区设计要求，遵循"避""抗""融""改""防"五字方针。在特高压输电线路的设计中，根据线路所经过地区的特点进行了冰区的划分；对无法避免线路经过重冰区的情况下，对重冰区线路着重根据导线脱冰跳跃影响方面进行了导线的布置方式、杆塔选型、档距配置等方面的研究和设计。在现有防除冰技术研究的基础上加大了除冰技术、融冰方法的研究与试验，进行了覆冰在线监测系统的开发与研制。

由国家电网公司提出的特高压直流输电系统线路融冰方法，获国家发明专利。该方法采用从换流站的主接线中增加连接线和开关，通过改变相应开关的通断状态，改变换流器之间的连接关系，达到加大输电线路电流而进行融冰的目的。此法还能保证直流输电系统在正常输电状态和融冰状态之间进行切换，只需增加少量设备，即可在不停电的情况下实现主动融冰的功能。采用这种融冰方法，可节约投资近 7 亿元，并有效提高了输电系统的运行可靠性。

（6）防风偏措施

针对特高压线路绝缘子串长，易发生风偏故障的特点。目前主要从设计上根据实际的微气象环境条件合理提高局部风偏设计标准，对事故多发地区的线路空气间隙适当增加裕度；在可能引发强风的微地形地区，合理采用"V"型串。对运行中易产生风偏故障区域的绝缘子下方加装重锤；研制特高压直流线路塔上气象参数和风偏参数的在线监测系统，适时监测塔上风速及风向、雨量、导线风偏运行轨迹、风偏角、导线与杆塔间的风偏间隙等措施。

3. 特高压线路运维技术的研究现状

（1）直升机巡线技术

为解决特高压线路覆盖面积大，沿线地形复杂，输电线路杆塔高的特点，常规线路巡视方法难以满足其巡视要求的问题，有关科研单位进行了直升机巡视技术的研究与实践，通过在直升机上使用可见光及红外等巡视设备，可完成红外测温、紫外探测及可见光检查等工作，并能够判断通道、铁塔、金具、导地线、绝缘子等缺陷；判断接头过热、异常电晕、导地线内部损伤和零劣质绝缘子等缺陷等。当目测、仪器观察和仪器自动检测相结合时（以目测为主），采用计算机处理数据，还可以生成设备缺陷清单和缺陷处理意见。

直升机巡线技术具有迅速、快捷、效率高（每天可以完成 80—100 基塔的双侧检查任务）、质量好、不受地域影响、能快速发现线路缺陷并且安全性好等优点，目前已成功应用于超高压线路运行维护，其在特高压线路运行维护中具有广阔的应用前景。

（2）在线监测技术

在线监测技术是特高压线路实施状态检修的前提条件，其不仅能及时获取被监测设备的实时状态，为线路的安全运行提供保障，还可为状态检修提供依据。目前研究开发的架空线路在线监测技术和在线监测系统众多，可有效应用于特高压线路上的主要有气象参数监测、微风振动监测、温度监测、覆冰监测、绝缘子污秽监测、杆塔倾斜监测及防盗、防鸟监测系统等。针对当前国内主要在线监测设备厂家采用的数据格式、通信协议不统一的问题，目前有关研究单位已经开发了应用于 1000kV 晋南荆特高压交流试验示范线路的特高压输电线路在线监测管理平台。该平台集成了覆冰监测、气象和导线风偏监测、杆塔倾斜监测、导线微风振动监测、导线舞动监测和绝缘子污秽监测等在线监测技术，实现了数据集中采集、处理和综合应用分析。采用浏览器 / 服务器的三层体系结构，实现了在线监测数据统一接收、展示、状态预测、预警和统计分析。

目前在特高压交流试验示范工程上共安装微风振动、舞动、杆塔倾斜、气象和风偏、视频、覆冰及绝缘子盐密共 7 类 87 套在线监测装置，结合特高压航测数据，可提供基于三维可视化技术的在线监测显示和控制平台，实现了关键监测点设备状况的在线查询，促进了特高压工程运行维护水平的提升。

（3）带电作业技术

特高压输电线路若发生非计划停运，将造成巨大经济损失，并对电网的稳定运行构成极大威胁。而带电作业作为特高压输电线路检修的重要手段，将有效保证特高压输电线路不间断持续供电，对确保电网的安全、可靠、稳定运行具有十分重要的意义。目前特高压线路的带电作业项目主要是带电检测、维护和修理等。

我国在 500kV 以下电压等级输电线路带电作业已有较为成熟的经验，并对 750kV 输电线路带电作业进行了大量研究，在带电作业方式、工具、作业人员的安全防护等方面已有成熟的研究成果的基础上，国网公司电力科学研究院结合晋南荆试验示范工程进行了 1:1 真型试验，在国内外首次系统地开展了交流 1000kV 输电线路带电作业研究，针对系统过电压水平、海拔高度的不同，试验研究确定了各工况及作业位置的最小安全距离、最小组合间隙、绝缘工具最小有效绝缘长度等。自主研究生产的绝缘工具、带电作业屏蔽服等均可满足交流 1000kV 输电线路带电作业要求，不需从国外进口。此外，经研究试验确定的交流 1000kV 输电线路带电作业的安全防护措施对我国交流 1000kV 输电线路开展带电作业是可行的、安全的。

为确保特高压线路安全、稳定、可靠运行，运行维护单位积极开展特高压带电作业技术研究，全力加强特高压线路运行维护工作的研究和实践。湖北超高压输变电公司为适应特高压带电作业的需要，根据特高压直流输电线路设备情况，有针对性地开展关键技术研究，成功研制了获得国家自主知识产权的大吨位瓷瓶卡具、大吨位六分裂导线提线器、液压油泵丝杆、分体式绝缘拉杆等 9 项适用于 ±800kV 特高压直流输电线路检修及带电作业的工器具，其中特高压直流输电线路绝缘子串大刀卡、三联耐张卡已获得国家实用新型专利，并申报了国家发明专利。公司在工器具研究的基础上还完成了检修及带电作业方法的研究，编制了检修及带电作业操作工艺指导书等，为特高压直流工程运行维护提供了有力技术支撑。目前在特高压线路上进行的带电作业项目有等电位作业人员安全防护参数测试、等电位修补导线、等电位间隔棒更换等多达数十种。

（4）特高压线路检修关键技术及工器具研制

特高压线路投运时间较短，运行中的检修工作尚未全面开展，根据其结构特点分析其检修关键技术是"防患于未然"的需要，为此设计、科研和运行单位目前正致力于包括检修模式、不同检修项目的关键技术、技术难点和危险点分析、检修工器具研制、标准化作业方法、安全规范等的研究工作，并已经研制了多种适用于特高压线路检修和检测的工器具。如吉林省送变电公司研制的特高压组合式飞车不仅可以顺利通过直线塔悬垂线夹进行特高压线路分裂导线间隔棒安装，还可以扩展到其他任何多分裂的导线间隔棒安装，并且还可以作为巡线飞车。目前已经在特高压线路运行维护中发挥了良好的作用。

第二节　柔性交流输电

现代电力系统已经发生了巨大地变化，变得越来越复杂，其特征主要为：大机组、超高压、远距离、跨区互联等。对于如此复杂的电力系统，传统的机械装置的控制效果较差，原因在于其响应速度太慢。然而，柔性交流输电系统（Flexible AC Transmission System，英文缩写为：FACTS）是以电力电子技术为核心的装置，具有很好的灵活性，可以提高输电系统的稳定性。

一、FACTS 产生背景

在 1986 年，EPRI 专家 N.G.Hingorani 第一次提出了 FACTS 技术。FACTS 技术是指安装了电力电子型控制器的输电系统，FACTS 控制器中应用了大功率电力电子技术，快速调节了交流输电网的运行参数（如电压、相角、阻抗等）。FACTS 的出现，是现代电力系统的标志，也是电力系统最重大的技术变革之一。FACTS 技术已经逐渐被大家所熟知，其产生背景可以概述如下：由于传统的交流电力系统的可控性较差；在保证电力系统安全可靠的同时，可以提高输电能力；由于资金短缺、环境限制等原因，建设新的输电线路日益困难；由于高压直流输电的快速发展促使 FACTS 技术产生。

二、FACTS 的基本概念

FACTS 技术是可以灵活地控制输电系统的一项新的技术，其中包含了几种技术，有电力电子技术、微电子技术、通信技术等。

FACTS 概念从提出直至现在，一直受到广泛地关注。早在 1997 年，IEEE 工作组就公布了 FACTS 的定义，FACTS 定义为：它是一种装有电力电子型或其他静止型控制器交流输电系统，其可以加强控制器的可控性，并且可以增强功率传输能力。

FACTS 装置可以给电力系统带来如下好处：可以按照需要调整系统的潮流；可避免新建输电线路；能提高电力系统稳定性，包括电压稳定性、暂态稳定性、静态稳定性。

三、FACTS 的原理

柔性交流输电系统（FACTS），是综合电力电子技术、微处理和微电子技术、通信技术和控制技术而形成的用于灵活快速控制交流的新技术。其中"柔性"是指对电压电流的可控性，它以现代智能技术为基础控制载体，应用于高压输变电线路系统，对系统电压、相位角、功率潮流等电网的运行参数和过程进行连续调节控制，以提高输配电系统可靠性、可控性、运行性并实现节电效益的一种新型综合技术。

FACTS 技术为增强输电系统的输电能力提供了新的手段，该技术结合现代智能控制技术，大幅度提高输电线路输送能力和电力系统稳定水平，均衡电网潮流，充分发挥输电网络的利用率，提高输电网络的价值。柔性交流输电系统可以对电压、功角、阻抗三个影响电力系统性能的变量能被直接控制。FACTS 控制器就是对交流输电系统的这些参数进行控制从而改善输电网络的输电性能。目前主要的 FACTS 装置有：静止无功补偿器（STATCOM）、晶闸管控制的串联投切电容器（TSSC）、可控串联补偿电容器（TCSC）、统一潮流控制器（UPFC）、SVC 等。

静止无功补偿器（STATCOM）是一种没有旋转部件、快速、平滑可控的动态无功功率补偿装置。它是将可控的电抗器和电力电容器并联使用。电容器可发出无功功率，可控电抗器可吸收无功功率。通过对电抗器进行调节，可以使整个装置平滑的从发出无功功率改变到吸收无功功率（或者反向调节），并且响应快速。按照电抗器的调节方法，静止无功补偿器分为可控饱和电抗器型、自饱和电抗器型和相控电抗器型三种类型。目前技术最为先进的无功补偿装置是静止同步无功补偿器。它不再采用大容量的电容器，电感器来产生所需无功功率，而是通过电力电子器件的高频开关实现对无功补偿技术质的飞跃，特别适用于中高压电力系统中的动态无功补偿。

晶闸管控制的串联投切电容器（TSSC）是串联型 FACTS 装置的补偿装置。TSSC 在输电线路中相当于一个电容器且容量可以连续变化，因此 TSSC 在接入输电线路后，可以通过控制容量的变化，实现线路等效电阻的连续变化。输电线路在给定的两端电压和相角情况下，其输送功率将可实现快速连续控制，以适应系统负载变化和动态干扰，线路的输送功率将可实现快速连续控制，以适应系统负载变化和动态干扰，达到控制线路潮流，提高系统暂态稳定极限的目的。SVC 由三部分组成：固定电容器组、晶闸管控制的电容器组（TSC）和电抗器组（TCR），整个装置功能的实现主要是通过节 TCR 和 TSC，是一种无功补偿系统。SVC 接入输电线路后，在 TCR 和 TSC 的调节作用下，系统的无功输出可以连续变化，系统的稳定性大大提高。但 SVC 在使用中，存在一定的限制，在电网电压波动大的时候，SVC 会表现出恒阻抗特性，影响其作用的发挥。所以，在使用 SVC 时要保证电网电压的波动控制在一定的范围内。

统一潮流控制器（UPFC）通用性良好，将 FACTS 元件灵活多变的控制手段综合应用，功能全面，实现了对输电线路中有功功率和无功功率的快速、独立控制。UPFC 系统中关键的设备是换流器，它产生的交流电压被串接入相应的输电线上，在交流电压的作用下，其幅值和相角均进行连续的变化，从而达到对有功、无功潮流等效阻抗，电压或功角进行控制的目的。

四、FACTS 技术的作用

（一）提高输电线路的输电能力，充分利用现有资源

现行的电力系统，其输送功率的极限都由相应的稳定条件来限定，普遍存在功率极限偏低的问题，导致输电线路的输电能力不能被充分的开发利用，浪费线路资源。FACTS技术最大的特点是可以极大地提高输电线路的输电功率，充分利用现有的输电线路资源，减缓新建输电线路的需要。

（二）改善输电网络的工作条件

在大型电网的线路运行中，环流和振荡是影响输送网络稳定性的两大现象，不仅增大了电网线路的损耗，而且影响输电线路的供电质量，降低供电的可靠性。FACTS 系统的控制器可以进行快速、平滑的调节，迅速改变输电系统的潮流分布，从而有效地降低环流和振荡对电网的影响。随着 FACTS 控制器技术的不断发展和创新，甚至可以消除环流和振荡，优化输电网络的运行条件。

（三）扩大了交流输电的应用范围

高压直流输电技术可以对输电的容量进行快速调节，灵活掌控，得到了广泛的应用。但是随着输电容量的加大，高压直流输电的稳定性会受到影响，容量越大，稳定性越低。为了保证输电容量，同时兼顾输电稳定性，解决的办法就是建设新的直流线路，但是建设换流站的一次投资却很高。而采用 FACTS 控制器组技术可将常规交流电柔性化，不仅保证了输电容量和供电稳定性，而且相对于新建直流输电线路的投资少，扩大了交流输电的功能范围。

FACTS 技术是目前电力系统输配电技术新的发展方向，对长距离交流输变电系统具有重要意义，提高了城市输配电网络的功率传输能力、电能利用率，改善了电压质量。FACTS 技术将会对我国电力事业的发展起到巨大的推动作用。

五、FACTS 的应用现状

（一）国内 FACTS 技术应用现状

1. 自"十一五"规划提出以来，我国在电力系统方面投入大量的人力、财力及物力资源用于研究和推广 SVC，在诸多研究者的共同努力下，截至当前，我国已将 SVC 技术成功应用于电力系统中，并对提升输变电系统的高电压等级，提高输电线路输送能力发挥了重要作用。

2. 目前，我国已形成多种关于 FACTS 技术设备，如静止无功发生器、电网短路电流限制器、可控串联补偿器、可控高抗及综合潮流控制器等。然而受多方面原因的影响，以致上述多种关于 FACTS 技术设备未能够有效应用于现代电力系统中。除此之外，还有诸多关于 FACTS 技术设备仍处于理论研究阶段，有待进一步加强工程实用化技术研究。

（二）国外 FACTS 技术应用现状

1. 基于传统半控型器件的 FACTS 技术

截至当前，国外相当一部分国家基于传统半控型器件的 FACTS 技术已较成熟，以 SVC 装置为例，即 SVC 装置补充容量以高于 1000MVar，并实现在电压为 765kV 电力系统的应用。同时，国外应用 SVC 装置不仅抑制了次同步谐振，而且还较大程度上提高了送电容量，大大推动国外电力行业的发展。

2. 基于可关断器件的 FACTS 技术

除基于传统半控型器件的 FACTS 技术之外，基于可关断器件的 FACTS 技术在国外同样已成熟应用，以 STATCOM 装置为例，首个 STATCOM 装置由美国与日本共同研制生产。

自此以来，国家其他各国纷纷参与到 STATCOM 装置研究行列中，为 STATCOM 装置的发展及 STATCOM 技术的成熟提供了动力，为输电系统的发展奠定了坚实的基础。

（三）柔性交流输电技术（FACTS）设备关键技术工作原理

1. 可控串补（TCSC）

（1）可控串补设备的组成，以可控串补装置为例，即由阻尼装置、串联电容器组、控制保护装置、可控硅阀组及氧化锌非线性电阻等部分共同构成。

（2）可控串补设备关键技术，包括高压平台上阀组制造与集成技术、串补系统各元件的保护原理与技术、光供电的电子式互感器技术及高压平台上的阀组触发、冷却、监视技术等。

（3）通过将可控串补技术应用于现代电力系统中，不仅有助于提高电力系统的输送能力，降低网损，而且还有助于保证潮流分布的均衡性及电力系统的稳定性。

2. 静止无功补偿装置（SVC）

（1）静止无功补偿设备工作原理

以静止无功补偿装置为例，即由电容器组与空心电抗器并联组成，其中通过将空心电抗器与晶闸管串联，便可以控制晶闸管触发角达到控制流过空心电抗器电流的目的。

（2）静止无功补偿设备关键技术

包括可控硅阀组的触发技术、多目标、多任务 SVC 综合控制技术及系统设计与集成技术等。

（3）通过将静止无功补偿技术应用于输电网中

既能够增加输电线路的输电能力，又能够起到调节电力系统电压、平衡三相电流的作用。同时，通过将静止无功补偿技术应用于配电网中，既有助于控制与系统的无功交换，增强电力系统的安全稳定性，又有助于降低配网损耗，增强供电质量。

3. 静止无功发生器（STATCOM）

（1）静止无功发生设备构成及工作原理

以静止无功发生器为例，其实质上是一种平滑可控的动态无功率补偿装置，该项装置依托于全控器件的电压源型逆变器完成无功的吸收与发出。其中当前静止无功补偿器具有三种类型，包括可控饱和电抗器型、自饱和电抗器型及相控电抗器型。

（2）静止无功发生器关键技术

包括基于全控器件阀组的冷却技术、基于全控器件阀组的触发技术、基于全控器件阀组的结构设计与制造技术及多目标、多任务静止无功发生器综合控制技术等。

（3）通过将静止无功发生器应用于现代电力中

既可实现动态快速连续调节无功输出，以满足功率因数补偿要求，又能够发挥超强无功补偿作用，以保证较快的响应速度。

4. 统一潮流控制器（UPFC）

（1）统一潮流控制器的工作原理

依托于 FACTS 装置，采取多种有效方法统一控制电力系统的电压、阻抗及相角等多方面线路参数，以实现控制有、无功潮流与等效阻抗的目的。

（2）统一潮流控制器关键技术

包括柔性交流输电技术、换流技术等。

（3）通过将统一潮流控制器应用到现代电力系统中

能够达到独立控制输电线路中有、无功功率的目的，对提高电力系统输电效率具有积极显著积极效应。

（四）柔性交流输电技术（FACTS）在现代电力系统中的发展方向与应用保障

1.FACTS 在现代电力系统中的发展方向

近年来，柔性交流输电技术在现代电力系统中得到广泛应用，同时还形成了一大批关于 FACTS 的装置，包括静止无功补偿装置、可控串补装置及统一潮流控制器等。当前背景下，FACTS 应用于现代电力系统中应朝着下述方向发展：

（1）加强 FACTS 设备控制保护系统共性平台技术的研究与应用

要求电力部门投入更多的人力、财力及物力资源加强 FACTS 设备控制保护系统共性平台技术研究与推广，充分发挥 FACTS 设备控制、监视及保护功能；

（2）增强 FACTS 装置的试验能力与验证能力

为满足现代电力系统发展需求，要求电力部门置于 SVC、TCSC 晶闸管阀全面试验能力之上进一步加强对 FACTS 装置的试验与验证效能研究，不断提升 FACTS 装置的试验能力与验证能力。

2.FACTS 在现代电力系统中的应用保障

（1）政府部门

提供政策、资金支持，以保证 FACTS 在现代电力系统中的广泛应用。

（2）增强 FACTS 装置产业化能力

即构建科研体系，加强对电力电子领域的高新技术研究，推动电力电子领域科技型企业更快更稳进入市场，促使 FACTS 相关设备、技术形成强劲的凝聚力、竞争力，为更好应用于现代电力系统中，提升我国电力行业国际市场竞争力提供保障。

（3）为 FACTS 装置推广应用营造良好条件

FACTS 装置研制部门应加强对 FACTS 装置及技术的宣传与推广，采取多种有效手段让更多电力组织认识到 FACTS 装置及技术的先进性、高效性。同时，FACTS 装置研究部门制定规范的 FACTS 装置及技术标准、运行规程，为应用单位提供技术指导，以确保 FACTS 装置及技术得到有效应用。

六、FACTS 在智能电网中的应用

（一）柔性交流输电技术在智能电网中的作用

柔性交流输电技术在智能电网中起到调节、控制的作用，改善了智能电网的输电环境，同时提高了交流电的质量。柔性交流输电技术，降低了智能电网中的消耗。现代智能电网在建设的过程中，存在很多不稳定的因素，而柔性交流输电技术，能够最大程度的控制智能电网中的不稳定因素，把控电网系统的功率控制，有效利用交流电的电能资源，消除了智能电网中的电能损耗，最主要的是提供高质量的交流电。

（二）柔性交流输电技术在智能电网中的应用

柔性交流输电技术就是采用电力电子设备装置，对电力系统中的电压、电流等特征分量按需进行动态控制，以提高输配电系统电能调控分配的可靠性、在控性和运行工况性能。通过合理的电力电子设备装置控制，有效提高输配电系统的电能输送控制质量水平，并获取大量节电效益。

FACTS 设备装置同电力系统进行合理并联，可以实现对系统电压和无功功率进行动态调控；FACTS 设备装置同电力系统进行合理串联，则可以实现对系统电流和潮流进行控制。

1.FACTS 技术在智能电网中应用研究的重要性

新电力市场环境中，客户除了对供电电能功率、容量提出新的要求外，对电能质量、可靠性、经济性等均提出更高的要求。系统中越来越多的自由潮流不仅会给电网调度增加更大的压力，同时其还会引起电网损耗的不断增多。功率倒流、功率绕送、长距离输电等，均会引起电网电压发生波动，直接影响到电网运行的安全稳定性；系统环流的频繁发生，引起电网三相不平衡率增大，引起电网波动和线损增加。

因此，在输变电网络中合理运用以 FACTS 调控装置为核心的柔性交流输电技术，通过控制装置对电网运行工况状态的动态分析，及时进行补偿和调控保护，对系统多变运行工况和复杂潮流进行智能化、灵活化调控保护，以实现对电能资源的全面优化配置和合理调节，确保输变电系统安全可靠、灵活稳定、节能经济的高效稳定运行。

2.柔性交流输电技术在电网中的应用

（1）SVC 静止无功补偿调控装置

SVC 是输变电系统中广泛采用的电压调控和无功功率补偿及吸收的 FACTS 控制器。SVC 装置按照其控制电力电子元器件的不同，电网中应用主要分为 TCR 晶闸管控制容性无功补偿电抗器、TSR 晶闸管投切容性无功补偿电抗器、TSC 晶闸管投切感性无功补偿电容器等。输变电系统为了实现无功功率的连续动态可靠调控，通常将容性无功补偿电抗器和感性无功补偿电容器两者结合起来运用，工程中采用的组合方式为：TCR+TSC+FC（固定电容器）、TCR+TSC、TCR+FC。通过在电网系统中合理位置设置容量适当的 SVC 无功补偿调控装置，可以有助于控制分布式负荷与电网系统间无功交换，有效增强电网系统运行的安全稳定性，降低线损。

（2）SVG 静止无功发生装置

SVG 调控装置经内部自换相的半导体桥式交流器合理切换来完成无功功率的发生和吸收控制，实现对电网系统无功功率的按需动态补偿。SVG 无功发生装置，其内部主要包括交流环节和直流环节两个功能单元，交流环节功能单元与系统补偿相连接。SVG 装置通过对电网系统实时运行工况状态的动态检测，并结合内部电路的转换，完成对电网系统无功功率的平滑可控动态调控。

（3）UPFC 统一潮流控制装置

按照变化器的接线方式的不同，UPFC 统一潮流控制器主要由并联变化器和串联变化器两个功能单元组成，其中并联变换器可以看成 SVG 静止无功发生补偿装置，而串联变化器则可以看成 SSSC 静止同步串联无功补偿器。两个变换器其直流端均与同一组电容器互联，进而形成"背靠背"的连接结构，这样两个变换器其交流端可以看成理想的"交—交变换器"，这样系统有功功率就可以在两个变换器间进行双向流通，即可实现在交流端吸收和发出有功功率，完成对电网系统的实时调节控制。

UPFC 统一潮流控制装置，其并联和串联直流部分均可以独立产生或吸收无功功率，通过并联变化器和串联变化器间的无功功率差值，可以实现对电网系统接入点的动态无功补偿。UPFC 统一潮流控制装置，通过两个变化器耦合接入到电网系统中，主要应用在220kV 及以上电压等级的电网系统中，进行动态的电网运行工况调节控制。

（4）APF 有源电力滤波器

利用电力电子 PWM 全控调整脉冲占空，提供与电网系统补偿相应的大小相等、极性相反的电流或电压分量，以达到抑制电网系统中负载在运行过程中产生的有害电流或电压分量，避免高次谐波等分量进入电网系统中污染电网，达到综合主动补偿目的。有源滤波可以根据电路结构和电力电子控制技术，按照电网运行特性实现高次谐波补偿、基波正序无功补偿、三相不平衡补偿、长距离线路电压差补偿等功能，且可以根据工程实践应用需求采取上述多种补偿组合方式。利用电阻、电感、电容等电力电子元器件与有源滤波器并联，有效抑制高次谐波分量，并补偿负载端的无功功率分量，改善电网供电电能质量，提高供电公司供电服务水平。

（5）PQC（PQM）电压质量调整（制）器

对于一些精密加工企业或质量标准较高的高新产品，其在生产制造过程中对电能质量和供电安全可靠性要求非常高。通过 PQC（PQM）电压质量调整（制）器的合理使用，可以根据配电网运行工况快速补偿电压中突变（突降、突升）、闪变等问题，同时可以经内部分析运算自动调节供电系统中存在的三相不平衡、故障时短期电压中断等问题。

目前，工程中常用的是以 IGBT 绝缘栅双极型晶体管为核心的 PWM 换流器，串并联接入电网系统中，具有双向补偿的功能，防止正常负荷波动和非正常负荷的干扰影响。

随着电网系统中柔性交流输电技术 FACTS 应用的不断深入和优化，为现代大量分布式新能源接入电网引起的潮流变化和电能损耗问题而发生的波动的解决，提供了重要方法和技术手段，确保电网安全可靠、节能经济的稳定运行。在工程实践应用中，合理采取积极有效的 FACTS 柔性交流输电技术和设备装置，可以大大改善电网系统的供电和用电质量水平，在智能电网中发挥非常良好的应用效果。

第三节　柔性直流输电

一、基本概述

20 世纪 90 年代后期，以 ABB、Siemens 为代表的跨国企业研究并发展了柔性直流输电技术，并在多个领域得到了广泛应用。最早的柔性直流输电采用 2 电平拓扑，通过脉宽调制的方式进行换流，靠并联在极线两端的电容器稳定电压和滤波，这种方式的优点在于电路结构简单，电容器少，缺点在于若开关频率较低则输出波形畸变较大，而开关频率较高则换流器损耗较大。

另外 2 电平换流器为提高容量需采用大量 IGBT 器件直接串联，必须配置均压电路以保证每个开关器件承受相同电压，开关触发的同步性也是个难题。ABB 公司开发的集成型的 IGBT 器件，能够一定程度上解决同步触发问题，但是只有 ABB 自身掌握该技术，造价昂贵，应用也不是很普及。之后还出现过 3 电平的换流器结构，但也与 2 电平结构存在类似问题，没有得到广泛应用。

自 2000 年以来，Siemens 公司开发出模块化多电平柔性直流输电技术，通过将原并联在极线两端的电容器分解到每个 IGBT 子模块和子模块的级联来解决电压的问题。其中每个子模块由两个（或多个）IGBT 开关器件、直流电容等元件构成。通过子模块之间的串联，来提高每个桥臂的电压耐受水平，同时可通过器件（或桥臂）的并联来提高换流器的容量，具有较好的扩展性。这种拓扑结构不需要子模块的同步触发，开关频率低，损耗小，较好地解决了柔性直流输电的容量限制，成为目前柔性直流输电技术的主流。此后，ABB 又开发了 IGBT 串联和多模块混合式的柔性直流输电技术，它综合了两种换流器技术的优势，也具有较好的应用前景。

（一）系统结构及主接线

柔性直流输电系统主要包括电压源换流器、换相电感（可能由相电抗器、联结变压器或它们的组合来提供）、交流开关设备、直流电容（可能包含在换流阀子模块中）、直流开关设备、测量系统、控制与保护装置等。根据不同的工程需要，可能还会包括输电线路、交／直流滤波器、平波电抗器、共模抑制电抗器等设备。

换流站是柔性直流输电系统最主要的部分，根据其运行状态可以分为整流站和逆变站，两者的结构可以相同，也可以不同。目前常见的柔性直流换流站主接线方案主要包括单极对称接线方案和双极对称接线方案两种。

单极对称接线方案是目前柔性直流输电系统中最常见的接线方案，这种接线方案采用一个 6 脉动桥结构，在交流侧或直流侧采用合适的接地装置钳制住中性点电位，两条直流极线的电位为对称的正负电位。

对于该接线方案，定义联结变压器网侧为交流网络区，联结变压器阀侧到桥臂电抗器为联结区，桥臂电抗器到直流母线区域为阀侧直流区。这种接线方案结构简单，在正常运行时，对联结变压器阀侧来说承受的是正常的交流电压，设备制造容易。

由于目前没有可以断开大电流的直流断路器，这种接线方案在发生直流侧短路故障后只能整体退出运行，故障恢复较慢。单极对称接线方案适合于直流线路采用电缆线路，发生短路故障的概率低，能够保证运行可靠性。该接线方案在海峡间的输电，风电传输等领域得到了广泛的应用。

目前世界上绝大多数柔性直流工程均是采用该接线方式，在我国刚刚建成的舟山多端柔直和南澳柔直项目也是采用该接线方式。双极对称接线方案在目前柔性直流输电系统不算常见，这种接线方案采用两个 6 脉动桥结构，分别组成正极和负极，两极可以独立运行，中间采用金属回线或接地极形成返回电流通路。目前国际上唯一采用该接线方案的柔性直流输电工程是 ABB 公司承建的连接纳米比亚和赞比亚的卡普里维工程，后文将有详细介绍。而我国刚刚完成设计并进入工程建设阶段的厦门柔性直流输电工程也是采用的该结构。电压等级 ±320kV，双极额定输送有功功率 1000MW。随着单个柔性直流工程输送容量的不断提升以及用户对于柔性直流输电可靠性的要求越来越高，这种方式双极对称的接线方案必将是未来发展的主流。

这种接线方案的特点是可靠性较单极对称接线高，当一极故障时，另外一极可以继续运行，不会导致功率断续。因此这种接线方案可以采用架空线作为直流输送线路，不受电缆制造水平的限制，直流侧可以选用较高的电压等级，输送容量较大。双极对称运行的换流站，有一定的故障恢复能力。一旦检测到直流线路故障，比如受到雷击而发生短路时，立刻闭锁换流器阀，然后跳开两侧的交流断路器以切断流经换流器阀二极管中的故障电流，然后断开交流滤波器以抑制交流电压上升，然后断开直流侧开关 DCBP 以消除直流侧残余电流并使故障弧道去游离。之后，两侧交流断路器和交流滤波器开关重新闭合，解锁换流器阀并使换流器按 STATCOM 模式运行。最后，重新合上直流侧开关并使直流线路重新带功率。从检测到故障直到直流线路重新恢复全功率送电耗时约 1.5s。这个时间对于故障自清除来说还是较长，不能算是真正的故障自清除能力。

另外双极对称接线方案下，每一极的交流侧联结区在正常运行时都要承受一个带直流偏置的交流电压，直流偏置电压的大小为直流极线电压的一半。这种工况的要求提高了变压器及联结区相关设备的制造难度。

除了这些常用的接线方案，许多研究机构也提出了一些颇具发展前景的接线方案。比如 LCC+MMC 混合式 HVDC 双极系统主接线方案，这种方案结合两种直流输电的优点，既可以解决纯 LCC 直流受端换相失败的问题，又改善了纯柔性直流输电系统的直流侧故障自清除问题。对于这种混合式双极系统，整流站采用传统的 LCC 型换流器，逆变站采用常规 MMC 型换流器，但为了具有直流侧故障自清除的能力，在 MMC 的直流侧出口串联了一个电流单向导通的二极管阀，以使直流线路故障时，MMC 不能向故障点馈入电流，从而达到直流侧故障自清除的目的。这种方案是由浙江大学提出，预计会在南网建设一条试验线路。

这种 LCC 加二极管阀加 MMC 构成的混合式直流输电技术的主要优点：

1. 整流站采用传统电流源型 LCC 换流器，技术成熟可靠，设备成本低，运行损耗小。

2. 逆变站采用子模块多电平 MMC 型换流器，可以解决受端系统由多直流馈入引起的同时换相失败问题。

3. 可以能够为受端系统提供无功支撑，保证受端系统的电压稳定和电能质量。

但是由于增加的二极管也必须承担相当于直流极母线的反向恢复电压，因此，工程上要实现该二极管的功能，其体积与送端换流阀类似，也必须要建造一个与传统直流相类似的阀厅，经济上并不占优。

目前，我国正在新建的鲁西背靠背直流输电工程将有望采用该接线方案进行实验性运行。

（二）国内外柔直工程简介

目前，世界范围内欧洲、大洋洲、美洲、亚洲、非洲 16 个国家均有柔性直流输电工程投运或在建。其中，已投运工程经历了从 2 电平到 3 电平又回到 2 电平、模块化多电平的技术发展路线，在建柔性直流输电工程几乎全部为模块化多电平拓扑。本节介绍几个国内外典型直流工程，并对当前世界上的柔性直流工程进行了分类梳理。

1. 国外柔性直流输电工程

（1）赫尔斯扬实验性工程

1997 年投入运行的赫尔斯扬实验性工程是世界上第 1 个采用电压源换流器进行的直流输电工程。该实验性工程的有功功率和电压等级为 3MW/±10kV，这个工程连接了瑞典中部的赫尔斯扬和哥狄斯摩两个换流站，输电距离 10km。工程于 1997 年 3 月开始试运行，随后进行的各项现场试验表明，此系统运行稳定，各项性能都达到预期效果。该工程将赫尔斯扬的电能输送到哥狄斯摩处的交流系统，或者直接对哥狄斯摩处的独立负荷供电。

在后一种情况下，相当于柔性直流输电系统向无源负荷供电，此时负荷的电压和频率均由柔性直流输电的控制系统决定。由于柔性直流输电系统的换流器是可以 4 象限运行的，因此，具有较大的运行灵活性。并且由于具有无功补偿的能力，可以很好地抑制相连交流系统的电压波动。

此工程是世界上首次实现了柔性直流输电技术的工程化应用，第 1 次将可关断器件阀的技术引入了直流输电领域，开创了直流输电技术的一个新时代。柔性直流输电系统的出现，使得直流输电系统的经济容量降低到了几十 MW 的等级。同时，新型换流器技术的应用，为交流输电系统电能质量的提高和传统输电线路的改造提供了一种新的思路。

（2）卡普里维联网工程

为了从赞比亚购买电力资源，纳米比亚电力公司打算将其东北部电网和中部电网进行连接。由于这是两个非常弱的系统，并且传输的距离较长（将近 1000km），所以选择使用了柔性直流输电系统，以增强两个弱系统的稳定性，并借此可以和电力价格较昂贵的南非地区进行电力交易。工程于 2010 年投入运行。

根据实际情况，工程建设一个直流电压为 350kV 的柔性直流输电系统，其额定有功功率为 300MW，连接了卡普里维地区靠近纳米比亚边界的赞比西河换流站和西南部 970km 之外的中部地区的鲁斯换流站。此工程的输电线路为一条 970km 的直流架空线，这条线路使用了现有的从鲁斯到奥斯的 400kV 的交流架空线路并进行升级改造，使之延长到赞比西河新建的变电站。

工程的建成不仅将东北部的卡普里维和纳米比亚的中部电网进行了连接，还将使纳米比亚、赞比亚、津巴布韦、刚果、莫桑比克和南非的系统互联成一个电网。不仅可以使得南部非洲电价昂贵的地区进行电力交易，还可以更有效地利用地区间的发电资源，包括可再生能源。此工程将柔性直流输电系统的直流侧电压提升到 350kV，并且是世界上第 1 个使用架空线路进行传输的商业化柔性直流输电系统。同时，此工程有功功率在下一阶段还将通过增加一个传输极来升级到 600MW。

（3）传斯贝尔电缆工程

传斯贝尔柔性直流工程是联结匹兹堡市的匹兹堡换流站和旧金山的波特雷罗换流站，线路采用一条经过旧金山湾区海底的高压直流电缆，全长 88km。工程于 2010 年投入运行。工程建立的初衷是为东湾和旧金山之间提供一个电力传输和分配的手段，以满足旧金山日益增长的城市供电需求目前由于旧金山其他电源接入点的建立，该换流站的主要职能是电力传输更多的转向调峰调频。由于柔性直流输电系统能够提供电压支撑能力和降低系统损耗的特点，该工程有效地改善了互联的两个地区电网的安全性和可靠性。

旧金山市的大部分电力供应都来自圣弗朗西斯科半岛的南部，主要依赖于旧金山湾区南部的交流网络。在此工程完成之后，电力可以直接送到旧金山的中心，增强了城市供电系统的安全性。而且，由于直流电缆是埋于地下和海底，也不会造成对环境的污染。

传斯贝尔联络工程和上面所介绍的所有工程的最大不同之处，在于此工程中首次使用了新型的模块化多电平换流器，其额定有功功率为 400MW，直流侧电压为 ±200kV。

2. 国内柔性直流输电工程

（1）上海南汇柔性直流输电示范工程

上海南汇柔性直流输电示范工程是我国自主研发和建设的亚洲首条柔性直流输电示范工程，额定输送有功功率 20MW，额定电压 ±30kV，2011 年 7 月正式投入运行。该工程是我国在大功率电力电子领域取得的又一重大创新成果。南汇柔性直流输电工程的主要功能是将上海南汇风电场的电能输送出来，当时南汇风电场是上海电网已建的规模最大的风电场。风电场换流站经 150m 电缆线路连接风电场变电站 35kV 交流母线。南汇柔性直流输工程的两个换流站之间通过直流电缆连接，线路长度约为 8km。

上海南汇柔性直流输电示范工程两端换流站均采用 49 电平的模块化多电平拓扑结构，额定直流电压为 ±30kV。

（2）舟山多端互联工程

随着舟山群岛新区的建设，各岛屿的开发进程不断加速，这对舟山电网的供电可靠性和运行灵活性提出了更高的要求。另外，舟山诸岛拥有丰富的风力资源，风电的间歇性和波动性也对电网接纳新能源的能力提出了新的要求。在此情况下，舟山电网迫切需要发展适用于其自身特点的先进输配电技术。

舟山5端直流工程旨在建设世界第1条多端柔性直流工程，同时满足舟山地区负荷增长需求，提高供电可靠性，形成北部诸岛供电的第2电源；提供动态无功补偿能力，提高电网电能质量；解决可再生能源并网，提高系统调度运行灵活性。

世界范围内32项已投运或在建的柔性直流输电工程中，2000年之前有5项工程投运，2001—2005年有3项工程投运，2006—2010年有4项工程投运，计划在2011—2015年将有21项工程投运，工程数量呈现出快速增长趋势。

世界上最早应用柔性直流输电的地区集中在欧洲，目前欧洲也是柔性直流输电项目最多的地区。欧洲多个国家临海，为了开发和利用新能源，建设和规划了大量的海上风电平台，有功功率在数百MW左右，距离本岛为60—70km，这些风电平台通过柔性直流输电和海底直流电缆和本岛连接无疑是最适合的实现手段。目前德国在建的柔性直流输电项目总有功功率达到2600MW，主要应用于海上风电平台接入；英国已经开始规划用于国内电网输电的柔性直流输电项目，甚至欧洲国家之间的电力连接也在规划当中。

未来柔性直流输电在国际上的规划和发展非常有前景。英国计划到2025年新建柔性直流输电线路近50条，以促进和鼓励清洁能源的发展。美国在未来20年，也有60多条柔性直流输电项目在规划当中。

柔性直流在我国也非常具有发展潜力，我国同样拥有广阔的海岸线，目前正大力发展风力发电、太阳能发电等清洁能源，城市电网也面临短路电流超标、供电能力不足等问题，柔性直流输电在解决这些问题中有其独到的优势，借鉴国外柔性直流工程的先进经验，进一步研究柔性直流输电技术对我国电网发展具有重要意义。

二、柔性直流输电的特点

（一）优势

柔性直流输电相对于传统基于晶闸管器件的高压直流输电技术有以下几个方面优势：

1. 无须交流侧提供无功功率，没有换相失败问题

传统高压直流输电技术换流站需要吸收大量的无功功率，约占输送直流功率的40%—60%，需要大量的无功功率补偿装置。同时传统直流需要接入系统具备较强的电压支撑能力，否则容易出现换相失败。而柔性直流技术则没有这方面的问题。同时且独立控制有功和无功功率，可向无源网络供电。

2. 柔性直流输电技术可以在4象限运行，同时且独立控制有功功率

不仅不需要交流侧提供无功功率，还能向无源网络供电。在必要时能起到STATCOM作用，动态补偿交流母线无功功率，稳定交流母线电压。如果容量允许甚至可以向故障系统提供有功功率和无功功率紧急支援，提高系统功角稳定性。而传统直流输电仅能两象限运行，不能单独控制有功功率或无功功率。

3. 谐波含量小，需要的滤波装置少

无论是采用SPWM脉宽调制技术的2电平拓扑还是采用最近电平逼近（NLS）的子

模块多电平拓扑结构的柔性直流输电技术，其开关频率相对于传统直流较高，产生的谐波比传统小很多，需要的滤波装置容量小，甚至可以不需要滤波器。

（二）局限性

由于受到电压源型换流器元件制造水平及其拓扑结构的限制，柔性直流输电技术在以下几个方面具有局限性。

1. 输送容量有限

目前柔性直流输电工程的输送容量普遍不高，相对于特高压直流输电可以达到8000MW 以上的输送有功功率，柔性直流输电目前最高设计输送有功功率为1000MW。其受到限制的主要原因：一方面是由于受到电压源型换流器件结温容量限制，单个器件的通流能力普遍不高，正常运行电流最高只能做到2000A 左右；另一方面是由于受到直流电缆的电压限制，目前的 XLPE 挤包绝缘直流电缆的最高电压等级为320kV，因此柔性直流换流站的极线电压也受到限制。如果采用架空线路，电压水平能够提高，但是可靠性却大大降低；如果采用油纸绝缘电缆则建设成本会大幅提高，输电距离也会受到影响。

2. 单位输送容量成本高

相比于成熟的常规直流输电工程，柔性直流输电工程目前所需设备的制造商较少，主要设备尤其是子模块电容器、直流电缆等供货商都是国际上有限的几家企业，甚至需要根据工程定制，安排排产，因此成本高昂。IGBT 器件目前国内已经具备一定的生产能力，但是其内部的硅晶片仍然主要依靠进口。从目前国内舟山、厦门等柔性直流工程的建设成本来看，其单位容量造价约为常规直流输电工程的4—5 倍。如果想要柔性直流输电达到特高压直流输电的输送容量，其成本是非常可观的。

3. 故障承受能力和可靠性较低

由于目前没有适用于大电流开断的直流断路器，而柔性直流输电从拓扑结构上无法通过 IGBT 器件完全阻断故障电流，不具备直流侧故障自清除能力，因此，一旦发生直流侧短路故障，必须切除交流断路器，闭锁整个直流系统，整个故障恢复周期较长，相对于传统直流，柔性直流的故障承受能力和可靠性较低。如果采用双极对称接线方案可以一定程度上提高可靠性，但是故障极的恢复时间仍会受到交流断路器动作时间的限制，整个系统完全恢复的速度比不上传统直流。这也是架空线在柔性直流输电中的应用受到限制的主要原因。

4. 损耗较大

无论是采用 SPWM 脉宽调制技术的 2 电平拓扑还是采用最近电平逼近 NLS 的子模块多电平拓扑结构的柔性直流输电技术，其开关频率相对于传统直流都较高，其开关损耗也是相当可观的。早期 2 电平柔性直流工程的换流站损耗能够达到3%—5%，目前采用子模块多电平的柔性直流工程多将损耗控制在 1% 以内，与传统直流的损耗相当，但是输送容量相对于传统直流还是很小，而如果容量提升，则必然需要更大规模的子模块和更快的开关频率，因此，损耗也会相应提高。

5. 输电距离较短

由于没有很好地解决架空线传输的问题，柔性直流输电工程的电压普遍不高，同时，柔性直流系统相对损耗较大，这就限制了其有效的输电距离。目前特高压直流输电距离已经达到 2000km 左右，而柔性直流输电工程的输电距离大多在几十千米到百余千米左右。从这个角度来说，柔性直流输电并不适用于长距离输电。

三、柔性直流输电技术

（一）柔性直流输电技术发展概况

柔性直流输电是基于可关断电力电子器件绝缘栅双极晶体管（IGBT）组成的电压源换流器（VSC）所构成的新一代直流输电技术。于 1990 年，首先由加拿大 McGill 大学的 Boon-TeckOoi 等人首先提出。在此基础上，ABB 公司将电压源换流器和聚合物电缆相结合提出了轻型高压直流输电（HVDClight）的概念，并于 1997 年 3 月在瑞典中部的 Hellsjon 和 Grangesberg 之间进行了首次工业性试验。该试验系统的功率为 3MW，直流电压等级为 ±10kV。

国际权威学术组织——国际大电网会议（CIGRE）和美国电气与电子工程师学会（IEEE）将其定义为"VSCHVDC"，即"电压源换流器型高压直流输电"；西门子公司称之为"新型直流输电"；我国称之为"柔性直流输电"。

目前主要采用的换流器拓扑结构有两大类：基于开关型的换流器拓扑（如三相两电平、三相三电平）及基于可控电源型换流器拓扑（模块化多电平）。由于模块化多电平换流器开关频率低、输出波形质量高、故障处理能力强等原因，自 2011 年以来世界上在建的柔性直流工程全部采用此技术路线。柔性直流输电技术在风电、太阳能等可再生能源发并网、孤岛（无源负荷）供电、大型城市供电等应用领域具有显著的技术优势。

（二）柔性直流输电关键技术

柔性直流输电作为一种全新的输电方式，可以实现有功和无功功率同时控制。但由于其内在运行规律与运行机理描述复杂，系统动态行为特性的精确描述较为困难；普遍采用的模块化多电平换流器中，包含数千个状态和控制均独立的电压源功率单元，其运行状态多，随机性强，无法简化等效，建模与仿真手段需要再造，电压电流平衡的协同调控困难；同时，换流器中包含数千至数万个电力电子器件，开关频率相对较高，多物理场相互作用关系复杂，高可靠性设计方法和试验机理都是全新的挑战。

1. 柔性直流输电的关键技术

（1）接入系统分析

接入系统分析是确定柔性直流输电系统接入交流电网的关键。首先根据地区电网的现状及发展情况确定柔性直流输电系统接入系统方案及容量，继而进行柔性直流潮流控制方式的研究，计算柔性直流输电系统不同运行工况下的潮流情况，并且计算故障情况下电磁暂态特性。

（2）主电路与主参数设计、控制策略

系统主电路与主参数设计要满足有功传输、无功调节及四象限运行能力要求，主要内容包括：确定连接变压器的额定功率、电压和电流、阻抗、抽头范围与级差等；计算柔性直流系统各节点电压、电流、功率、调制波特性、连接变运行特性等。通过设计上述稳态参数，可以确定稳态条件下系统的运行特性和关键主设备定值，并制定相应的控制策略，提供基本的稳态控制参数。

（3）故障特性研究与保护定值设计

在确定换流阀拓扑结构之后，研究其故障特性，以分析其在极端条件下换流阀电气应力，设计极端工作条件下 IGBT 的驱动与保护方案。子模块作为换流阀标准化的基本功能单元，其电气设计是换流阀电气设计的基础。子模块电气设计的目的在于合理设计元器件运行参数等要求，配合系统控制保护定值，使换流阀满足工程各种工况运行要求，并具备较高的可靠性。

（4）核心装备研制

电压源换流器、连接变压器、阀／相电抗器、柔性直流电缆、阀基控制器和控制保护系统是柔性直流输电系统的核心装备。柔性直流输电系统的安全稳定运行，需要这些核心装备提供支撑，为此，柔性直流输电系统核心装备的研制已迫在眉睫。

（5）换流阀试验技术

由于模块化多电平柔性直流换流阀运行工况的特殊性，在其运行试验中，不仅要考察 IGBT 器件纳秒级瞬态开关过程，还要考察阀控系统对级联子模块间的均压调制策略，使其在试品上产生交、直流相互叠加的连续复合电压、电流应力，因此，不能采用常规直流的试验方法，需要在其基础上进行改进。此外，由于 IGBT 自身的脆弱性，对于过电压、过电流、di/dt 和 dv/dt 都较半控器件阀更加敏感，因此其驱动保护电路更为复杂。同时，IGBT 的工作频率较高，承受的暂态应力，如 di/dt 和 dv/dt 等都较晶闸管更为严酷，这使得等效再现此类应力非常困难。

（6）阀控系统动模试验技术

阀控系统动模试验不仅能够验证柔性直流输电拓扑及参数设计、多站协调控制策略、交直流线路故障机理等，而且能够模拟实际工程的暂稳态特性、交直流系统互相作用和系统故障特性。基于此，研究阀控系统动模试验技术已成必要。

四、柔性直流输电工程技术

（一）柔性直流输电系统主接线

采用两电平、三电平换流器的柔性直流输电系统一般采用在直流侧中性点接地的方式，而模块化多电平柔性直流输电系统则一般采用交流侧接地的方式。无论是采用直流侧中性点接地的两电平、三电平换流器还是采用交流侧接地的模块化多电平换流器的柔性直流输电系统均为单极对称系统。正常运行时接地点不会有工作电流流过，不需要设置专门的接地极，而当直流线路或换流器发生故障后，整个系统将不能继续运行。此外，通过大地或金属回线还可构成单极不对称结构，类似于传统高压直流输电系统的一个极。在相同系统参数下，相比于单极对称系统，单极不对称系统换流阀所耐受的电压水平是单极对称系统的2倍，且直流侧的不对称还将造成换流器交流侧电压水平的提升。

为了提升柔性直流输电系统的功率容量和电压等级，满足特高压、远距离、大功率输送的要求，单极换流站内换流器还可以由若干容量较小换流器单元串并联组合构成。两个单极不对称系统串联还可以构成与传统高压直流输电类似的双极对称系统。

采用双极系统的变压器需要承受由于直流电压不对称造成的变压器直流偏置电压，与常规直流变压器不同的是，此时变压器不需要承受换流站产生的谐波分量。目前，柔性直流输电系统采用单极结构的最主要原因在于柔性直流输电工程为了降低直流侧故障的发生率，大都采用电缆作为传输线路。这样，采用单个换流器的可靠性相对更高一些，而且降低了工程成本。

对于多端柔性直流输电系统，系统连接方式一般为并联形式，以保证换流器工作在相同的直流电压水平。并联型多端柔性直流网络又可分为星形和环形两种基本结构。其他复杂结构都可以看成这两种结构的扩展和组合。并联式的换流站之间以同等级直流电压运行，功率分配通过改变各换流站的电流来实现；串联式的换流站之间以同等级直流电流运行，功率分配通过改变直流电压来实现；既有并联又有串联的混合式则增加了多端直流接线方式的灵活性。与串联式相比，并联式具有更小的线路损耗、更大的调节范围、更易实现绝缘配合、更灵活的扩建方式以及突出的经济性，因此，目前已运行的多端直流输电工程均采用并联式接线方式。

（二）柔性直流输电换流器技术

根据桥臂的等效特性，柔性直流输电的换流器可以分为可控开关型和可控电源型两类。可控开关型换流器的换流桥臂等效为可控开关，通过适当的脉宽调制技术控制桥臂的开通与关断，将直流侧电压投递到交流侧。可控电源型换流器的储能电容分散于各桥臂中，其换流桥臂等效为可控电压源，通过改变桥臂的等效电压，间接改变交流侧输出电压。可控开关型换流器以两电平换流器为典型代表，其拓扑结构与运行控制相对简单，但换流器开关频率较高，交直流侧谐波含量较大，需要在换流站中加装多组滤波器，同时换流器的损耗也较高。三电平换流器虽然输出电压波形谐波含量相对较少，换流器的开关频率、总谐波水平和损耗都有所降低，但该换流器拓扑结构复杂，且成本较高，系统可靠性较低。此外，开关型电压源换流器每个桥臂由大量的开关器件直接串联，需要解决开关器件开通和关断引起的静态与动态均压等问题。

模块化多电平换流器是可控电源型换流器的典型代表。桥臂的等效输出电压是通过改变投入桥臂内的串联子模块个数来实现的。根据子模块所采用的类型，又可分为半桥型、全桥型以及钳位双子模块型等多种形式。此外，级联两电平换流器（CTL）由半桥电路级联而成，其本质上也属于可控电源型换流器当其桥臂中的子模块超过一定数量时，换流器输出波形为近似正弦的阶梯波，无须加装滤波装置。

1. 与两电平换流器相比，模块化多电平换流器的突出优势

（1）模块化设计，易于电压等级的提升和容量的升级。

（2）器件的开关频率和开关应力显著降低。

（3）输出电压谐波含量和总电压畸变率大大减少，交流侧无须滤波装置。

2. 相比于两电平换流器，模块化多电平换流器也有不足

（1）由于每个桥臂中串联的子模块数量较多，因此阀控系统在每个周期内所需处理的数据量非常大，对控制系统要求很高。

（2）分布式储能电容需要增加子模块电容电压的均衡控制。

（3）各桥臂间能量分配不均，将破坏子模块内部的稳定性，导致电流波形发生畸变。

在目前投入工程应用的换流器技术中，无论是两电平还是半桥型模块化多电平换流器，均存在一个突出问题，即无法在直流故障下实现交直流系统的隔离。但全桥式和钳位双子模块型模块化多电平换流器，由于可以使桥臂等效输出电压为负，在直流电压急剧降低时，仍然可以支撑交流电压，从而实现对交流侧短路电流的抑制作用。

（三）柔性直流输电控制与保护

柔性直流控制保护系统是系统能够正常运行的核心，用于实现系统正常运行的控制功能和故障下的保护功能。控制保护系统包括换流站级控制保护系统和换流阀级控制保护系统。

但与常规直流输电不同的是，柔性直流输电中的阀级控制保护系统更为复杂。尤其是在模块化多电平柔性直流输电系统中，换流站级控制器（简称极控或者站控）只承担一部分控制和保护功能，对阀体的控制保护更多依赖阀级控制器完成。包括根据换流站级控制信号的要求产生换流阀子模块的控制信号，进行数据处理和汇总，以及实现换流阀的保护等功能。因此，柔性直流控制保护系统通常需要实现纳秒级的高速同步控制，以满足柔性直流输电控制系统高实时性的要求。

柔性直流换流站级控制系统除实现系统的正常启动、停运操作外，还包括稳态的功率控制和调节，其功率控制器包括有功类功率控制器和无功类功率控制器，有功类控制器包括有功功率控制和直流电压控制；无功类控制器包括无功功率控制和交流电压控制。一般来说，双端柔性直流系统的正常运行需要一站控制直流电压，另一端控制有功功率，而两站的无功调节相互独立，可以自由选择控制无功功率还是交流电压。

在控制策略上，无论采用两电平还是模块化多电平换流器技术，其交流侧具有类似的等效数学模型，因此，均可采用相同的站级控制策略。在众多的站级控制策略中，直接电流矢量控制策略以较高的电流响应速度和精确的电流控制效果已成为电压源型换流器的主流控制技术。模块化多电平换流器与常规直流输电和两电平柔性直流输电控制系统的区别主要在阀级。

柔性直流输电中的阀基控制器（VBC）是实现站级控制系统与底层子模块控制的中间接口，用于实现阀臂的控制、保护、监测及与站控系统以及换流阀的通信，同时实现子模块电容电压平衡功能以及环流控制功能，这是保证模块化多电平柔性直流系统正常运行的

关键。由于高压大容量系统的阀臂往往由数百个子模块组成，为保证各个子模块之间的电压平衡，VBC 对子模块数据的处理速度要求极高，往往在 100μs 以下，这种大规模子模块的高速控制平衡技术，对阀控设计提出了很大的挑战。同时，模块化多电平技术所特有的环流现象会引起换流阀电流应力以及损耗水平的上升，严重时会造成系统失稳无法运行，因此环流控制策略的设计也成为阀控中的关键环节。

柔性直流输电保护系统的主要功能是保护输电系统中所有设备的安全正常运行，在故障工况下，能够迅速切除系统中故障或不正常的运行设备，以保证剩余健全系统的安全运行。高压直流输电系统的保护配置需满足可靠性、灵敏性、选择性、快速性、可控性、安全性和可维修性等原则。基于模块化多电平换流器的柔性直流输电系统其故障特性与两电平换流器系统保护策略两者主要的区别在于具体的保护分区和保护算法设计。但总体而言在保护总体配置上相差不大，大致可分为交流侧保护、换流器保护和直流区保护。

（四）柔性直流输电电缆技术

由于柔性直流输电系统切除直流侧故障时比较困难，因此，已建成的柔性直流工程线路大多数采用直流电缆以降低故障率。

与交流电缆相比，由于直流电缆的导体没有集肤效应和邻近效应，即使输送很大电流，也不必采用复杂的分裂导体结构。直流电缆的电场强度是按绝缘的电阻系数成正比分配的，绝缘的电阻系数是随温度变化的，当负载变大时绝缘表面的电场强度逐渐增加，因此，直流电缆允许的最大负载不应使绝缘表面的电场强度超过其允许值，即不仅要考虑电缆的最高工作温度，而且要考虑绝缘层的温度分布。与传统直流电缆相比，柔性直流输电中不要求直流电缆承受电压极性翻转，因此从某种意义上说，对柔性直流电缆的技术要求比传统直流电缆要低。

目前，用于柔性直流输电的电缆根据绝缘形式不同，主要分为自容式充油（SCOF）电缆、黏性浸渍纸绝缘（MI）电缆、交联聚乙烯（XLPE）电缆。SCOF 电缆技术非常成熟，电压等级可达到 800kV。电缆内部充有低黏度的电缆油。SCOF 电缆的绝缘纸由针叶树木浆牛皮纸制成。当 SCOF 受到外力破坏而发生漏油时，不必马上进行停电处理，可从补油设备中加油维持电缆正常运行。但从环境角度来看，电缆漏油会造成环境污染，特别是海底电缆对海洋环境的污染。SCOF 电缆需要油箱等附属设备，运行维护工作量大，成本高。

MI 电缆技术也非常成熟，用于直流输电系统已超过 100 年。该种电缆最高可适用于直流 5000kV。目前，最长的工程路由长度为 580Km，但理论上其传输长度几乎不受限制。MI 电缆运行温度最高只有 55℃，且不适用于温差较大的条件下运行。

XLPE 绝缘柔性直流输电电缆的绝缘材料为交联聚乙烯，其通过超净高纯度工艺或在交联交流电缆绝缘中添加纳米材料解决了交联直流电缆的空间电荷问题。XLPE 软化点高、热变形小，在高温下的机械强度高、抗热老化性能好，使该种类型电缆的最高运行温度达 90℃，而短时允许温度则达 250℃。XLPE 绝缘柔性直流输电电缆采用新型的三层聚合材料挤压的单极性电缆，由导体屏蔽层、绝缘层、绝缘屏蔽层同时挤压成绝缘层；中间导体一般为铝材或铜材单芯导体。现有可满足工程要求的柔性直流电缆最高参数为

±320kV/1560 A，±500kV 及以上电压等级的柔性直流电缆也正在开发。

（五）柔性直流输电试验技术

柔性直流输电的试验技术主要包括换流阀及阀控设备的试验技术。

针对换流阀试验技术，国外已经有了很多前期工作。CIGREB448 工作组针对换流阀在各种工况下耐受的应力进行了详细的阐述和分析，并提出了相关的试验建议；IEC62501 制定了相关的换流阀试验标准，但并没有给出相应的试验电路。目前，国际上许多公司都在开发柔性直流的相关试验能力，中国已经具备了相关的柔性直流形式试验能力，并完成了 1000MW/±320kV 等级换流阀的形式试验。柔性直流换流器为电压源型，其基本工作原理与常规直流换流器有所不同。因此，柔性直流换流阀的暂态、稳态工况均与常规直流换流阀有较大区别，原有的常规直流换流阀的试验项目、方法和设备大部分已不适用。因此，应深入研究阀的工作原理和其中电力电子器件及其组合体上的电压、电流、热、力等应力和波形，然后提出相应的试验项目和等效试验方法。

在稳态运行中，柔性直流换流阀承受的电压、电流应力均为持续的直流和交流分量叠加。在暂态过程中，由于在子模块电容电压钳位作用下，换流阀中会出现短时的电容放电电流，该电流随着保护动作逐渐降低。

柔性直流换流阀的形式试验项目主要包括绝缘形式试验和运行形式试验，其中绝缘形式试验又分为阀对地绝缘试验和阀体绝缘试验。

阀基控制器试验技术是测试阀控系统功能和可靠性的重要环节。从柔性直流阀基控制器试验系统角度看，常规直流的一个桥臂所有器件触发信号相同，可以采用单一的晶闸管器件等效方案进行试验；而柔性直流单个桥臂内的各个子模块触发信号均不相同，柔性直流输电的阀控系统为每个换流子模块提供不同的控制命令，原有的阀控系统等效测试方法已不适用于柔性直流换流阀控系统。

采用动模仿真技术构建的柔性直流数模混合仿真系统是目前模块化多电平换流器柔性直流输电系统仿真研究重要技术手段。动模系统能精确模拟柔性直流换流阀动态特性，可为阀控系统和极控制保护系统提供硬件实时在环测试功能。

国外很多单位已开发出针对模块化多电平换流器阀控系统的试验设备。中国已经完成了可满足 3000 节点的模块化多电平柔性直流动模实时仿真系统，能满足 ±320kV 电压等级、控制 100μs 以内的阀基控制设备在环测试和系统仿真，目前在国际上处于领先地位。而针对 ±500kV 及以上电压等级工程，以及多端柔性直流和直流输电网络的仿真系统，已经开始建设。

数字实时仿真系统可以完成电网建模，实现电磁暂态过程仿真，柔性直流接入、切除和运行方式切换过程仿真、低频振荡现象和故障态仿真，阀控系统解锁闭锁试验，阀控与极控设备之间的通信试验，换流阀启 / 停控制试验，阀故障模拟试验等。数字实时仿真是柔性直流输电系统研究和试验的必要手段，也可和动模试验相结合，组成功能更完善的仿真试验平台，降低动模试验系统开发成本和时间。

五、柔性直流输电在我国的应用前景

目前，从柔性直流的应用领域来看，世界范围内 32 项已投运或在建的柔性直流输电工程中，9 项工程应用于风电场并网，3 项应用于城市中心供电，5 项应用于电力市场交易，3 项应用于异步电网互联，4 项应用于电能质量优化，3 项应用于海上平台供电，1 项应用于海岛联网。柔性直流输电在我国的发展前景也将主要围绕这几个方面展开。

（一）替代传统直流的大规模送电和交直流联网

我国西部能源多负荷少，全国 90% 水电集中在西部地区；而东部能源少负荷多，仅东部 7 省的电力消费占到全国的 40% 以上。能源资源和电力负荷分布的严重不均衡，决定了大容量、远距离输电的必要性，这也是目前特高压直流输电工程在我国大量布局的重要原因。但是传统直流对接入电网的短路容量有一定的要求，而且需要大量的无功补偿设备。随着越来越多的特高压直流线路接入电网，许多传统直流固有的问题越来越难处理，新的问题开始显现，如换相失败问题，多条直流溃入同一交流电网的相互影响问题等。

柔性直流输电理论上不存在这些传统直流的固有问题，对接入的交流电网没有特殊要求，可以方便地进行各种形式的交直流联网，而产生的影响却微乎其微。目前柔性直流的输送容量主要受到电压源型换流器件容量、直流电缆耐受电压及子模块串联数量的限制，而且由于目前没有适用于大电流开断的直流断路器，柔性直流工程直流侧故障自清除能力较差，因此一旦发生直流侧短路故障，就必须切除交流断路器，闭锁整个直流系统，整个故障恢复周期较长，因此，不宜采用架空线输电而更适合电缆送电。

柔性直流输电未来向大容量长距离方向发展必须突破的技术障碍包括：

1. 电压源型换流器件材料有发生本质改变，如利用 SiC 取代 SiO_2 作为半导体器件的核心元件，相应的其封装材料的耐热和绝缘也需要大幅改进，进而突破器件的容量限制。

2. 大电流直流断路器的开发和应用，目前直流断路器还处于研究阶段，有不同的技术路线，其中一种是利用控制电力电子器件对电流进行分流转移，并通过避雷器吸收能量，其结构和体积与一个相同容量的换流阀相当，而其开断电流的大小同样与电力电子器件容量和避雷器容量的限制。在可以预见的将来，一旦这些技术障碍得以突破，柔性直流输电将能够替代传统直流承担起大容量、远距离送电的任务。

（二）便于实现可再生能源等分布式电源并网

分布式电源指的是接入 35kV 及以下电压等级的小型电源，包括微型燃气轮机、小型风力发电机、燃料电池或光伏电池和其他储能设备等，而可再生能源是典型的分布式电源。这些电源的特点是单台机组容量小，受风、光等气候影响大，具有波动性和间歇性的特点，可以就地接入或通过阵列式布局达到一定规模再接入电网。随着新型发电及可再生能源技术的发展，分布式发电的重要性也日趋明显，对于减少环境污染、提高能源利用率具有重要意义，同时，也能一定程度上满足负荷增长需求。

可再生能源等分布式发电的特点决定了其电压支承能力弱，对系统运行和电能质量等带来不利影响。柔性直流输电对有功和无功可独立进行控制，本身具备 STATCOM 的功能，

第四章　智能输电技术

对于由风电场输出功率波动而导致的电压波动能够起到很好的缓解作用，改善电能质量。而且电压源型换流器不存在换相过程，不需要接入系统提供强大无功支撑，不用专门配置无功补偿装置。柔性直流输电的这些特点对分布式发电并网给出了可行的解决方案。

（三）用于大城市电网增容与直流供电

随着我国社会经济的高速发展，城市电网的负荷持续增长、对电能质量的要求也不断提高。以交流输电为主的城市电网面临越来越大的困难和挑战，例如城市电网电能输送通道资源越来越紧张；用电负荷和供电容量增加带来的短路电流超标问题；土地资源有限站址的选择也越来越难；环境保护的客观要求等，这些因素极大地制约了特大型城市的进一步发展。

柔性直流输电技术产生的谐波含量少，可以快速地对功率进行控制，稳定电压，有效地改善供电的电能质量；采用埋地式直流电缆，不需要占用输电走廊，既能达到城市电网增容的目标，又不影响城市市容；柔性直流输电换流站占地少，能一定程度上节约土地资源；可灵活控制交流侧的电流，进而达到对系统短路容量的控制。这些柔性直流输电的特点决定了其在大城市电网增容扩建中大有用武之地。

（四）用于向弱系统或孤岛供电

我国幅员辽阔，很多偏远地区供电存在困难，由于这些地区本身系统弱，距离大电网远，难以并网，也不能提供足够的无功支撑。如果采用交流输电，电压跌落将非常严重。而采用柔性直流输电，不需外加换相电压，可以工作在无源逆变方式，其受端系统甚至可以是无源网络，非常适合这种情况，为解决偏远地区的供电问题提供了新的方案。不过向偏远地区送电很多情况下可能无法敷设电缆，采用这种方式还是有待于进一步解决架空线路用于柔性直流输电所面临的供电可靠性问题。

另一方面，我国拥有广阔的海岸线和大量拥有常住人口的海岛，对海上风电的开发也是未来的发展方向。这些特殊的地区电负荷偏小、电压波动大，也是典型的弱系统和孤岛。目前绝大部分海岛及海上钻井平台采用独立的供电体系，燃料利用率偏低，环境污染严重。对于海岛送电来说，采用架空线路不太现实，采用交流电缆电容效应显著，损耗太大，因此采用柔性直流输电技术通过直流海缆进行海岛供电可以说是必然的选择。同时柔性直流输电换流站占地面积小，在面积不足的海岛或钻井平台上建设非常有优势。

第四节　新型输电

一、特高压交流输电技术

特高压交流输电（Ultra HVAC）主要具有输电能力强、输电损耗低、节约输电走廊占地面积的特点，在大容量、远距离输送电能上具有明显的经济优势。经过各国的研究、试验表明，技术问题已不再是特高压输电发展的限制性因素，特高压电网出现和发展的进程

/149/

是由各国大容量输电需求所决定的。

2006 年 8 月，国家电网公司晋东南 - 南阳 - 荆门特高压交流试验示范工程山西晋东南变电站、河南南阳开关站、湖北荆门变电站分别奠基动工。按照规划，项目建成后可以直接转入商业化运行，实现华北电网和华中电网的水火调剂、优势互补，具有错峰、调峰和跨流域补偿等综合社会效益和经济效益。

二、特高压直流输电技术

通常认为 ±750kV 及以上为特高压直流输电（Ultra HVDC）。特高压直流输电较一般高压直流输电具有许多优势：更适合大功率、远距离输电；系统中间不落点，可点对点、大功率、远距离直接将电力送往负荷中心；可以减少或避免大量过网潮流，可按照送受两端运行方式变化而改变潮流；在交直流并联输电的情况下，利用直流有功功率调制，可以有效抑制与其并列的交流线路的功率振荡，包括区域性低频振荡，明显提高交流系统的暂态、动态稳定性能。

目前世界上没有特高压直流输电的工程运行。虽然苏联曾于 1978 年计划建设埃基巴斯图兹一唐波夫 ±750kV、6000MW、2414km 的直流输电工程，但由于各种非技术原因该项工程被迫停建。

2006 年 12 月 19 日，世界首个 ±800kV 特高压直流输电工程 - 云广 ±800kV 特高压直流输电示范工程在云南楚雄开工。西南能源基地的强大电流将通过这条新通道，源源不断地送往电力消费大省广东。发展 ±800kV 特高压直流输电技术，符合科学发展的要求，符合我国的国情。

三、紧凑型线路技术

紧凑型线路（Compact Transmission Line）是通过对导线的优化排列，将三相导线置于同一塔窗内，相间无接地构件，从而缩小相间距离、减小波阻抗，大幅提高自然输送功率，减少线路走廊宽度，有效地控制导线表面场强，提高单位走廊输电容量的一项新的输电技术。

（一）紧凑型线路相较常规输电线路具有以下优点

1. 绝缘强度与常规线路相当，并具备带电作业的条件。

2. 导线表面电场强度与常规线路相当，并具有较小宽度的地面高场强区。

3. 各相参数对称性好，具有较小的正序电抗和较高的自然功率等良好的运行特性。

4. 具有较小的走廊宽度，易于选择优化的路径方案。

（二）紧凑型输电线路也存在一些的问题

1. 充电功率明显大于同电压等级的常规线路，线路有功损耗较大，功率变化时末端电压波动较大，需要解决无功补偿问题。

2. 相间电容及相间互感较常规线路大，潜供电流和恢复电压较大。

3. 由于参数差异较大，与常规线路并联运行时可能会产生环流，对继电保护的整定和配合也可能产生影响。

4.由于紧凑型线路传输功率较大，故障断开后造成相联系的常规线路的功率可能超限，从而限制了紧凑型线路在提高整体系统传输能力作用的发挥。

近年来，我国既侧重缩小线路走廊，又要求提高线路输送能力，对紧凑型输电技术研究和应用取得了重大成果。北京昌平房山 500kV 输电线路是中国第一条紧凑型输电线路。通过大量工程应用表明紧凑型输电技术的应用前景广阔，是当前加强电网建设与国家可持续发展战略方针相协调的新技术之一。

四、同塔多回输电技术

同塔多回输电（Multi-circuit Lineson The Same Tower）是指在一个杆塔上架设 2 回或 2 回以上相同电压等级或不同电压等级的导线的一种新型输电技术。同塔并架多回输电在杆塔结构与导线布置、绝缘设计、保护方式、运行和检修、耐雷水平、电磁环境等方面都与常规单回输电有所不同，给应用带来一些问题。虽然同塔多回输电技术实施难度较大，但不存在难以逾越的技术障碍。国内外同塔多回输电技术的研究和运行实践表明，采用同塔多回输电是减少线路综合造价、缓解线路走廊紧张矛盾、节省土地资源的有效手段，特别适宜于在经济发达、人口稠密地区的推广应用，具有明显的经济效益和社会效益。

五、大截面导线输电技术

大截面导线（Big-section Conductor）即扩径导线，能提高输送功率、减少线路损耗，同时也存在一些问题：导线截面的增加，导致杆塔荷载增加、架线施工难度提高；一般采用超自然功率输送，过载时会引起沿线电压的巨大降落和附加电能损耗，线路越长情况越严重，不利于系统稳定。可通过无功补偿装置来提高系统稳定性，但增加了投资。

当输送距离 6500km 时，超自然功率输电线路在极限串联补偿下的输送功率也不能随着线路投资的增加而增长，导线的利用率反而远不及常规线路。实际工程也证明了大截面导线适用于人口较集中，用电需求较大，潮流较集中的短距离输电线路中，如变电站、发电厂出口处，区域间的联络线等大功率输电线路。此外，大截面导线也可应用于在超高压直流输电。

六、耐热导线输电技术

耐热导线（Heat-resisting Conductor）输电即适当提高导线允许温度，可以增大系统事故稳定载流量，从而提高线路正常输送能力。通过研究发现在铝材中适当添加金属锆（Zr）元素能提高铝材的耐热性能，该项发现直接影响并导致产生了钢芯耐热铝合金绞线。该导线具有耐高温、输送容量大等技术特点。但也存在高温运行时线路的损耗加大、弧垂增加，导线造价高等不足，从而影响了它在远距离输电线路上的应用。

早在 1997 年的国际大电网会议上，日本公布其 60% 导电率耐热铝合金绞线使用量达到全国输电线路总长的 70%。我国从 20 世纪 80 年代开始在许多 220kV 以上变电站的母线上应用一根大截面的耐热铝合金钢芯绞线代替 2 根同截面的钢芯铝绞线。工程应用表明，耐热铝合金导线特别适合作变电站、发电厂等大电流输送和老线路增容改造线路，安装维护方便，运行可靠，可节约工程投资。

七、多相输电技术

（一）多相输电（Multi-PhasePower Transmission System）

是指相数多于 3 相的输电技术，多相输电技术理论上存在以下优越性：

1. 导线间距减小，线路紧凑，正序电抗较小，可与现有 3 相系统协调、兼容运行。

2. 对高压断路器触头断流容量的要求较低。

3. 同等导线截面的条件下，线路输送功率大幅提高。

4. 相同电压下，多相输电的正序电抗 X 下降，进一步促使稳定极限功率上升。

5. 导线表面电场强度较小，架空线路走廊窄等。

6 相及以上的多相导线的悬挂困难、杆塔结构复杂，线路造价上升。随着线路相数的增加，多相输电线路故障组合类型迅速增加，增加了故障的分析、继保整定的难度。多相输电中的断路器结构比较复杂，相间过电压倍数较高。由于上述缺点，6 相及以上的多相输电方式的推广应用受到限制。近年来在自行研制成功的三相变四相、四相变三相变压器的基础上，我国率先提出了四相输电技术。

（二）四相输电还有以下优点

1. 四相导线可对称地悬挂在单柱杆塔的两侧，结构简单，空间电磁场分布更加均匀。

2. 可采用两相邻相运行，提高输电系统运行可靠性与暂态稳定性。

可见，四相输电的线路对称性好，线路及杆塔结构简单，在多相输电线中具有独特的优势，同时能够提高输送功率密度，节省架线走廊，经济及环境效益十分显著，值得继续深入研究和试验。

八、柔性交流输电技术

柔性交流输电系统（FACTS）是一种将电力电子技术、微机处理技术、控制技术等高新技术性交流输电术应用于高压输电系统，以提高系统可靠性、可控性、运行性能和电能质量，并可获取大量节能效益的新型综合技术。

其在输电系统中的主要作用有：可大幅提高输电线路的功率极限至导线的热极限，减缓新建线路和提高现有线路的利用率；有助于减少和消除环流或振荡，有助于在电网中创造电力定向输送条件，有助于提高现有输电网的稳定性、可靠性和供电质量，有助于进一步减小网损和系统热备用容量，还有助于防止连锁性事故扩大、减少事故恢复时间及停电损失，有助于方便、迅速地改变系统潮流分布；对已有常规稳定或反事故控制的功能起到补充、扩大和改进的作用，同时使得 EMS 的效益得到提高，有助于建设全网统一的实时控制中心，从而使全系统的安全性和经济性有一个大的提高；应用 FACTS 控制器的方案常常比新建一条线路或直流换流站的方案投资要少，FACTS 控制器组可改变交流输电的功能范围，甚至扩大到原属于 HVDC 专有的那部分应用范围。

显而易见，利用柔性交流输电技术，提高输电系统的可靠性、可控性和运行效率是极为重要和有效的，因而具有特别广阔的应用前景。

九、轻型直流输电技术

轻型直流输电（HVDC Light）是以电压源换流器（VSC）和绝缘栅双极晶体管（IGBT）、脉宽调制（PWM）为基础的小功率的直流输电技术。输电容量可向下延伸到几 MW 到几十 MW。轻型直流输电系统仅包含两个部件：一个换流站和一对入地电缆。

轻型高压直流输电具有如下优点：能够满足越来越高的电能质量要求，改善了一般高压直流输电都易产生的谐波污染、电压间断、波形闪变等电能质量问题；可联结风力发电、潮汐电站、太阳能电站等装机容量小的"电源孤岛"，向主网传送剩余电力，具有投资小、输电效率高和环保价值；换流站的结构紧凑，对场地面积和环境的要求都大为降低，可经济地实现向偏远地区或海上的"负荷孤岛"供电，方便地实现交流电网间非同步互联。

大量工程实际表明，轻型高压直流输电在技术、经济与环保方面都为输电系统带来了很大改进，有着积极的应用前景。

十、柔性分频输电技术

输送功率与电压的平方成正比，与系统的电抗 X 成反比，而电抗 X 与工作频率 ω 成正比。因此，降低输电系统频率显然能成比例地提高系统的输送功率极限。基于这一思路，由我国率先提出一种全新的分频输电系统（Fractional Frequency Transmission System）。早期分频输电系统主要由水电机组、变压器、输电线路、倍频变压器构成。由于水电机组转速很低，适合发出频率较低的电能；升压后直接输送低频电能，其线路电抗因低频而成比例的下降，达到分频效果，因此，可大幅度提高线路输送容量；最后通过倍频变压器向工频电力系统供电。

随着电力电子技术日趋发展与成熟，可使用相控式交—交变频器替代倍频变压器来实现系统的变频功率传输，因而又将其称为柔性分频输电系统（FFFTS）。

（一）系统主要优点

1. 大幅提高输电线路的输送容量。

2. 显著提高系统的稳定水平，减少电压波动和无功补偿。

3. 不影响受端系统的短路电流水平，同时有功功率的流向可逆可控。

4. 降低频率对末端空载电压，末端补偿容量，电压波动率等各项运行指标有显著改善作用。

（二）柔性分频输电技术还存在许多悬而未决的问题

1. 重负荷、轻负荷时的无功控制。

2. 大容性电流系统的长时间运行和暂态控制。

3. 需更精确的系统数学模型和分析方法研究各种运行状态下的特性。

4. 需要开发对应的保护与控制系统。

5. 关键电力设备需要设计研制。

总之，柔性分频输电技术在系统构成、控制运行、传输能力、无功和谐波等方面均有其特点和优势。特别对水电的大功率远距离传输方面尤其具有技术经济优势，有良好的应用前景，值得从理论到应用做更深入、全面的研究。

十一、气体绝缘线路输电技术

气体绝缘线路（Gas Insulation Line）是气体绝缘开关技术的延伸，即将导体悬浮在管道绝缘气体之中，相比普通电缆具有下述优点：高额定输送功率（大于或等于3000MV·A）；电容很低，且较易控制，适合长距离输送，100km 内的线路无须无功补偿设备；在满足机械稳定标准的条件下仅需较小的导体截面，且不影响大功率传输；容易与架空线匹配，可采用自动重合闸装置，无须改变运行模式和保护设定；在输送功率大于1000MV·A 的情况下无须强迫冷却，且其磁场感应强度也非常低；线路损耗较低，所用绝缘气无毒并可重复使用，对环境无影响。

目前西门子公司拥有 550kV 的总长为 50km 的气体绝缘线路运行经验，所建线路运行20 多年无绝缘或机械事故。尽管气体绝缘线路输电技术由于过于昂贵而难以推广利用，但随着技术发展，价格有下降的趋势，适用于大功率、长距离输电且架空线建设较困难的地区。

十二、高温超导输电技术

高温超导输电（High Temperature Super-Conduncting Transmission）技术即借助高温（-180~-150℃）条件下的超导金属材料（HTS）进行电能传输的技术。高温超导电缆是将超导体绕在一个空心管上，管内注入液态氮冷却剂。液态氮的成本只有液态氦的2%左右，且维持低温所需的电功率也仅为使用液态氦时的1/20~1/50。第 2 代钇系 HTS 柔韧性更好，效率更高，批量生产的成本较低，这使超导输电技术的推广应用有了一定的现实基础。新西兰科学与工业研究院已研制出电流密度达 120kA/cm² 的超导导线，其电流密度是普通铜线的 240 倍。高温超导电缆已成为目前超导电缆的发展主流，并走向试验运行阶段。

高温超导电缆的主要优点为：能够以小型化输送大功率，大幅度降低电缆建设成本；超导线缆的电阻为零，电流密度高；电抗约为常规电缆的1/3，利于提高系统的可靠性；使用的金属材料和绝缘材料比常规电缆体积小，质量轻；液态氮对环境无害，线路无电磁污染，环保性能优越。

随着超导技术的发展，高温超导电缆在成本方面将具有充分的竞争优势。在人口稠密的大城市，要在有限的空间内充分扩大电力输送容量，以满足迅速增长的电力需求，高温超导输电技术将具有极大的应用前景。

第五章　智能变电技术

第一节　智能变电系统概述

一、智能变电系统运行维护中存在的问题

（一）安装基础设备的安全性

安装基础设备对于智能变电系统的运行和维护而言作用突出，安装基础设备的安全性高与否，对智能变电系统的工作状况也有明显的影响，因此，安装人员对于基础设备的安装工作要高度重视，将基础设备安装工作的安全性放在第一位，确保智能变电系统运行的稳定和可靠。然而，当前新疆的基础设备安装情况却并不良好，反而存在一定的漏洞，主要是安装人员对于基础设备安装工作的认识和了解不够深刻，再加上基础设备的安装方式会随着设备的性能和型号的不同而有所变化，因此，很大程度上增加了安装人员的工作技术难度，让基础设备的安装增加了不确定因子，从而埋下了一定的安全隐患。

（二）安装技术的稳定性

智能变电系统的突出特点是利用了当前的新技术将数字化、信息化集为一体，这些特点让智能变电系统的运行和维护难度更大，由于较为复杂，所以，容易在小细节上出错，这些小细节如果没有得到妥善的处理和解决，会给整个智能变电系统的运行带来严重的后果。因此，就需要技术人员具备专业的理论知识和丰富的实践经验，能够对问题进行合理的解决，但目前新疆的智能变电站的发展还不够完全成熟，所以，操作人员的专业能力还有待完善，而安装技术的稳定性也有待加强。

（三）快速保护

由于传感器在进行信息传输的过程中，经过流程变得更加复杂，因此，信息传输的时间更加漫长，传输效率降低。据不完全统计，智能变电站的动作保护时间比传统的更加长，加长了大概5s，这在现代智能变电站的发展中是一项重要问题，急需解决。

（四）智能汇控柜的安装

智能汇控柜的安装是为了保护电缆，从而延长电缆寿命，让变电站的使用期限更加长久，智能汇控柜的安装能够表现出智能变电站的优势和特点，所以，在保护设备中应用较为广泛。但是智能汇控柜容易受到外界环境因素的影响，其自身对环境的温度和湿度要求比较高，从而间接地增加了成本，智能汇控柜的湿度需要保持在90%左右，浮动不宜过大，温度需要保持在零下25℃—70℃区间内。除了环境因素影响造成了安装难度大以外，智

能汇控柜的维修和保养也是一个急需突破的重难点，如果不及时进行检修和维护，会耽误操作人员的正常工作，影响设备的运行。

二、智能变电系统运行维护的方法

（一）加强对操作票的管理

对操作票的管理是智能变电系统的运行维护中，加强安全管理工作的一项关键性内容，对于智能变电系统的运行和维护具有重要作用。在安全管理过程中，对于新增的设备，不仅需要对其型号、性能等进行标注，同时也要对不同设备进行编号和命名，对设备的相关参数进行记录并且备份。这是一项非常重要和必要的工作，备份主要是为了防止数据的丢失和相关参数的遗漏给设备的运行带来影响，造成设备故障或者异常。在实际的工作中，也要做好工作票和操作票的相关管理工作，如设备的检查和维修，在这个过程中，设备的停电措施和安全防护措施要到位，并且将工作票填写完整，为之后的检查和核对提供便利。

（二）加强对监测设备的管理

对监测设备的管理主要是在于工作验收、维护以及监视过程中的管理。

1. 要对监测设备的工作状态进行检查，如数据的测量结果要统一并做好整理工作，形成完整的数据链或者数据网。

2. 数据统计和整理完毕后，对数据进行分析和研究，从时间和空间上进行不同的对比。

3. 结合当前的实际情况对设备的运行状态进行判断。

在这个过程中，环环相扣的操作和管理模式能够直观地观察到设备的运行状态，并且判断出设备的运行是否符合相关的要求，实现可视的效果。

（三）加强对倒闸操作的管理

倒闸操作包括三个方面的内容，分别是就地操作、顺序控制操作和遥控操作，这三个部分的内容是倒闸操作的前提，同时也是倒闸操作的管理重点。倒闸操作有三个明显的优点：

1. 减少工作人员的使用，传统的操作需要五六个人才能够完成整个环节的工作，人多且繁杂，不利于工作的开展，而当前的智能化操作，仅需一两个人就可以完成全部的操作，在很大程度上节省了人力。

2. 对于简单的操作，只需要子站单独进行配合，利用通信手段在集控中心实现有效控制即可，因为这些子站自动化水平高且符合智能化操作设计，能够对典型操作进行单独控制。

3. 有效减少工作量，实现人员的合理配置，在一般的操作中，需要工作人员全程参与，从前期准备到后期结束，对操作票进行填写、审查、核对等。在这个过程中，需要大量工作人员的投入，而智能化的操作能够在很大程度上减少工作人员的劳动力投入，减少人力，降低成本。

第二节　智能变电站的组成

一、智能变电站的特征

（一）一次设备智能化

一次设备的智能化和信息化是实现智能变电站信息化的关键，而采用标准的数字化、信息化接口，实现融合在线监测和测控保护技术于一体的智能化一次设备则是这样就能实现整个智能电网信息流一体化的需求。

一次设备智能化的电气设备主要包括：电子式互感器（光电互感器）、智能组件、智能变压器以及其他辅助设备。由于一次设备被检测的信号和被控制的操作驱动装置采用微机处理器和光电技术，从而简化了常规机电继电器及控制回路的结构以及数字控制信号网络取代传统的导线连接。

同时，由于电子式互感器（光电互感器）大规模使用，这也为一次设备智能化提供了基础。数字化继电保护、在线检测等二次设备都被集中到了智能组件或一次设备内。可以说，智能变电站的设备层集成了传统变电站过程层、间隔层的全部功能。

（二）二次设备网络化

变电站内的二次设备，如继电保护、测量控制装置、远动装置、故障录波装置、无功补偿、网络安全监测设备以及正在发展中的在线状态检测装置设备等全部基于标准化、模块化的微处理机设计制造。设备之间的连接全部采用高速的网络通信，而不再出现常规功能装置重复的 I/O 现场接口，通过网络真正实现数据共享、资源共享。

可以说，二次设备网络化即通过 IEC61850 协议、光纤等设备实现分布式系统控制，从而代替总线方式，使得数据传输更加丰富、更加标准，这也为智能变电站"全景"式监控提供了保证。

（三）信息交互标准化

智能变电站从过程层到控制中心均采用统一的 IEC61850 规约进行信息交互，即变电站内采用 IEC61850 规约，智能变电站到调度中心将采用 IEC61850 代替 104 或 DNP3.0 规约。因此智能变电站的信息交换及管理将遵循 IEC61850 的要求，变电站内各种设备的信息建模应在 IEC61850 框架下统一进行，以统一标准方式实现变电站内、外的信息交互和信息共享，最终实现跨系统间的数据与信息的无缝交换。

（四）设备检修状态化

智能化一次设备通过先进的状态监测手段、可靠的评价手段和寿命的预测手段来判断一次设备的运行状态，并且在一次设备运行状态异常时对设备进行故障分析，对故障的部位、严重程度和发展趋势做出的判断，可识别故障的早期征兆，并根据分析诊断结果在设备性能下降到一定程度或故障将要发生之前进行维修。

通过传统型一次设备智能化建设，可以实时掌握变压器等一次设备的运行状态，为科学调度提供依据；可以对一次设备故障类型及寿命评估做出快速有效的判断，以指导运行和检修，降低运行管理成本，减小新生隐患产生概率，增强运行可靠性。在传统变电站中，只有少数变压器安装了状态在线监测装置。而在智能变电站领域，不光是变压器，GIS、SF_6 断路器、隔离开关等主要一次设备都需要安装在线监测设备；状态监测量也从油色谱扩展到局部放电、SF_6 气体密度、微水、漏电电流等多个方面。

（五）管理运维自动化

智能变电站应具备程序化操作功能，同时还可接收和执行监控中心、调度中心的操作指令，自动完成相关运行方式变化要求的设备操作；在变电站层和远端均可实现可视化的闭环控制，满足无人值班及区域监控中心站管理模式的要求。

二、智能变电站的构建

（一）体系架构

与传统变电站的体系架构相比，智能变电站的体系架构结构紧凑、功能完善，更加符合变电站技术今后的发展趋势。

智能变电站将传统一次、二次设备进行融合，由高压设备和智能组件构成其设备层，完成变电站内的测量、控制、保护、检测、计量等相关功能。设备层的设备采用高度集成的模块化硬件设计方式，很大程度上改变了变电站内信息采集、共享的模式。分散控制的设计思路保证了设备内各模块相互之间具有独立性，既可以分工合作，也可以独立完成一项功能，从而从最大程度上保证了硬件系统的可靠性。

智能变电站的系统层不仅担负着协同、控制和监视着变电站内多种设备及与智能电网的通信任务，而且还具有站域控制、智能告警、分析决策等高级应用功能。系统层采用软件构件技术，使得各种功能可以根据变电站的实际规模进行灵活配置，并可进行功能的重新分配和重构。

智能变电站紧凑的系统架构使得变电站在电气量的数据采集及传输环节、变电站设备之间信息的交互模式、变电站信息冗余方式、变电站内各种功能的分布合理性以及功能集成等方面，均发生了巨大的变化。通过硬件集成和组件技术以及嵌入式系统软件构件技术的应用，智能变电站构造了灵活、安全、可靠的变电站功能体系，该体系的应用提高了电站自动化系统整体数字化、信息化的程度，实现了变电站与智能电网之间的无缝通信，加强了站内自动化设备之间的集成应用和自身协调的能力，简化了系统的维护和配置复杂度，节省了工程实施的开支，使变电站自动化系统进入了一个全新的发展阶段。

（二）智能设备

智能设备的概念是为了适应智能电网建设的需求而提出的，是满足智能电网一体化要求的技术基础。智能设备取消了传统一次、二次设备的划分，不但对传统变电站过程层和间隔层设备所具有的部分功能进行了集成，而且还能够利用实时状态监测手段、可靠的评价手段和寿命的预测手段在线判断智能设备的运行状态，根据分析诊断结果识别故障的早期征兆，并视情况对其进行在线处理维修等。高压设备与相关智能组件的有机结合构成了智能设备。这种有机结合指的是多个高压设备与外置或内嵌智能组件的多种组合方式。智能组件是一个相对于变电站功能的灵活概念，可以由一个物理组件完成多个变电站功能，也可以由多个物理组件分散配合完成一个变电站功能。

智能设备的设计和应用使得变电站内一次设备的运行状态可被实时地监视和评估，为科学的调度系统提供了可靠的依据；对一次设备故障类型及其寿命的快速有效的判断和评估为在线指导运行和检修提供了技术保证。智能设备的投入还可以降低变电站运行的管理成本，减少新生隐患产生的概率，以增强电力系统运行的可靠性。智能设备内部功能配合的灵活性也满足了大规模分布式电源并网运行的需要。

（三）保护控制策略

传统的继电保护以"事先制定、实时动作、定期检验"为特征，这种保护控制策略越来越难以满足参数状态在不断变化的智能电网的要求。尤其是分布式能源的接入，动态改变了电力系统的运行方式和运行状态，传统保护控制方式很难适应这种多变的运行状态。为了解决这些问题，智能变电站必须采用开放的保护控制策略。

开放的保护控制策略指的是保护控制策略不再事先固定，而是根据一定的原则随着电网运行参数的变化，动态调整保护控制策略，以满足智能电网在不同状态下的安全运行需求。开放的保护控制策略的制定需要针对不同粒度的控制系统来完成，策略的制定和执行客观上在智能变电站内部形成了一个分层分布式的控制系统。分层分布式的控制系统与分层分布的信息系统相对应，在不同层次上控制协调变电站系统运行，提高对变电站系统内故障与扰动的快速反应和决策能力，分散由控制所带来的系统风险。

开放的保护控制策略包括在线自适应整定定值；在线计算与保护性能有关的系统参数和相关指数；实时判断系统运行状态，调整保护动作方式；在信息共享的基础上自动协调区域内继电保护控制策略，保证系统内保护定值相互配置关系的合理性，保证智能电网运行的可靠性；在线校核系统内的实时数据等。

高度的信息共享和统一的数字信息平台为开放的保护控制策略提供了制定和实施的依据，现代控制理论的发展与先进的网络计算方法的应用为开放的保护控制策略的制定和实施提供了理论背景。开放的保护控制策略的制定和研究应是未来智能变电站提高其自动化水平的关键，是智能变电站实现其本身自愈性的关键技术，也是智能电网实现自愈性的控制保证。

（四）测试仿真

智能变电站内的大多数自动化功能都需要通过网络传输的方式来实现，这就对变电站内的调试和运行检测设备提出了新要求，需要研究新的试验方式、手段，制定智能变电站技术相关试验及检测标准等。智能变电站的测试活动应贯穿于变电站开发的整个生命周期内。

智能变电站的测试包括系统测试和设备测试两个方面，系统测试主要是对监控系统、通信网络系统、对时系统、远动系统、保护信息管理系统、电能量信息管理系统、网络记录分析系统、不间断电源系统等子系统的测试；设备测试主要是对测量、控制、保护、检测、计量等相关功能的测试。

为了准确把握智能变电站的运行、维护需求，需要建立有效的检测和评估体系。智能变电站的测试活动是面向功能的一种测试，测试系统不仅包括调试工具，还包括相应的配置文件以及与之联系的软件辅助系统，以便于测试的过程和结果能够被记录和分析。智能变电站的测试需要从设备单元、系统集成、总体性能三个方面综合考虑，进而对智能变电站做出有效的整体评价。

智能变电站的测试过程可以分为单元测试、集成测试和系统测试三个步骤来完成。单元测试主要是测试系统内最基本的功能单元的特性是否满足要求，以及通信接口模块之间的信息交互是否正常。集成测试也就是一致性测试，主要关注的是物理设备作为系统构成单元其通信行为是否符合标准中定义的互操作性规格要求，以及按标准设计的变电站其通信网络能否满足实现变电站自动化功能所期望的性能要求。

系统测试即互操作性测试，关注的是设备间是否可以用通用的协议通过公共的总线相连，单一设备是否可理解其他设备提供的信息内容，以及各设备是否可以组合起来协调完成变电站的自动化功能。系统测试验证了被测试设备是否具有互操作能力，以及设备集成到变电站后是否真正实现了无缝连接。

（五）信息安全策略

信息安全问题是智能电网安全的核心问题之一，智能变电站作为智能电网的重要组成部分，其自身的信息安全与防护面临着来自多方面的严峻考验。对智能变电站内部以及其与电网内交互信息进行全面、系统的安全防护，利用有效的信息安全防护方法和策略消除安全隐患，合理规避信息安全风险，是保证智能变电站乃至智能电网安全稳定运行的关键问题之一。

智能变电站内部大量应用网络技术传输信息，其信息安全防御的策略的制定是一个系统性的问题，仅凭借单一的防御手段是不能有效解决问题的。因此，智能变电站需要构建一个以评估为基础，以策略为核心，以防护、监测、响应和恢复为技术手段和工具，以安全管理为落实手段的动态的多层次的网络安全架构，用来确保变电站内信息以及各种资源的实时性、可靠性、保密性、完整性、可用性等。

随着智能变电站内信息集成度的进一步提高，实现对变电站网络通信质量的实时监控和维护，并对网络内传输的信息进行保护，防止来自网内外的恶意攻击和窃取，及时响应网络故障并快速恢复网络设备等技术手段已经成为可能。除此之外，网络防火墙技术、加密技术、权限管理和存取控制技术、冗余和备份技术等计算机网络安全技术的发展也为电力系统信息安全防护策略带来了新的发展思路。

第三节　智能交流变电站

一、设备

智能交流变电站内的电气设备分为一次设备和二次设备。下面对智能交流变电站内的主要设备进行简单的介绍。

（一）一次设备

一次设备指直接生产、输送、分配和使用电能的设备，主要包括变压器、高压断路器、隔离开关、母线、避雷器、电容器、电抗器等。

（二）二次设备

智能交流变电站的二次设备是指对一次设备和系统的运行工况进行测量、监视、控制和保护的设备，它主要由包括继电保护装置、自动装置、测控装置（电流互感器、电压互感器）、计量装置、自动化系统以及为二次设备提供电源的直流设备。

二、布设要求

智能交流变电站的结构设计与设备布置一般具有如下要求。

（一）建筑物底层的附属 10kV 智能交流变电站不需分室

变压器及高低压开关柜可同层同室布置，仅需保持特定间距，具有专有建筑物的 35kV 独立智能交流变电站应按照功能分层分室布置。

（二）智能交流变电站的室内布置应紧凑合理

便于运行人员的操作、检修、试验与巡视，开关柜安装位置应满足最小通道宽度要求，并适当考虑发展及扩建要求。

（三）分室布置智能交流变电站应合理布置站内各功能室的位置

高压配电室与高压电容器室相邻，低压配电室与变压器室相邻，低压配电室应便于出线，控制室位置应便于运行人员的工作与管理。

（四）高低压配电室的设施应符合安全与防火要求

站内不允许采用可燃材料装修。

（五）高低压配电室、电容器室及变压器室的门

应向外开，相邻两配电室的门应双向开启。

（六）高低压配电室、电容器室、变压器室及主控室

应设置防范雨、雪、蛇、鼠等从门、窗及缆沟入室的设施。

三、巡检

智能交流变电站的巡视检查就是值班人员通过定期巡视观察设备的外观有无异状，如颜色有无变化，有无杂物，表针指示是否正常，设备的声音是否正常，有无异常的气味，

触及允许接触的设备温度是否正常，测量电气设备的运行参数在运行中的变化等，以判断设备的运行状况是否正常。

智能交流变电站的巡视检查制度是确保设备正常安全运行的有效措施。通过值班人员的定期的巡视检查了解设备运行状况，掌握运行异常，并及时地采取相应措施，对于降低事故的发生及其影响范围具有重要意义。为此，智能交流变电站应根据运行设备的实际工况，并总结以往处理设备事故、障碍和缺陷的经验教训，制定出具体的检查方法。

巡视检查制度应明确规定检查的项目及内容，周期和巡视检查的路线，并做好明显的标志。巡视检查的路线应根据设备区域和电气设备的检查项目和内容制定。有条件的智能交流变电站应配备必要的检查工具，在高峰负荷时，可采用红外线测温仪进行检查，另外，应保证充足良好的照明，为设备巡视提供必备条件。在夜间、恶劣气候下及特殊任务时特巡，要明确具体的巡视要求和注意事项，采取必要的措施，特巡必须有值班领导人参加。每次巡视检查后，应将检查的设备缺陷记入设备缺陷记录簿中，巡视检查人员对记录负责。

第四节　智能直流换流站

一、主要结构

换流站主要结构包括阀厅、换流变压器、交流开关厂、平波电抗器、滤波器、无功补偿设备等。高压换流阀电气应力高，阶跃性能量大，电磁干扰强度高，强弱电装置近距离、紧密耦合系统，电磁干扰耦合机制复杂。

（一）晶闸运作阀门

在进行特高压直流换流站系统设计活动时，对于晶闸运作阀门的设计应利用系数为6的装置运算，其总体构建要具有双面性。对于特高压转换阀的设计定值保持在47kV的状态，其在运作活动中的最大化数值为50kV。对于运作活动中的高级端都需要满足1600kV的要求，对于不同阀门的运作活动，和不同电压的运作活动，要相合结合设计，避免阀门的电压过高，影响整体的运作活动。

（二）平波感应装置

平波的感应装置是进行特高压直流换流站系统设计活动的重要环节，因此要给予足够重视。在进行平波的感应装置设计活动时，要注意利用干式的设计手段，利用不断的电力线路关联形成。其中对于关联的线路体系的电力运作数值在75mH，对于每个电力运作平台，设置四部主要的平波运作装置。

在建立点播装置活动后，保证其电力数值为75mH。在进行完毕简单的筹划工作后，进行不同的母线和避雷装置的设计，包括对平波的感应装置的绝缘和避雷的设计，考察平波装置的耐热能力，利于转换电流工作的有效进行。预测同时，对于特高的电压和电流的装置其他开关设置，涵盖隔离的体系和其他设备的装置开关设计，要构建在阀门之外侧。

二、系统设计

（一）主要连接线

对于不同的端口的交流活动，利用比较常见的 500kV 的电力设备进行主要连接。在连接的基础上，对于滤波装置的运作主要是建立一个大的团体组成，在大的总体组成上，进行各个元素的构建，包括对于不同电力运作装置，进行重复的 500kV 的线路运作和不同岸点建立关联性。在仅 500kV 的间接性运作活动后，建立不同支点和主这杯的连续性，促进整个电力运作活动的有效构成。在运作活动中要注意对于不同端点的运作形式，可以利用不同组别的注册来进行有效的关联。对于不完整的运作形式，进行及时的停止活动，转换不同的端体、在此设计环节中，要注意各个端体和线路的级别联系性，注意端口位置的连接和滤波器的运作是否协调，整合运作模式，促进各个端口的有效连接，建立良好的直接电流运作体系。

（二）滤波装置的设计

对于特高压电力运作活动，对于电力运作的主要端点进行相互运作。直流体系在五十和一百的运作系数下，会产生谐振体系。进而在直流电力运作体系中，对于电流装置的不同级别的滤波器的设置具有重要意义。对于不同级别的和不同参数的滤波器，要依据直流运作体系的整体进行合理化的安装。在滤波器构建工作完成之后，对于电容装置和电感装置，进行有序的关联。

其运用最为常见的关联形式是并联形式。在以上构建活动完善之后，要对滤波装置进行细致化的设计，包括对于电流体系中的不同系数谐波的抑制活动的优化设计。在进行滤器的优化设计环节，其也要包高感电力体系的运作充分考虑在内。

（三）绝缘体系的优化设计

在对特高压直流换流站系统设计进行详细的研究后显示，对于特高压直流换流站系统设计需要结合电压体系和绝缘体系，进行整体的构建。在构建电压体系和绝缘体系时，要充分考虑方案的设计合理性和绝缘的成效。包括对于陡波环接和雷击预防环节的绝缘操作。在经理设备的绝缘保护最大化后，进行总体的防雷体系的内构件，建立合理化的电流连接线的避雷装置的设计，保证其具有良好的间隔距离，保证其保持水平方位，建立规范性的电压体系和绝体系的构建。

第六章 智能配电技术

第一节 智能配电系统

一、智能配电系统概述

（一）智能配电系统概念

智能配电系统是按用户需求，遵循配电系统的标准规范而二次开发的一套具有专业性强、自动化程度高、使用方便、高性能、高可靠性等特点的适用于低压配电系统的电能管理系统。

（二）建立智能配电系统的目的

智能配电系统本身是一种高性能、自动化程度高、使用便捷的管理系统，这种管理系统适用于低压配电系统。在实际电力系统中应用可以起到自动化调控电力运行的目的，最终实现系统的优化运行。

（三）智能配电系统的特点

1. 运行模式及控制特点

智能配电系统的运行模式和控制均具有灵活性这一特点。运行模式的灵活性体现在发生电力故障时，可以灵活调整运行线路将故障控制在最小范围内；控制发面的灵活性体现在，可以实现分层协调控制以及管理督促的目的。

2. 自治运行区域的特点

智能配电系统实现不同层次的自治运行区域，这些自治运行区域进一步形成环网运行。

3. 电流方面特点

智能配电系统在电流方面特点为，其电流为交直流混合电流。这种电流特性主要是为了适应系统分布以及分布式电源和储能设备。智能配电系统可以将交流配电网转换为交直流混合配电网，这个转换为低压配电系统提供了直流馈线和交流馈线两种馈线，可以保障系统中设备各部分正常使用。

4. 用户侧方面的特点

智能配电系统在用户侧方面的特点是具有多种类型及灵活性。智能配电系统接入的分配式储能系统、相关可控智能电器设备等均具有灵活性及可靠性，并可以依据运行计划和自身现状进行调整，进而满足电力系统运行计划和用户的实际需求。配电系统实现了与用电设备的双向互动，有效控制了运行中电力故障。

二、智能配电系统的结构

（一）实例的电力企业智能配电系统结构主要组成有以下几部分

1. 配送层，作用是满足电能的智能配送。

2. 用户层，主要是针对用电客户，对整个用户层有效管理实现智能配电系统供电规范化管理。

（二）智能配电系统的结构分析

智能配电系统的配送层、用户层的设置可以完成高压电转换为低压电后满足实际用电需求。整个供电过程合理的应用智能配电系统，使供电质量和效率得到保障。

三、智能配电系统的技术

（一）运行方面技术

运行技术智能配电系统的运行周期及输电系统均有着重大影响。加强运行技术的分析及合理应用可以实现智能配电系统的优化处理。在配电工作中熟练掌握运行技术，对智能配电系统中自动调压器设备进行优化处理；在供电过程中为了防止电力故障发生，采用分散式与集中式相结合的方法有效控制运行。

（二）系统方面技术

从系统方面考虑，其技术问题主要有以下几方面：

1. 应用传统潮流计算方法计算，不同时间的断面存在解耦现象

针对这一现象，为了确保智能配电系统整个运行系统中计算、评估的准确性，要对发展时间序列潮流进行正确的分析和判断。

2. 智能配电系统引入很多新型设备

这些设备的引入使系统问题分析规模变大，这导致智能配电系统应用过程中，拓扑结构和相关参数变化频率增加，因此提供具有高速分析特点的动态分析技术是确保智能配电系统分析工作顺利进行及分析数据准确性的重要条件。

3. 智能配电系统是区别于其他系统采用的交直流混合网络

其中包含可控负荷、分布式电源等。针对这种情况，采用智能配电系统时还应该熟练掌握相关技术和制定处理问题的方法。

（三）设备方面技术

智能配电系统主要存在两种新型配电设备。

1. 可辅助智能配电系统的装置，例如电力电子装置，它可以转换交直电流和调整直流变压。

2. 保障智能配电系统良好使用性能的设备，例如可控负荷、分布式储能、分布式电源。

四、我国智能配电系统的发展趋势

（一）配电系统发展历史

20 世纪诞生了第一代智能配电系统，但由于对其管理机制上的问题，导致其智能化

发展缓慢。到 2008 年，美国总统奥巴马提出建设智能化电网的要求，国家电网公司积极制定智能电网的发展规划：2009 年，完成智能配电系统标准体系建立；2011 年，基本完成智能配电系统体系构建；到 2020 年，彻底完成智能配电系统建设工作。

第一轮的配电改造计划目标：到 2020 年，用户的年均停电时间不能超过 1h，供电的可靠率要达到 99.99%，供电质量要达到国际先进水平；城镇地区的供电可靠率在99.97%，智能电表覆盖率达 90%，通信网覆盖率达 95%，年均停电时间不超过 10h。

从以上的建设目标看，2020 年之前对智能配电系统改造的任务是很重的，该技术实施的重点依然离不开低压电网建设与改造。

现如今，我国的高压、特高压配电系统的发展已经成熟，但由于管理机制、系统设计技术等方面的原因，在推广应用上，我国的智能化发展仍处于初级阶段。我国配电系统的发展已经基本跟上时代发展的潮流，为解决在推广应用上的落后问题，2015 年 9 月国家发布了配电网建设改造行动计划，其通知的关键是对城乡、农网突出智能化。

（二）当前智能化配电系统存在的问题

当前智能化配电系统应该在建立可靠与反应速度的变电以及自动化方面进行合理地改造，为确保用户的安全可靠用电，需要对自动化配电系统进行必要地隔离，并且适当增加在自动化系统建设方面的投资，用最安全、最先进的设备为千万人更好地服务，早配电系统建设中应着重减少停电的影响范围，在配电系统出现故障时需要中断供电负荷的时候，相关操作人员一定要当机立断，自行辨别关键用户，避免出现大型用电企业因停电而给社会带来的不良影响，尤其是对用户的监控控制反应更为灵敏，提供的消息更要有准确性。

实现配电系统监控和数据采集的一体化与界面化，网络结构获取的数据采集与监控系统巷地理信息系统供应配电要及时地进行数据运行，选择使用配电自动化终端。为满足社会发展对发布实时用电价格上的需求，尽量减少系统的复杂性，并有效减少终端数量，与此同时，要具备对供电质量进行检测、系统故障录波及仪表等各项功能。

第二节　配电网自愈控制

一、自愈概念的提出与发展

自愈控制是智能配电网的典型特征，是保证电网可靠、优质供电的关键功能。电网自愈概念最早由美国电科院（EPRI）和美国国防部在复杂交互网络与系统计划（The Complex Interactive Networks/Systems Initiative）"中提出，目的是开发电力基础设施战略防护系统，构建电网安全保障体系。

自愈（Self-Healing）作为一种稳定和平衡的自我恢复机制，最早出现于生物和医学理论中。在医学领域里，自愈是人体或其他生命体遭遇外来侵害的情况下，维持个体存活的一种生命现象，具有自发性、非依赖性和作用持续性等显著特点；自愈过程基于其内在的自愈系统，来排除外在或内在对人体和其他生命体的侵害，修复已经造成的损害，达成生命的延续。在工业领域中，装备系统和生命机体具有相似性，也是由相互联系、互相作用的各种要素组成的复杂系统，并以一定的组织性和多样性处于稳定状态。通过各系统之间相互联系和相互作用，实现过程调节，保持系统的稳定有序，达到系统经受扰动后的自愈。配电系统作为工业控制体系中的特例，实现智能配电网的自愈控制有利于提高系统的供电可靠性与客户服务质量。

配电系统中最早体现自愈控制的是馈线自动化（Feeder Automation，FA）技术，即从变电站出线到用户用电设备之间的馈线线路自动化。馈线自动化技术的核心内容是配电网在事故状态下的故障检测、故障隔离、负荷转移和供电恢复控制。配电自动化（Distribution Automation，DA）技术是在馈线自动化的基础上，结合以配电 SCADA 为核心的配电管理系统，实现对整个配电系统在正常运行及事故情况下的监测、保护、控制和管理的技术。

要能实现对配电网系统的运行监视与控制，配电自动化系统需包含配电 SCADA、网络拓扑分析、馈线自动化等，并且能够与相关应用系统互联，包括配电主站、配电终端、配电子站和通信通道等部分组成。位于配电自动化主站的配电管理系统（DMS 系统），除基本配电 SCADA 系统外，通常还具备相关配网管理高级应用功能，包括地理信息系统（GIS 系统）等，以及与配电生产管理信息系统（MIS 系统）等实现信息互通。随着可再生分布式电源的大量接入以及用户对供电可靠性要求的不断提高，电网自愈尤其是配电网自愈得到了广泛的关注和重视，不仅有利于提升传统配电自动化功能，而且也构建有源配电网高级配电自动化技术的核心架构。在无须或仅需少量人为干预的情况下，智能配电网能够对各种电网扰动实现"自我感知""自我诊断""自我决策"与"自我恢复"。

二、智能配电网自愈控制关键技术与方法研究

研究分布式电源高渗透率条件下智能配电网自愈控制技术与方法有利于充分利用分布式电源出力，减小常规能源的消耗，提高配电网的供电可靠性。智能配电网自愈控制的关键技术主要为在感知智能配电网运行状态的条件下，采取相应的控制措施实现智能配电网运行状态的转换，达到配电网自愈的目的。

（一）智能配电网运行状态划分与状态转换

感知电网运行状态是智能配电网自愈控制的基础。划分电网状态是实现电网自愈控制的先决条件。对于输电网的运行状态，Dyliacco T 最早提出划分为警戒状态、紧急状态和恢复状态。在此基础上，一些研究文献将紧急状态进一步细化为紧急状态、极端紧急状态、系统崩溃状态，同时给出了状态特征及状态间相互转换控制的目标。我国现行使用的《电力系统安全稳定导则》也详细定义了输电网运行状态，包括正常状态、警戒状态、紧急状态、崩溃状态及恢复状态。

文献通过分析系统各种运行状态的原因、后果及持续时间，提出系统状态定义框架、状态分析数学模型以及状态风险指标，将系统的状态划分为正常状态、预警正常状态、静态紧急状态、动态紧急状态、静态极端紧急状态、动态极端紧急状态、崩溃 / 危机状态、

恢复状态。

与大电网相比，配电网设备数量庞大、网络结构复杂，并且分布式电源、储能以及微电网接入后，配电网运行方式越趋多样化。因此，配电网的运行状态划分不能直接套用输电的划分标准。目前关于配电网运行状态评估方法包括：合环操作前的安全校验、静态安全及风险评估，以及最大供电能力分析等。自愈型配电网的安全评估模型，利用决策树方法分层划分了配电网的运行状态，包括故障状态、预警状态、越限状态、不完整状态、安全状态以及优化状态。

配电网的运行状态划分需考虑以下特征：配电网为无源（即使有源，电源的容量也较小）受端网络，与输电网相连接时，动态元件（小容量的分布式电源、小型异步电动机、空调负荷等）容量相较于输入端的外部电网可以忽略。影响配电网运行安全的主要因素为系统中各元件的容量约束，包括：线路的负载率、变压器的容量限制、母线的电压约束等。配电网直接与用户相连，是否安全运行直接关系到系统的可靠性。

因此，划分配电网的运行状态必须要反映出系统的可靠性，而影响配电网可靠性的关键因素为配电网故障。根据上述分析，将智能配电网的运行状态划分为正常运行状态、警戒状态，以及故障失电状态。当系统中无故障且无警戒状态指标越限时，系统即为正常状态。正常状态又分为安全状态与优化状态。在安全运行的前提下，优化状态主要为经济运行状态，判定指标包括：网络损耗率，可再生能源利用率等。

当系统警戒状态划分指标越限时，系统的运行状态即转化为警戒状态；划分指标包括：馈线、变压器的容量，节点电压等参数。当系统发生故障时，若系统通过故障恢复控制无法恢复所有的失电负荷，则系统处于故障失电状态（故障是一个过渡过程，故障后继电保护会相继动作、故障恢复方案也会相继执行，最后，表现为有没有负荷因为故障而失电）。

在感知系统运行状态的基础上，通过采取相应的控制措施实现运行状态的转换，最终达到智能配电网自愈控制的目的，其中包括：正常运行状态下的优化控制：在满足安全供电，网络完整性等约束条件下，通过优化控制，可有效降低系统网损，提高可再生能源利用率等，使系统运行状态由安全运行转化为优化状态。警戒状态下的警戒控制：通过警戒控制可以降低系统的安全运行风险、提高系统的供电安全裕度，实现由警戒运行状态向安全状态甚至优化状态的转换；故障发生后的恢复控制：通过故障恢复控制可以实现非故障失电区域的快速复电，且达到停电面积最小的目的。对于非故障失电区内的失电负荷存在转供路径的情况，优先通过网络重构恢复，若无法重构但是存在稳定输出的分布式电源时，可利用分布式电源的孤岛运行保障供电。

相比于输电网，闭环设计开环运行的配电网运行时冗余低，网络重构是配电网最重要的控制措施之一，也是难题之一。通过网络重构可以实现故障后非故障失电区域的快速复电，线路过载时均衡线路负荷，节点电压越限时改善电压分布等自愈功能。有效结合网络重构、调节分布式电源出力、投切无功补偿，甚至切除部分非关键负荷等控制措施是实现智能配电网治愈控制的关键技术手段。

（二）网络重构算法

网络重构是指通过切换联络开关与分段开关的状态来优化网络拓扑结构的操作，以求实现馈线或变电站间的负荷转移，改善系统的潮流分布，最终达到网络运行优化的目的。网络重构的实质为求解满足一定目标且符合特定约束条件的开关开闭状态的最优组合，关键在于求解方法能否快速找到全局最优解。求解的基本算法有启发式算法，智能优化算法以及其他算法等。

1. 启发式算法

启发式算法是指利用启发式规则搜索目标函数值最优的开关组合，主要包括支路交换法与最优流模式法。Civanlar 与 Grainger 等于 1988 年最早提出支路交换法。基本理论依据是：配电系统可行的运行结构为辐射状拓扑结构，对应于图论中的支撑树（spanning tree），若从系统的某一可行结构开始搜索，断开支撑树中的分段开关并合上余树（co-tree）中的某一联络开关，即交换了支撑树的一条连枝与一条树枝，能够生成一棵新的支撑树。因此，网络重构就是根据优化目标，搜索满足约束条件的最优支撑树。Civanlar 与 Grainger 根据每次只合上一个联络开关，在配电网形成一个环网，利用支路交换前后的网络损耗变化公式，计算出所要断开的分段开关的位置。该方法虽然保证解的可行性，但速度较慢且不易找到全局最优解。

文献在此基础上对支路交换法进行了改进，利用损耗变化估算公式为二次函数的特点，利用二次函数求极值的方法，简化了支路交换法的启发式规则，降低了总的搜索次数。但不足之处有：寻优时间长，不能保证全局最优，且重构后的配网结构依赖于配电网的初始结构。通过节点流过的负荷电流值与理想转移负荷之间的距离确定打开的分段开关，提高了处理效率，减小了开关操作次数。

闭合所有的开关形成初始搜索图，逐一断开开关，搜索出连通并且网络损耗最小的拓扑结构，并将该断开的开关及其相邻的开关保存，同时将该开关及只位于该开关所在的环的其他开关从初始搜索图中删除，直到遍历完所有的开关，再交换已搜索到的断开开关及其相邻开关，若目标函数值优，则交互开关的状态（已选定的开关闭合且其相邻的开关断开）。

假设所有的开挂闭合，通过最优潮流结果，利用灵敏度分析确定下一个断开的环，直到所有环遍历完成，系统回复到辐射状。路径耗散因子的性质确定支路交换启发式规则，进而提出了一种基于元环支路交换算法。文献将最优路径搜索算法应用与支路交换法中，便用快速搜索支路交换后的网络损耗最优的网络拓扑结构。基于灵敏度分析的支路交换法，通过灵敏度值确定支路状态交互前后的系统潮流变换情况，以确定最优的网络拓扑结构。总体而言，支路交换法物理概念明确，思路清晰；不足之处在于不易找到全局最优解。

最优流模式的网络重构方法，首先将所有的联络开关闭合形成弱环网，并将节点负荷转化为节点注入电流，通过潮流计算得出环网的最优流，最后选择流过最小的电流的支路断开，后续的研究在此基础上进行的改进。基于最优潮流分析，将问题等效为分段线性网络的网络传输问题；每次先闭合一只开关，然后再确定打开另一只开关，消除环流的影响。在前人的基础上提出了改进的环网阻抗矩阵的计算方法，提高了计算效率。综合潮流模式的概念用于搜寻开关对开合交换操作。基于最优流模式确定可行的参考网络结构，通过开关必闭合规则的提出及应用，使生成树数目显著减少。最优流模式的特点是收敛性好，但是对于规模较大的网络，耗时太长且不能保证找到全局最优解。

2. 智能优化算法

为实现快速找出全局最优解，许多人致力于将人工智能算法应用于配电网重构，其中包括遗传算法，粒子群算法，蚁群算法，搜索禁忌算法，以及和声算法等。利用人工智能算法求解网络重构的特点是易于找到全局最优，但因搜索过程中产生大量不满足拓扑约束的解，而大幅降低了搜索效率。目前对于网络重构中产生的不可行解的处理方法主要有两种：一种是快速判断解的可行性，剔除不可行解，或将不可行解修复为可行解；另一种是采用有效的编码方式，减少不可行解的生成概率。前一种能快速判别并舍弃无效解，但在相同迭代次数的情况下，不像后一种更有利于找到全局最优解。采用二进制的编码方式，染色体的长度为配电网中开关的数目。规定直接与电源相连及不在任何环上的开关必须闭合；并且将每个环路的开关划分为一个基因块，在进行交叉操作时，只交换基因块。

闭合环路中的一个开关时，须断开环内的一个开关，以恢复辐射状。环路间含有公共开关的复杂配电网的编码问题，分析了单环网、双环网以及三环网的情况。提出了有效的配电网简化方法，不在环路上的开关不设为变量，且解环效果一致的多条支路合并成支路组；并规定每个支路组最多断开一条支路，包含 n 个环的网络须断开 n 条支路。引入分治法对支路组并行处理，以提高有效解生成效率。上述方法都能够有效地减少生成不可行解的概率，对于相对简单的网络甚至能实现完全避免，但是对于复杂得多环网，尤其是其中一个环是另外多个环的公共部分的情况，按照以上的规则依然会有大量的不可行解生成。文献将启发式算法中的启发规则应用于遗传算法中形成染色体，以确保所形成的染色体皆为可行解，但是不能保证解为最优解。

3. 其他算法

人工智能算法主要包括人工神经网络及专家系统，特点是优化的结果取决于样本的训练方法。通过构建配电网重构二次电流矩的杠杆模型，形成一种辐射型配电网重构的方法。基于多代理计算的网络重构算法。将配电网网络重构问题等效为动态规划问题，将每一对联络开关与分段开关的合与开等效为一个阶段，开关的状态等效为状态变量，以此构建了多阶段的动态规划决策问题。综上所述，与其他算法相比，利用智能优化算法求解网络重构有利于搜索到全局最优解，且模型相对简单，算法易于实现，但是计算速度相对较为耗时。

智能优化算法求解网络重构还存在以下问题需要深入研究：在一定渗透下，分布式电源的接入优化了系统潮流，改善了电压分布，增加了网络重构中满足运行安全约束解（是指满足节点电压及流过线路功率的限值约束）的数目，但也增大了搜索最优解的难度。如何建立编码规则，在不漏掉任何可行解的前提下，避免不满足拓扑约束解的产生可以减小解的搜索空间，加快解的搜索速度与效率；如何改进现有的智能优化算法使其能够更加快速地搜寻到全局最优解；如何将编码规则与智能优化算法进行有机融合，实现重构的快速性。

第三节 智能配电网核心——微型电网

一、技术

（一）微型电网运行需要有完善的监控技术

在微型电网里有各种不同的微型电源，需要将这些电源有效地控制起来；同时要实现与大电网的交互，微型电网必须能够感知大电网的运行状态，并且能够在需要时作大电网的能源补充，因此需要有相应的监控中心，其作用类似于大电网的调度中心，功能包括数据采集、运行控制和管理等。

（二）接入标准

比如说多大容量的燃气轮机应接入到什么电压等级的电网中，微型电网形成之后应该并网运行还是独网运行，两种运行方式的协调控制及其标准是什么？此外微型电源和智能电表产品标准的制订等也是非常重要的。这些标准目前 IEC（国际电工委员会）已经有一些了，但不太全，我国基本没有。

（三）储能技术

需要研究与太阳能和风能发电等间歇性电源接入控制相适应的储能技术。

（四）装置

需要新型的具有双向潮流监控能力的微型电网控制、保护和计量装置。除研发外，这些装置的采用还要考虑价格因素，因为在未来大面积地实施微型电网，由于点多面广，无论是监控、保护或计量装置，价格都应该控制在合理范围内。

二、研究意义

（一）中国目前的能源利用效率较低

总体效率大约在 33% 左右，大型的超临界燃煤火电机组的能源利用效率也仅有 40% 左右，这意味着煤释放的热能只有 40% 转化为有用功，其余的则全部浪费掉了。微型电网的能源利用效率较高，尤其像燃气轮机的热能利益效率可以达到将近 80%，既发电又供热或制冷，损耗很小，相当于把常规燃煤电厂的效率提高了一倍。

（二）中国目前在鼓励新能源的发展

除了要解决大规模风电基地上网运行的问题外，大量分散的可再生能源，如太阳能、小型风能等发电并网接入的问题怎么解决？这些需要有微型电网技术做支撑。当然我们目前做的示范工程主要是使用小型燃气轮机发电，也正在进行太阳能和风力发电等分布式电源的建模，研究太阳能和风能发电的并网问题。

第四节　高级计量体系（AMI）

一、AMI 概述

高级计量体系 AMI（AdvancedMeteringInfrastructure）是基于开放式双向通信平台，结合用电计量技术，以一定的方式采集并管理电网数据，最终达到智能用电的目标。AMI 的显著特点之一是：能为用户提供分时段或即时的计量值，如用电量、电压、电流、电价等信息，便于用户高效用电，提高设备使用效率，并支持电网协调运行。伴随有线通信和无线互联技术的不断发展，AMI 体系的含义与领域也得到了延伸。

AMI 的结构体系及其关键技术可归结为四部分，即智能电表、通信网络、量测数据管理系统（MDMS）和用户户内网络（HAN）。AMI 体系的研究与实践重点在于实现高级计量、双向互联、实时通信、质量监控、故障自检、智能控制、停电管理等核心功能。同时，为满足不同用户的多元化功能需求，需要为应用系统建立相应的接口，以实现特殊功能的扩展。例如，为大用户提供负荷管理和低压集中抄表功能，为特殊用户提供电能质量监控功能，为家庭用户提供复费率计量和多用电模式选择功能。

（一）智能电表

智能电表是智能电网深入用户的智能终端，智能电表的应用，将让用户对智能电网的感知变得更加真切与全面。智能电表主要由测量单元、数据处理单元、通信单元等组成，相比传统电表，除具有电能计量功能外，智能电表还具有信息采集与处理、实时监控、自动控制、信息交互等功能。为实现智能用电管理，智能电表重点加强了复费率计量、用户端控制、双向通信、防窃电等功能的研发。对于电力用户来说，电价改革是最受关注的，而智能电表的广泛应用将为改革奠定基础。在智能电网中，智能电表内部的微控制器 MCU 能够将用户分类，并为其提供多种费率计算功能；或根据用户设定与实时电价，控制设备定时启停。让用户主动参与电网用电管理与规划，不仅能减少用户电费支出，还将提高电网的安全性与稳定性。

另外，智能电表可为电网公司提供大量用户用电信息，为建立开放互动的用电模式提供信息支撑，提升电网公司服务水平。随着分布式电源即插即用技术和储能技术的进一步发展，智能电表的应用将逐渐改变人们的用电模式及生活习惯，革新电力服务的传统模式，并为全社会的节能减排带来重大效益。

（二）通信网络

坚强互动的通信网络是 AMI 得以推广的强大支撑，也是智能电网发展的必然要求。为实现数据的统一共享、双向传输，需要在电网公司和电力用户之间建立多级通信网络。通信网络一般分为上行信道（主站与数据集中器之间）和下行信道（数据集中器与智能电表之间）。将采集到的电能数据通过上行信道传输至量测数据管理系统（MDMS），经主站中心计算机的计算分析后，再将相关结果（如实时电价、电表调控信息等）通过下行信道传输至智能电表，予以显示或控制相关设备。另外，故障报警和干扰报警信号也可通过通信网络近于实时地传送到数据中心，确保了用电安全及供电可靠性。

在通信网络结构方面，常见的有分层系统、星状和网状网。在分层系统网络中，电表通过局域网（LAN）与数据集中器相连接，数据集中器再通过广域网（WAN）和数据中心相连接。数据集中器是局域网和广域网的交汇点，通常安装在杆塔、变电站或其他设施上。在局域网中，数据集中器按照设定收集区域内电表的信息，再利用广域网把数据传至数据中心。相反，由数据中心下发的命令与信息也将通过数据集中器传至电表，实现数据的双向传输。常见的通信方式为电力线载波（PLC）、电力线宽带（BPL）、无线网络通信、通信网络通信（GSM）以及借助其他专网的通信（如有线电视网络等），未来三网融合的发展，也会为智能电表的通信带来更大的突破。

（三）量测数据管理系统（MDMS）

量测数据管理系统（MDMS）是 AMI 的数据处理与储存中心。其基本功能是确认、分析采集的计量值，并与其他系统进行信息交互，如用电信息系统、账单系统、停电管理系统、电能质量管理系统和负荷预测系统等。同时，利用 MDMS 的设计功能，电网公司可实现 AMI 的分时分地区计费、用电时间模式设计、信息定时发布、远程安防监控等功能。另外，MDMS 在故障定位和停电修复方面也有良好的运用前景。

随着网络互联技术的发展和未来智能城市的建设，MDMS 将不仅用于电力计量，城市生活的其他计量数据也将通过 AMI 技术统一管理，如天然气，自来水等，最终实现节能、高效、安全、智能的城市生活新风尚。

（四）用户户内网络（HAN）

用户户内网络（HAN）是利用通信网络，将智能电表与用户户内可控电气设备相连接而组成，类似于用户的"智能体"。将可控用电设备连接入网，便于协调控制，提高用电效率；将智能家电和分布式电源接入 HAN，可实现用户侧能量管理功能。如合理控制用电设备启停、自主选择储能设备充放电时间等，加强智能家电和智能电网之间的互动。

二、AMI 技术的应用

（一）智能化住宅

随着坚强智能电网的研究与建设，AMI 技术的运用将大力促进社会生产、提高人民生活质量。智能电表的 MCU 带有强大的 I/O 接口，能够实现与多种外部设备对接，实现智能住宅的控制功能。用户可通过计算机网络、移动通信设备对用电设备实现遥控、遥调。根据用户设定的能量管理策略和电器耗能特性，在负荷低谷期（电价较低时）开启实时性要求低、容量大的设备，如热水器、烘干机等。对安装了分布式电源的用户，可根据电网信息和用户需求管理电源。智能电表还可以利用远程通信功能，实现住宅智能安全监控和报警。随着多功能的智能电表的研发，未来的智能电表有望成为智能化住宅的控制中心。

（二）优化电能管理

由于分布式电源的接入，使得电网的运行控制难度明显增大。AMI 技术能引导用户自主错峰用电，并为电网公司提供更多负荷信息，以实现合理配电、优化电能质量的目标，最终建立统一集成、分布协调的调度系统、控制系统和管理系统。随着充电式电动车的大规模应用，家庭用户利用智能电表提供的实时电价信息，选择在电价较低的夜间对电动车进行充电，减少充电成本。另外，如果出现电网电能告急情况，用户可再将蓄电池中的电高价卖出，以此获得一定的经济收益。同时，用户还可使用预约用电等功能为电网公司提供负荷需求信息，优化用电管理。

第五节　高级配电自动化（ADA）

一、智能配电网与配电自动化

（一）智能配电网的含义及功能

与传统的配电网相比，智能配电网是通过计算机科学技术和现代通信技术等高新技术相结合的方式应用于电网系统，实现了电力公司与用户之间及时的交流联系，智能配电网具有更安全、可靠、优质、高效的特点，对整个电力系统的性能有着很大的提高。

智能配电网的主要功能：智能配电网的功能主要体现在其较高的安全系数和良好的自我修复能力，可以有效地预防外力的破坏并及时发现电力系统中的问题，及时完成修复，且不影响用户的正常使用。

智能配电网实现了设备的可视化管理提高了设备利用率，通过对设备的可视化管理来实现对电网系统的实时监控，对设备的运转状态有详细了解并对发现的问题及时进行修复，不仅提高了电能的质量，还延长了电力设备的使用寿命。智能配电网与用户之间及时的交流与联系实现了对资源的有效利用，智能化电表的使用，使用户可以自由选择用电时间段，结合实时监控策略，在一定程度上提高了系统容量的有效利用率，降低了设备投资，提高了整个系统的运转效率。

配电用电管理实现了配电管理与用电管理的信息化，将配电网实时运行与理想数据管理深度集成与融合，实现在设备运行、检修、停电管理上的信息化管理措施。智能配电网能根据用户的要求提供更高质量的电能，方便了用户与电力公司，实现了双赢。

（二）智能配电网的技术要点

配电数据采集与监控技术，包括对数据的分析和整理。变电站自动化和馈线自动化，后者主要用于中压电网故障定位、隔离以及电力的自动恢复功能。高级量测体系，使用智能电表对用户用电数据进行收集和分析的系统，在传统自动抄表基础上有了新的进展。配电管理自动化以及配电设备在线监测技术，主要作用于设备的管理、检修和停电管理，以及系统的规划设计等方面。客户信息系统，又称 CIS，可同归计算机实现对用户信息的实时收集和管理。

柔性交流配电技术，这种技术是 FACTS 技术在配电网的应用和延伸，又称定制电力技术。故障电流限制技术，这种技术是在高温超导技术和电力电子技术结合的基础上实现对短路电流的限制。

二、配电自动化及其关键技术

配电自动化技术是指在相关技术和功能的指导下，如计算机技术、通信技术和信息平台来实现对电网的相关性质（实际的运行状况、主要结构、用户资料、地理位置等）进行实时采集和有效监控来构建较为完善的自动化体系，配电自动化技术不仅提高的电网的管理效率，还保证了供电的质量，提升了用户对电厂服务的满意度。

在目前配电自动化主要技术主要体现在配电网运行自动化、配电管理自动化、用户自动化三个方面，其中配电网运行自动化主要包括数据采集与监视控制系统、变电站自动化、馈线自动化三个方面。配电网的管理上主要包括设备管理、配电设备检修、规划设计管理以及停电管理等方面。用户自动化方面则主要针对用户用电情况进行记录，即自动抄表和客户信息管理这两部分内容。

（一）智能配电网与配电自动化的比较

智能配电网与配电自动化之间有着密切的联系与广泛的共同性，主要体现在各种新技术的应用上，但智能配电网与配电自动化相比，具有更优越的性能，主要体现在：智能配电网拥有更广泛的技术应用，技术内容更加完善，不仅有利于系统整体性能的提高，在电网运行成本上也有很好的节约效果，通过更多新技术的有机多相结合与协调应用，实现了对配电网故障的有效控制，提升了配电网的自愈能力，保证了用户用电的安全可靠性能。

智能配电网支持 DER 并网技术的应用以及 DER 的大量接入和深入渗透，结合先进的测控技术，可实现电能质量的提高和提高资源利用率。智能配电网更新了只读电表这种较为死板的模式，通过与用户的互动实现了配电网络和用户间的联系，用户可以自主控制自己的用电时间段，弥补了配电自动化技术的缺陷。

（二）高级配电自动化技术

智能配电网的发展在一定程度上为配电自动化技术提供了方向，在以支持 DER 的大量接入、深度渗透等功能方面提出了高级配电自动化技术。高级配电自动化技术是在对自动化进行完善规划的基础上，在其控制和管理上取得突破性进展的技术。高级配电自动化技术支持 DER 的"即插即用"与优化调度，能为工作人员提供有效的技术支持。在电网系统运行中发挥着很大的作用。

第六节　国内外智能配电网工程

一、国外智能电网发展

21世纪初，国内外电力企业、研究机构和学者对未来电网的发展模式进行思考与探索。2003年，美国电科院首先提出了《智能电网研究框架》，能源部（DOE）随即发布Grid2030计划。2006年，欧盟智能电网技术论坛推出了《欧洲智能电网技术框架》；2009年4月，奥巴马将智能电网提升为美国国家战略。

二、国内智能电网发展

2008年以来，国家电网公司刘振亚总经理多次指示有关部门要加强对世界电网智能化发展趋势的关注和跟踪，更系统、更全面、更长远地思考国家电网的建设与发展。特高压工程顺利投运以后，公司多次会议专题研究部署智能电网有关工作，派出三个组由公司领导带队赴美、加和欧洲国家考察交流。2009年3月初，刘振亚总经理首次在公开场合提出了"建设坚强智能电网"，全面拉开了中国智能电网前期研究序幕。

2009北京特高压输电技术国际会议，国家电网公司发布坚强智能电网研究成果，第一次正式提出了加快建设以特高压电网为骨干网架，各级电网协调发展的统一坚强智能电网的目标。其公司科技部组织智能配电和数字化变电站技术研讨会，明确当前现状和问题，开展后续发展方向研讨．随后国家电网公司总部成立"智能电网部"。

天津大学组织第一届智能电网学术论坛，挂靠中国电机工程学会，相关学术机构和公司参与，体现了社会各界对智能电网不同侧面的理解，以及要求建设智能电网的强烈愿望和呼声。2009年8月21日，国家电网公司智能电网部组织公司总部、各网省公司、直属单位在北京召开了国家电网公司智能电网工作座谈会。国家电网公司总部已决定举行智能电网国际研讨会，引领智能电网发展国际潮流，世界各国研究时间大致相同，由此可见智能电网是世界电力工业应对未来挑战的共同选择。

第七章 智能用电技术

第一节 智能用电技术

所谓的智能用电技术，整个的使用原理其实就是通过数字化的信息网络系统的调配和应用，集合整理能源资源的开放、传输、存储、转换、输送电量、供能电量、出售电量、使用电能等，并将这些电气设备有效地整合在一起。在整个过程中实现对能源的节能使用、对环境的保护利用、对能源的高效合理使用、对稳定性的现代化电网的建设。整个智能系统包括从电能的开发使用到传输用电、到改变交流电、再到配电使用、最后到个人用电的整个全部环节。整个技术系统性包括使用电的技术、配电的终端设备、电动汽车技术的使用、智能的调度技术以及通信技术和智能电网信息技术的应用和推广。

智能用电技术在整个的智能电网技术中是整个技术系统最为关键、最为核心、最为终端的部分。作为整个的最能够体现智能电网技术的"电力流""信息流"和"业务流"的部分。在这些环节中可以起到双向互动的功效。这个信息技术也是我国整个电网企业在转型期间实现营销现代化的重要战略基础。

一、智能电器及其插座技术的使用

智能电器及其插座技术在整个的智能用电技术中是智能用电技术的一个子集的部分，并具备智能电网的优质与双向互动的特征。通过这个系统从而实现了服务、信息和系统能量资源的高度共享使用。使用此项技术在为顾客服务的过程中从而实现了为顾客提供一种更加安全、舒适、智能化和信息化的生活空间。

智能的用电设备和智能插座技术的使用原理主要是通过无线的通信技术设备，通过与终端用电系统的数据互换，为顾客提供一些相关的数据信息，从而实现对整个的智能用电系统的指令控制和调整。

（一）智能用电技术

伴有现代化的所谓的智能用电技术相对于一些传统的家庭用电器来说，它的出现和技术的成熟发展与智能用电技术的推广和使用是息息相关的。智能的用电技术整体上包括以下几项：信息技术、控制技术、网络技术和计算机技术的整体正好。通过这些技术的协调使用有效的为用户提供一种更加方便、快捷、高效舒适的家居生活。与此同时还可以实现智能用电终端设备的信息交互使用，从而优化了家居生活资源的整体整合。

整个的智能家用电器设备主要具备以下几项内容：接受了一些比较具有典型性的电力

企业或者智能用电系统终端使用方式的多种智能化选择。一些具有比较高效的家电设备的节能技术，通过这些技术的使用可以有效地实现家电设备的高度信息化管理。

智能用电技术可以实现显示、分析电器设备等用电信息。通过这个过程可以实现电力企业的信息交流使用，从而实现获取分时电价的信息技术，通过以上各个环节的相互配合，有效实现了智能化用电的系统化管理。

（二）智能插座技术的使用分析

在整个世界呼吁环保的时代大背景下，在我国不断掀起节能减排的浪潮下，家庭的家用电器设备的待机能源消耗问题逐渐引起了各方的重视，逐渐在节能减排道路上发现了一个不可以被忽视的问题。根据我国的一项中国节能认证中心的调查显示，在我国的城市中生活的家庭各种家用电器每一天在待机情况下消耗掉的能源大致上相当于每个家庭平均每天 24h 昼夜都在点亮着一盏 15—30W 的长明灯时大概消耗的能量。等到智能插座技术的出现有效地缓解了这一情况。

在使用这项技术之后，可以在不影响一些家具设备使用的前提下来用智能节能减排技术，通过利用这项技术有效地节省了更多的资源，顺应了整个电网技术的发展，从而为更好地建设能源节约型社会做出了相应的努力。智能插座技术的应用通过设定不同的家庭生活背景模式，自动地根据家居的生活环境，自动地进行调节房间内的光亮程度，包括空气调节器、电视机的使用等。通过这项技术，实现了对家庭中各种家用电器的有效自动化控制，从而减小了不必要能源的消耗，为节能减排做出了家庭能做到的贡献。

一般来说，智能插座技术的技术主要是在普通插座的基础上，结合了一些比较先进的电网用电技术的发展需要，通过信息的整合，通信、网络建设和电子技术的推广使用，增加了以下的一些功能：智能插座对工作中的电源的电压和电流以及频率等都可以做出检测。

智能的工作设备在工作中的状态与在普通情况下的状态能够自主地实现功能的自主转换。一些比较智能的设备可以自主地实现数字功率的恰当分配和负载转入。

智能技术可以实现家庭生活信息的采集和有限监控。整个的智能用电系统具备网络上的监测和指导功能。一般来说，整个的智能用电系统常常是由电源控制系统、监测系统、控制使用系统和通信系统和显示系统等五大部分来组合实现的。对于智能插座系统来说，最为主要的控制技术主要包括以下几项：无线电光波的形式、红外线的使用方式、声控的调节方式等。在这三种方法中，声控的调节方法是作为有效的，也是最为简单的。其次便是红外线的感知方式。与无线电的形式进行比较后我们发现，无线电的控制方式是最为简单的，并且制造的成本还比较低廉合适。但从整体的性能上分析看，无线电的功能或性能都远远无法与其他方式相比。

二、智能用电终端技术设备

智能的用电终端系统在用户的使用过程中，是一个集中进行处理的管理设备。通过一些无线的网络管理设备对整个的家居设备系统进行检测和有效的控制，在这个过程中并努力地为其提供比较友好的人机界面的满足与顾客的实时浏览、在线的整体监控、任务的锁定等。整个的智能用电终端技术设备作为用户和用电网络的处理末端设备，能够随时根据用户的具体实际需求显示来自用户用电网的相关信息，从而实现智能化设备的综合分析和处理，最终完成对整个用电设备的综合有效的系统管理。

　　智能用电技术的终端设备的使用实现了用电技术中用户和用电网络进行有效互动的基石。它的使用有效实现了电网两侧智能用电主站系统的交互使用。通过智能双向表计及其相关信息的整理，可以有效建立起用电网络和用户之间的有效沟通，从而可以更加有效地实现对用电系统实施智能的管理，是整个技术系统实现最大用电效益的基本保障。

　　整个智能用电技术的有效使用对于整个的智能电网技术来说都是一个重要的组成部分，承担着用户和企业之间的双向互动，对于改善用户的用电水平、实现资源的节能使用具有不可估量的重要意义。

第二节　用电信息采集技术

一、用电信息采集技术必要性

　　在电力系统中，为了保证电力营销工作的有效进行，必须要合理使用用电信息采集技术，该技术的有效利用能够保证电力企业的正常运营，有效改善电力负荷曲线，然后对电能资源进行优化配置。再加上最近几年，随着节约理念的不断深入，为了保证电力企业的快速发展，通过使用用电信息采集技术，能够实现电力企业与用户的双赢。通过使用用电信息采集技术，能够根据客户的实际需求，比如各时段用电情况、负荷变化情况、及时提示欠费情况等，对其进行停电、限电的操作，只有有效对客户的用电量进行预测以及分析，能够有效提升电力营销的工作效率。再加上社会的不断发展以及人们生活质量的提升，对于电力营销工作的需求越来越高，然而传统的电力营销在对数据信息进行采集以及传输的时候，技术水平较为落后，进而阻碍了电力营销管理工作的有效开展，因此，必须要加大用电信息采集技术的应用力度。

二、用电信息采集技术的应用

（一）预付费控制

　　由于市场经济体制不断深化，电力企业面向的服务对象较为广泛，比如政府、企业以及普通用电用户。针对这些服务对象，可以根据每个服务对象的实际用电情况采取有效的措施，通常而言，电费收缴方式可以分为每月收缴一次电费、每月收缴三次电费或者是不定期收缴电费等。由于收费方式过于多样化，所以在对电费进行收缴的时候极其容易问题与差错。但是如果可以使用用电信息采集技术，就能够保证在电力营销工作中预付费控制功能充分发挥出来。使用用电信息采集技术将各种信息数据进行共享，而且还可以对各个地区、各个服务对象，因地制宜地制定预付费缴费方案，另外，还要建立用电信息平台，可以不断拓宽电力营销渠道，与此同时还可以便于用户准确地对用电信息进行查询。

（二）自动化抄表和电费结算

在电力企业中，整个营销管理工作涉及的内容比较多，不仅包括抄表、电费核算等，同时还包括电费通知等多项内容，这样无疑加大了电力营销管理的工作量，再加上涉及的内容较为烦琐以及复杂，就会导致电力营销管理工作出现问题，进而使管理水平大大降低。面对这种情况，合理使用用电信息采集技术就可以防止上述问题的出现。使用用电信息采集技术，能够及时、准确的收集各项与用电相关的信息数据，进一步对其进行处理，通过对用电信息进行采集、记录、处理，从而自动化完成抄表工作，同时还可以有效统计和结算用电费用，保证电费结算能够自动化的完成，提升管理效率。

（三）线损管理

在对线损进行管理的时候，使用传统的方法具备诸多的不足之处，不仅管理周期较长，而且还不能够真实、准确的分析出线损的实际情况，进而给电力营销工作造成严重的阻碍作用。对此，需要合理使用用电信息采集技术。为了避免时段出现差异、误差等，可以在同一时间上将各类用电信息进行冻结，这样做的目的是为了线损管理的顺利进行。另外，用电信息采集技术具备较高的工作效率，在进行线损管理的时候，为了保证数据具备较强的时效性，需要全面、准确地对理论线损数据与实际线损数据进行合理的分析以及比较，从而探究出线损问题出现的根本原因，然后针对具体情况采取有效的解决措施，使问题得到有效的解决。

（四）在电能质量监测和可靠性统计中的具体应用

在电能质量监测和可靠性统计中的具体应用，用电信息采集系技术同样起到了重要的作用，主要表现为以下几点：

1. 在进行电能质量监测的时候，使用用电信息采集技术能够有效采集并统计出电网总表中的电压、电流以及功率等多项信息数据等，与此同时还能够监测出用户实际的电压情况，进一步促进电能质量监测工作的有序进行。

2. 在对供电情况进行可靠性统计的时候，用电信息采集技术能够真实、准确的统计出电能表掉表以及全失压等各种问题，将其作为供电可靠性评价的重要指标，最终保证供电可靠性统计工作的顺利开展。

（五）在反窃电管理和计量异常告警中的具体应用

在电网的整个管理过程中，用电信息采集技术的合理应用还能够避免出现反窃电以及计量异常等问题。在进行反窃电管理的时候，应用用电信息采集技术，可以得出每个用户的负荷曲线，并对其进行监测以及分析，一旦有用户如私自改动计量表出现窃电现象，就可以通过分析负荷，及时将其中存在的不良问题予以发现，避免出现反窃电问题。

另外，在计量异常告警工作中，应用用电信息采集技术，一旦发生电流、电压缺相或者是抄表出现异常等不良现象情况，系统就会自动发出报警功能，这样可以帮助有关的工作人员及时找出其中存在的问题，并分析原因，采取针对性的处理措施，将故障发生率大大降低。

三、提升用电信息采集技术应用经济性措施

（一）注重用电信息采集的安全防护设计

用户用电信息采集系统的使用过程当中要注重用户用电的个人隐私，注意相关用电信息采集的安全防护设计，在接受主站导出信息的时候和接受相关数据信息的时候都要注重安全防护设计。传统意义上来说，安全防护的设计是将相关的信息数据从一个安全区提取到另一个安全区之中，所以，就设有安全二区，安全三区等安全区域输送并且接受相关的用户用电信息数据，使服务器同步，最后使真正的数据文件进行导出，在此过程中，不能忽视对安全区的设计与保护。严禁用户用电信息的泄露，坚持安全区的检查，打击违规非法窃电的现象发生。所以用电信息采集系统也是为了强化需求，保护用户用电信息安全提供相关的技术支持手段。

（二）全面提升数据采集成功率

供电企业为了有效进行电力营销工作，首要前提就是做好用电信息的采集工作，通过及时抄读信息，对用户进行采集，并且对于供电企业而言，为了保证各项工作的有序进行，必须要全面提升数据采集成功率。

（三）安装调试的可操作性

就当前供电企业的实际情况来看，为了保证计量改造工作的顺利进行，还需要做好一系列的工作。然而由于工程量极大，再加上技术含量较高，所以需要对本地通信设备进行安装调试，同时还要对工作流程进行简化，减少不必要的步骤，避免延误调试时间，对工程质量以及进度造成严重的阻碍作用。

第三节　智能小区

一、基本含义

智能小区的概念是建筑智能化技术与现代居住小区相结合而衍生出来的。就住宅而言，先后出现了智能住宅、智能小区、智能社区的概念。我们可以这样认为：智能化住宅小区是指通过利用现代通信网络技术、计算机技术、自动控制技术、IC卡技术，通过有效的传输网络，建立一个由住宅小区综合物业管理中心与安防系统、信息服务系统、物业管理系统以及家居智能化组成的"三位一体"住宅小区服务和管理集成系统，使小区与每个家庭能达到安全、舒适、温馨和便利的生活环境。

智能小区与公共建筑中的智能建筑的主要区别是，智能小区强调住宅单元个体，侧重物业管理功能。智能小区包含的系统有综合布线系统、有线电视系统、电话交换机系统、门禁系统、楼宇对讲系统、监控系统、防盗和联网报警系统、集中抄表系统、小区能源管理系统、宽带网络接入、停车管理系统、公共广播系统、物业管理系统、小区电子商务系统等，少数智能小区的高层项目、会所、运动中心还应用了楼宇自控系统。真正意义的智

能小区中的单元——单个住宅，应该安装智能家居（Smart home），这样智能小区的功能才得以有效运用，对大型社区来说，智能小区是智能家居运行的基础平台。

国家对智能小区有标准的定义，主要功能应有：用电信息采集，小区配电自动化，电力光纤到户，智能用电服务互动平台，光伏发电系统并网运行，电动汽车充电桩管理，智能家居服务，统一展示平台，自助缴费终端，水、气表集抄等。

二、智能系统

（一）车辆人员管理系统

智能小区保安工作做得好坏，无非是看小区内的技防与人防相结合的因果，其门禁系统在其中占有不可或缺的位置。小区的门禁系统从大范围上可以分为两种，一种是住户门禁，一种是车辆进出门禁。如果在可视门禁对讲系统中看到的是陌生人，则可以拒开门，并联系小区的保安前来查看。

小区中一旦有了车辆门禁系统，则防盗安全在安防监控的基础上也有了另一种保障，本小区车辆则都会登记在册，并拥有一张小区出入的 IC 式门禁卡，出入小区时则司机只需掏出 IC 卡在扫描器上扫描一次，则门禁护栏自动开放。而对于外来车辆要进出小区时，则需要安保人员进行登记造册，记录进入时间与出门时间（货车则在进出门时都会检查车厢以确保安防）。

（二）楼宇自控系统

楼宇自控系统由管理主机、执行机构、各类传感器及传输线缆组成，主要是对楼宇或小区内的机电设备实现自控控制。楼宇自控系统以计算机控制、管理为核心，用各类传感器进行检测，利用各种相应的执行机构，对区内的供电系统、空调系统、照明、电梯、给排水、喷淋、灌溉等各种设备进行统一集中的控制和管理。实行分散控制、集中管理，起到节能、减少维护人员、延长设备使用寿命的作用。

（三）结构化综合布线系统

智能建筑、智能小区的兴起，使网络基础设施——综合布线系统也变得越来越关键。综合布线是整个智能系统的基础部分，也是伴随着智能建筑、智能小区土建施工同时建设的。由于它是最底层的物理基础，其他智能系统都建立在这一系统之上，布线系统的质量直接影响所有智能系统的运行，所以，选择一个好的布线系统非常重要。

智能建筑、智能小区基础是宽带通信网。并且随着应用系统的发展及新应用的出现，对通信带宽的要求也越来越高。传统的布线将无法满足这些应用的需要。而日后新增或改造这些线路除了消耗人力物力外，还会影响室内美观及正常工作。从本质上说，综合布线系统涉及视频、语音、数据及控制信号的传输，从传输介质来说，布线包括非屏蔽双绞线（UTP）、75Ω 同轴线缆和光缆等。用户端设备包括计算机、通信设备、智能控制器、各种仪表（水表、电表、煤气表和门磁开关等）和探测器（红外线探测器、煤气探测器、烟雾探测器和紧急按钮等），所有相关数据都通过综合布线系统进行统一传输。

综合布线系统作为各种功能子系统传输的基础媒介，同时也是将各功能子系统进行综合维护，统一管理的媒介和中心，综合布线为计算机网络系统、楼宇自控系统、保安监控及巡更系统、门禁及消费一卡通系统、停车场自动管理系统、Internet、ISDN电话、IP电话、数字传真等通信系统提供一个性能优良的系统平台。通过综合布线系统与各种信息终端来互相"感知"并传递各个功能系统的信息，经过计算机处理后做出相应的对策。

（四）计算机网络系统

数据网即计算机通信网，随着Internet的成功普及，数据业务得到长足发展。智能建筑内数据业务主要围绕Internert接入而展开，宽带接入（22mb/s）是发展方向；Ethemet到桌面上已是全球范围内不争的事实，GE（G位以太网）+IP是最经济的数据网络模式。提供宽带接入的基础网络设施：其具体做法是在建筑区内设置宽带通信机房，内置交换机、服务器以及数据处理设备；网络结构的10M/100M/1000M以太网交换机为中心，星型拓扑结构放射至各用户，实现10M宽带到桌面，解决信息高速公路"最后一公里"的接入难点；其城域部分通过光纤接入网或宽带IP城域网连接Internet，宽带通信设备机房约占建筑面积8—15m²。

各用户均有电脑网络接口，并连接到中心网络设备建立内部网（Internet），以实现高速网络应用。内部网不仅可以进行高效率物业管理，同时通过高速数据接入与外部世界相连。用户可高速访问Internet、Intranet及收发电子邮件、视频会议等。视频会议使人们不需要与会人员召集到一个特定地方，人们可以在家中通过计算机面对面完成一些重要决议，这可配合人们弹性工作时间实现家庭办公，不仅节省人力物力，同时加快决策速度。内部网同时与外部各大信息网连接，如：银行查账系统，火车票、飞机票订票查询预订系统，天气预报系统，股票系统等。住户可以足不出户而知天下事。另外还有一些高级的网络应用如远程医疗、老人监护、远程教育，交互式电子游戏，网上购物等。高速网络带来的高新技术将吸引更多用户。

（五）程控交换系统

数字程控交换机，采用最先进的微处理器作为控制核心，全分散的控制方式，模块化的程序设计，以及大规模的TTL、CMOS数字集成电路的选用，使整机具有较高的稳定性、可靠性。功能齐全，耗电省、体积小、重量轻。在接口配置方面，具有接口配置灵活，组网方便的优点。接口配置大致分两部分，即内线部分和外线部分。内线部分有普通用户接口、2B+D数字用户环路、2.048Mbit/sPCM接口和U中继接口等。

（六）可视对讲联网系统

楼宇对讲系统由对讲主机、室内分机、管理主机和传输线缆组成。在住宅区内设可视对讲，户主可直观地了解访客情况，控制门锁开启，各栋对讲主机与保安中心管理主机联网，保安中心可随时了解住户求救信号。经过多年的发展，楼宇对讲产品已经从过去只具备单一的对讲功能，发展成为今天集可视对讲、门禁控制、家居安防、信息公告等多种功能于一体的系统。

其功能如下：楼宇对讲系统应能够实现访客、住户和管理员三方通话和开锁功能；控制主机具有防破坏报警功能；住户可在单元门口机上直按密码开启大门电锁；有人非法拆动或破坏单元门口机时可发出报警信息；红外 CCD 摄像机及夜间补光措施，使夜间亦可获得清晰图像；室内机可清楚显示来访者及户外情况；通过小区信息网与中心计算机连接，实现小区智能化集中管理；高档对讲系统还具备各种报警扩充功能，可实现与报警系统合二为一。

（七）家居安防系统

家庭防盗报警系统是由保安中心管理主机、安防报警器、各类传感器和传输线缆组成。家庭被盗的切入点主要是门和窗，传感器主要对于家庭重要地点和区域布防。品质齐全的传感器能代替传统家居内钢盘防盗网，让业主生活在更安全、舒适的环境之中，不再有"牢笼"的感觉。

1. 防盗报警

在住户各室内安装一个被动红外探测器，当探测到有非法进入者时，触发报警信号并传送到住户智能控制器，控制器发出声光报警并把信号传送到智能控制中心，控制中心的电子地图立即显示哪一栋哪一户哪间房发生哪种类型的报警，并立即通知保安员到现场处理。

2. 煤气泄漏报警

在厨房和厕所各装一个煤气泄漏探测器，其安装高度分两种：当所燃烧的气体（如一氧化碳）比空气轻，则安装距天花板 0.3m 处；当所燃烧的气体（如丙烷、丁烷）比空气重，则安装距地面 0.3m 处；有煤气泄漏时，触发报警并自动关闭管道阀门，同时通知智能控制器和控制中心，报警方式和传输路径与红外防盗报警相同。

3. 消防报警

在客厅安装一个温感或烟感探头，当住户发生火灾时，探头触发报警并通知智能控制器和控制中心，报警方式和信号传输路径与红外防盗探测相同。

4. 紧急求助系统

当有盗贼出现、家中有病人或其他需求助的时候，按动紧急求助按钮，信号传送到控制中心，控制中心立即派人赶赴现场。

5. 门磁系统

在大门上安装一对门磁，当有人非法打开大门时，门磁系统立即发出报警并通知智能控制器和控制中心，报警方式和信号传输路径与红外防盗探测相同。各类传感器如下：门磁感应器、红外线感应器、幕帘式红外探测器、玻璃破碎探测器、吸顶式热感红外探测器、煤气泄漏探测器、烟感探测器、紧急求助按钮等

保安中心的管理主机能及时显示各种传感器的报警状态及性质，家庭分机有布防和撤防两种状态，主人走时，将分机设为布防状态，在布防期间，一旦有人非法入室，系统会自动报警并将信号传送至管理主机。主人回家时，在延时时间内解除防盗系统，以免误报。

（八）闭路电视监控系统

闭路电视监控系统由摄像机、云台、镜头、矩阵控制器、解码器、硬盘录像机、监视器、画面分割器、传输线缆等组成。在出入口、周界、公共通道等重要场所安装摄像机等

前端设备，通过中心进行监控和录像，使管理人员能充分了解现场的动态。让控制室内值班人员通过电视墙一目了然，全面了解发生的情况。保安中心通过硬盘录像机能实时记录，以备查证；通过矩阵控制器在控制云台切换操作，跟踪监察。周边环境红外线信号可作为相应区域摄像机报警输入信号，一旦报警，相应区域的摄像机会自动跟踪。系统控制部分采用智能数字图像运动跟踪报警器来实现全自动操作控制。保安中心一般设置多台监视器组成电视墙，一台轮值巡检或利用画面分割同时显示其他摄像机情况，一台专用可疑点定格、放大、编辑，其余多台显示其他重要部位。

其功能如下：实施监控的场所包括出入口、停车场出入口、周界、主要通道、公共场所、电梯轿厢及电梯厅等；监控及录像系统要做到"看得清、记得住"。即监控及录像回放图像清晰，所监控场所特别是重要部位要 24h 不间断录像；控制系统能对前端云台及镜头进行遥控，对图像进行自动和手动切换；室外监控点必须具备防拆、防破坏功能，并采取防雷、防雨、防风等措施；具备报警联动、夜间灯光联动功能。报警时监视系统能自动切换到相关摄像点并使录像系统转入实时录像。

（九）公共广播系统

公共广播系统简称 PA 系统（Public Address）。广泛用于工矿企业、车站码头、机场、商店、学校、宾馆、大厦、旅游景点、部队营房等。它的特点是服务区域大，传输距离远，信息内容以语言为主兼用背景音乐。为减少传输线功率损耗，一般都采用 70V 或 110V 的定压传输，或用调频方式进行多路广播传输。

其用途为：业务宣传和时事、政策广播；播送背景音乐；火灾事故和突发性事故的紧急广播；广播音响系统可分区控制。由广播音响系统总控室输出音频信号至各个区域以满足各区的播放要求。公共广播系统主要由扬声器与公共广播系统控制中心内的相关设备组成，具有多路广播通道以有向各个区域播放音乐及广播的能力。其功能如下：各个区可以进行统一播放信息，也可以分区域进行不同的广播；能作为紧急广播使用；可与消防报警系统相连；提供声音储存功能，可随意录制多条信息，自动定时播放；可接入多种音源及多路话筒。

（十）电子巡更系统

电子巡更系统是指在相应位置安装巡更站点，规定巡更路线和时间，保安员携带巡更棒按制定路线和时间到达巡更点并进行记录，由管理中心对保安员巡更情况进行监控和检查。可实现巡更路线和时间的设定和修改；中心可查阅、打印各巡更人员的到位时间及工作情况；当巡更人员发生漏巡、超时等违规现象或异常情况时，中心能发出警报信号。

（十一）周界防范系统

周边防盗报警系统由红外线对射器和接收器、报警主机及传输线缆组成。周界防范报警系统是对即定周界实施警戒，为用户提供安全保证。报警设备采用主动红外对射探测器，使用广泛的探测器按光束可分为：双光束、三光束、四光束。将探测器沿周边布放。当红外线接收器探测到有人（遮断红外线）进入时，报警主机立即发出报警信号，并显示报警区域；报警主机还可以向 110 报警中心自动报警。通过系统管理软件的设置，当有报警发生时，可以联动摄像机进行监控并启动录像机录像。周界全面设防，无盲区和死角，并具备防拆、防破坏功能；前端探测器具有较强的抗不良天气环境干扰的能力；系统具备自检功能，可控制前端设备状态的恢复；具备与监控系统、周界照明系统的报警联动功能。

（十二）三表计量系统

远程智能抄表系统对用户脉冲计量式水表、电表、燃气表，通过现场控制器进行数据采集，经网络传输，在物业管理中心实现数据收集、处理，最终实现对远程仪表的抄收。该系统对纳入收费管理的三表进行电子收费管理，提供网上应缴费用的查询、定期催缴，对没有上网的用户提供电话查询或者到物业管理中心进行查询，具有收费的登记、转账、统计功能，及收费项目、计费方式的变更登记等功能。自动抄表系统由现场数据采集器、管理中心管理主机和传输线缆组成。在三表较集中位置设数据采集器，水表、电表、燃气表读数随时收集，并存储在存储器中。数据采集器采用总线方式与管理中心电脑主机相接，管理中心可计费、打印，也可利用银行的数据网络传到各职能管理部门，实现电子自动抄表。

（十三）一卡通系统

出入口管理系统由门禁系统和停车场管理系统构成，通过对大门及停车场出入口等部位实行统一控制，在此基础上实现出入口安全级别控制、时间控制、分组管理等功能，并详细记录所有事件和管理信息、自动生成报警。小区的出入口、通行门、停车场等位置应设置出入口系统。系统能对门禁状态、通行对象及通行时间等进行设定，对通行情况进行记录，对未授权的侵入及时报警。停车场管理系统应对车辆出入口进行控制，实现对车辆进出及收费的有效管理。停车场管理系统能清楚记录车辆进出及存放时间、车辆车型、牌号、颜色及驾驶员特征等情况。

住宅区出入口除设置摄像机辅助车辆管理外，还设置停车管理系统，由道闸、IC卡读写器、管理电脑和传输线缆组成。IC卡系统由电脑、读卡机、转换器、写卡器组成。与前文所述巡更系统、停车管理系统可以共同实施，共用同一张IC卡。在会所、娱乐场所、管理中心设IC卡消费站，用户持此卡同样可以消费和缴纳费用。此卡还可以用于考勤、门禁、用户档案和用户医疗档案等，实现真正的一卡通。用户可用智能卡开启住宅，小区，俱乐部，停车场及屋村大门的电锁；用户可用智能卡布、撤防用户住宅的防盗报警系统；若用户预定了某俱乐部活动场所，用户可利用智能卡在指定时间内开启活动场所的大门；用户可利用智能卡开关住宅内的照明及其他电器设备；保安员可利用其自身的智能卡执行巡更操作；当系统出现故障时管理人员可利用后备智能卡，开启通道门；系统可及时将各部分的工作状态向监控中心报告；保安人员可根据不同的等级在不同时间进出不同的区域；可利用读卡器对工作人员进行考勤管理；监控中心具备严格的保安措施，工作人员需使用密码＋智能卡才能在特定时间内进出监控中心；监控中心可根据用户的需求增加或删除智能卡；监控中心的操作人员可根据用户的要求开启/关闭各通道门及布、撤防各住宅的防盗报警系统；小区内各种消费，包括游泳池、洗衣房、超市、娱乐室等均可使用上述统一业主智能卡做结算；用户只要将出入停车场闸门的感应智能卡置于车头的挡风玻璃内，当车辆靠近停车场闸门时（读卡器），无须停车，闸门将自动开启；车辆通过后闸门自动关闭。

（十四）VOD点播系统

Internet爆炸式发展，使得有线电视网络从单向广播式网络向双向交互式网络方向发展。实现有线电视的上行、下行信号。视频信号从机房通过常见的分支分配的HFC网至各用户（下行）。用户也可以进行VOD点播（上行）。高档智能住宅内还可通过HFC网实施视频点播，只是系统投资费用较高。

电信部门利用现有铜芯双绞线，通过ADSL、VDSL、G.lite、Etherloop等技术实现宽带接入；有线电视部门则通过Cable Modem实现宽带接入；而新型运营商则采用无线方式通过本地多点分配业务（LMDS）来实现宽带接入。

（十五）物业管理系统

保安中心与管理中心合建为智能中心（含消防控制室），智能中心内设置各系统主机及控制设备，通过计算机内多媒体中文系统、报警软件、数据库软件操作及测试软件，来对区内的控制器、传感器统一注册、统一管理。

（十六）机房系统

基于总线传输方式，专用于小区保安室、监控管理中心与电梯轿厢、电梯控制机房、电梯轿顶、电梯轿底之间的报警、对讲、监听、广播、录音。一个小区弱电系统能够正常工作，不仅需要有良好的主设备、性能卓越的UPS电源和安全舒适的工作环境，还需要有一个设计合理、可靠性高的供配电系统。

机房的防雷接地尤为重要。防雷保护技术是不断发展变化的，为了保证用户的投资，所选产品必须符合国际标准及流行的工业标准。这样才能对网络的未来发展提供保证。

因为系统雷电防护设计是一项系统工程，那么从系统论的角度上讲，系统结构越合理，系统的各个部分（要素）之间的有机结合就越合理，相互之间的作用就越协调，从而才能使整个系统在总体上达到最佳的运行状态。

接地处理：接地采用高层楼共用接地。机房设直流工作地、交流工作地、安全保护地及防雷保护地。接地电阻要求小于1欧姆，零—地电压小于1V。

三、智能小区用电设计

智能小区的供用电技术在实际发展中逐渐走向成熟，将物业管理中心和小区用户的电力系统结为一体，为小区提供便捷快速的电力管理方式。供用电技术对智能用电小区的设计原则和设计实现的功能有了更好的认识，满足了智能小区的用电需求。

（一）总体设计方案

智能用电小区在设计供用电方案是最基本的原则是"清洁环保，安全可靠"。在智能用电小区的综合基础上进行传统电网改造，深入小区进行实地考察分析，形成总体的设计方案。在设计方案中要考虑自动化，智能化在供用电技术中的促进作用。合理的添加智能化，自动元素，使设计方案合乎时代技术发展的要求。

（二）功能分析

智能用电小区的建设是为了实现信息采集，配电自动化和管理智能化的功能。通过供用电技术实现对用户用电信息的采集，对小区用户的用电做出合理的调节。在输送电力过程中利用配电自动化功能自觉完成对用户的配电功能。对每个用户实时的用电情况做出分析，规划用户充电管理。在线路发生故障时，发挥自动化管理功能，随时查看小区用电网络线路，保障小区的供用电。

（三）实现智能小区供用电技术的关键

智能小区建设在目前尤为重要促进着社会的和谐与稳定。实现智能小区供用电技术，主要是通过双向与多信道通信技术的正常运转和交互终端技术平台的使用。但是技术的关键还是要正确地使用智能化技术和自动化技术，为智能小区用电建设提供坚实的基础。

1. 智能化技术运用

随着现代科学技术的日新月异，社会开始走向数字化和信息化为平台的智能化时代，由此出现了大批智能化产品。例如，智能手表，智能手机和智能化城市供水系统，智能化小区改造势在必行。智能小区通过对小区的供用电技术安装合理的智能化技术部件，从而使智能化技术合理的运用到供电技术当中。智能化技术和供用电技术进行相互融合，互相使小区用电能力提高。所谓的智能化就是对小区供用电终端设备赋予人的思考能力，智能思考当前小区用户的用电情况，合理的输送电力和分配电力。大脑部件通过发送指令使小区供用电网络做出相应的行为，而这个大脑部件就是代表着智能化技术部件。智能化技术的应用在很大程度上促进了小区供用电技术的成熟，带动了智能小区的健康发展。

2. 自动化技术运用

自动化技术在小区供用电的投入使用中发挥着重要作用。自动化技术就是运用自动化部件，在各个输送电力中间设备上安装硬件设备。使充电设备能够自动完成对本小区的电力实时信息反馈。所谓自动化就是机械或装置在无人干预的情况下按照规定的指令完对智能小区的供用电管理。自动化技术已经被广泛地应用于现代技术中，特别是与算机技术相结合。自动化技术在智能小区的应用能把技术人员从繁重的体力劳动，脑力劳动和恶劣的工作环境中解救出来，能够自动的完成人类的工作，极大地提高了劳动生产效率。自动化在供用电系统中扮演着技术人员的角色，自动的处理供电设备和用电设备间的关系。智能化技术的应用在一定程度上促进了小区供用电技术的成熟，为小区用户提供安全可靠的电力。

第四节　智能楼宇

智能楼宇的核心是 5A 系统，智能楼宇就是通过通信网络系统将此五个系统进行有机的综合，集结构、系统、服务、管理及它们之间的最优化组合，使建筑物具有了安全、便利、高效、节能的特点。智能楼宇是一个边沿性交叉性的学科，涉及计算机技术、自动控制、通信技术、建筑技术等，并且有越来越多的新技术在智能楼宇中应用。

一、基本概念

通过楼宇自控系统（这里指通常所说的小 BA 系统或狭义 BA 系统），采用先进的计算机控制技术，管理软件和节能系统程序，使建筑物机电或建筑群内的设备有条不紊、综合协调、科学地运行，从而达到有效地保证建筑物内有舒适的工作环境、实现节能、节省维护管理工作量和运行费用的目的。

二、发展和起源

楼宇对讲系统最早起源于欧美等发达国家，在欧美国家、香港、台湾等地区已存 20 多年，自 20 世纪 80 年代末期逐步引入大陆，当时国内主要为代理国外的单户型产品，可视对讲产品主要有日本、韩国、台湾品牌，在上海广东有销售，比如日本的"爱峰"等。20 世纪 90 年代初期起，国外楼宇对讲系统生产制造商陆续到中国开拓市场，但最早的楼宇对讲产品功能单一，主要有单元对讲、可视门铃等，在这个时期，国内市场年需求量不足十万户。在经过了 1995—1997 年的国内市场第一个发展期后，珠三角地区出现了深圳视得安、广州市安居宝、中山奥敏等数家专业可视对讲厂家，国内其他地方也出现了福建振威、西安交大开元等，这些厂家产品开始规模生产，技术也不断进步，单元楼宇型对讲及可视对讲用户呈现持续增长势头，集中在房地产市场启动较早的广东、上海等经济发达城市，20 世纪 90 年代末，楼宇对讲产品进入第二个高速发展期，大型社区联网及综合性智能楼宇对讲设备开始涌现，珠海太川、深圳慧锐通、福建立林、珠海进帧等也相继推出各自的产品。在经历了代理国外产品、自主研发单户型、模拟非可视系统、模拟可视系统后，逐步形成了以可视联网楼宇对讲安防系统为主流产品楼宇对讲市场。

1990—1995 年期间，国内楼宇对讲系统基本全部为对讲系统，1995 年左右，国内才开始出现使用可视对讲系统安装的住宅小区，但是数量极少，使用产品也均为进口产品，而且产品在功能上以最简单的直按式系统为主，辅助的出现极少的数字式系统。

在这期间，又有很多国际性产品进入国内，比较典型的为西班牙的弗曼思科斯 FERMAX、韩国的 KOCOM、韩国 COMMAX、日本 NET，这些国际性品牌带入了新的楼宇对讲概念：可视功能、小区管理功能。

在这些品牌的大力带动下，国内的楼宇对讲市场不断地扩大，而国产产品也出现了新的动向。1996 年左右，深圳市视得安科技公司开发出了国内第一台可以实用的可视对讲分机。随之而来的是更多的国内公司投入到楼宇对讲行业中，通过消化吸收国外知名品牌的精髓，并以国内实际的情况（如国内小区密度更大，小区容量更大），进行楼宇对讲产品的本土化开发。

1996—2000 年之间是国内楼宇对讲行业发展的第一次高潮，主要体现在楼宇对讲系统本身的功能开发方面：更强的联网能力、更好的产品稳定性。并随着一批新兴的楼宇对讲企业也进入到产品大量销售阶段（如广东的安居宝、中山奥敏、深圳狄耐克、福建冠林等），整体的楼宇对讲市场进入到激烈的竞争阶段。此段时间全国各地楼宇对讲厂商达到数百家。

进入到 21 世纪，由于竞争激烈，部分进口产品开始在国内设立自己的加工中心以降低成本，成立了很多独资或合资楼宇对讲企业。这一阶段，新技术在楼宇对讲产品中进行运用。市场的竞争趋于残酷，一些厂家在激烈的竞争中退出楼宇对讲市场，只有产品质量稳定、产品技术全面、价格更有竞争力、服务更加完善的厂家才能够在激烈的竞争中立于不败之地。随着对讲市场的不断扩张，国家及各地也相应地出台了部分政策以规范对讲市场，在各地纷纷有一些强制性要求安装楼宇对讲系统的政策出台，同时，也带动了对讲产业的蓬勃发展。

三、系统造价

一般情况，弱电系统占工程总造价的 2%—5%，而楼宇自控系统占弱电系统（不含消防系统，不考虑网络设备）投资的比例没有规律，但总体不会超过 40%，不同的建筑类型及建筑规模，楼宇自控系统的建设投资不同，主要取决于建筑类型、规模以及采用的暖通空调、水、电的设备及控制工艺。

第五节　智能家居

一、智能家居解析

当今，人工智能无处不在，并应用十分广泛。随着人工智能技术赋能，智能家居产业发展迅猛，生态逐步完善趋于成熟。智能家居是在物联网的物联化的体现。

（一）智能家居的定义

智能家居就是以住宅为平台，利用先进的计算机技术、网络通信技术及综合布线技术，将与家居生活有关的各种设备有机结合在一起。兼备建筑、网络通信、信息家电、设备自动化，及系统、结构、服务、管理为一体的高效、舒适、安全、便利、环保的居住环境，提供全方位信息交换功能。智能家居通俗来讲是通过家庭升级换代的设备，包括生活起居环境中的一切家用产品，具备了相互沟通和联系的人工智能特点，赋予家居产品认知行为能力。

（二）智能家居的基本属性

智能家居的基本属性则是从人类生活起居中提取共性特点，使用户能够充分体验家居智能化的优越性和满意度。在家中任何一个角落和功能区域，人们都能够进行智能家居的全区域化交互。智能家居无微不至的与用户进行交互，涵盖了生活的衣食住行等方方面面。把传统的人类起居生活简单化，使人们可以从繁杂琐碎的日常生活劳动中解放出来。

二、智能家居研究的现状

家居生活智能化已经成为未来生活的发展趋势和生活指向标，并正在全球范围内呈现强劲的活力。目前全球智能家居发展态势良好，美国引领行业发展风向标。如市场研究咨询公司 Markes and Markes 近期发布的报告显示，全球智能家居市场规模将在 2022 年达到 1220 亿美元，2016—2022 年年均增长率预计为 14%。伴随着 5G 灯芯一代移动通信技术的发展，语音识别、深度学习等人工智能的技术，在新技术与智能家居融合之下，产品类别增多，系统生态逐步成熟，用户市场普及率提高将会是大势所趋。同时，我国潜在发展空间巨大，今年智能家居市场规模增长率大幅度提升，行业发展势头迅猛。人工智能技术融合化趋势催生了大量新技术、新模式、新业态，创造了巨大的市场需求。

三、智能家居的演变

传统家电向智能家居领域转型与变革具备多方面优势，而智能家居的演变历程也可以多个角度来看。

（一）智能家居产品形态演变

任何事物的发展都经历从小到大、从简单到复杂的过程。智能家居将会逐步取代传统用品而渗透到家居生活方方面面。从产品形态上看，第一阶段是智能家居中适合企业进军智能家居的最佳切入口即智能单品。传统家电企业如海尔、美的以及国外的 LG 等就是以智能冰箱、智能空调、智能洗衣机等家用电器夺人眼球，而互联网企业以一些创业公司诸如百度、小米等则以路由器、电视盒子、摄像头等智能产品先声夺人。不同产品之间的联动，是智能家居发展的第二阶段，表现在不同类产品之间信息互通共享。如将某种产品的算法嵌入另一种硬件设备后，用户可以在产品的平台上查看另一种产品数据，甚至和对手之间进行 PK。还可搭建小规模生态系统，在同品牌不同产品间进行互动。智能家居发展的第三阶段是品牌的不同类产品之间的融合和交互。

智能家居是一个平台，同时也是一个系统，是各种家具设备的集成化。即产品与产品之间的互通互融不再需要人为干涉，人能自主地进行各种活动。海尔打造的智慧生活，是基于 U+ 智慧家庭互联平台、U+ 云服务平台以及 U+ 大数据分析平台技术的一个操作系统。这套智慧生活操作系统让用户家里各类家电、灯光、窗帘以及安防等系列的家具设备，都可实现跨品牌、跨产品的互联互通。

（二）智能家居控制方式演变

从智能家居的控制方式来看，其发展可分为手机控制、多种控制方式结合、感应式控制、系统自制控制四个阶段。前三种控制方式，已经在我们的家庭生活中推广和使用。而系统自制控制是智能家居发展的最高阶段，是系统的自我学习、自我控制能力。由人为到系统自动转变，需要大量的传感器介入，通过各类光杆的、温度的、适度的、距离的、心率的传感器，搜索整理人们的日常生活行为并进行分类归档，存入智能家居的"记忆"中，然后实现自我的进化。各类传感器之间需要互联互融，智能家居才能真正实现自动化。

四、无线传感器网络技术在智能家居系统中的应用

无线传感网络为智能家居提供了传统互联网所缺少的移动性、使用便利性和设备简洁性，可以在采集、控制、用户 APP 等多方面看到它的身影。有针对智能的情景模式控制的，

有针对健康管理的，也有针对远程监控安防报警的，还有专门只针对一小方面的各种产品，支撑它们的核心技术即无线传感网络技术。例如，王琳探讨了基于无线传感网络的智能家居系统的设计与实现，通过用户需求分析设计智能家居系统的整体构架。

（一）无线传感网络的定义

无线网络技术指由分布在检测区域内的大量廉价微型传感器节点组成并通过无线通信技术、传感技术、微电子制造技术、分布式信息处理技术和嵌入式计算机技术等。能够通过不同种类和功能的、集成的微型传感器节点协作对不同环境或检测对象的信息进行感知、采集以及实时监测，并对采集到的信息进行处理、通过无线的自组织网络以多跳中继的方式将感知到的信息传到终端用户。

（二）无线传感器网络与各种普通网络相比具有三大特点

1. 分布式拓扑结构

无线传感器网络中没有固定的网络基础设备，所有节点都是地位平等的，通过分布协议来协调各个节点从而协作完成特定任务。节点可以随时加入、离开这个网络，但不会影响网络的正常工作，具有超高的抗毁性能。

2. 节点数量较多，网络密度较高

无线传感器网络通常都是密集分布在大范围的无人检测区域当中，通过网络中大量不同功能节点协同工作来提高整个系统的工作质量。

3. 自组织特性

无线传感网络所使用的物理环境和网络自身都存在很多不可预料的因素，需要网络节点具备组织能力，即在无人干预、无其他任何网络基础设施支持下，可以随时随地自动组网，自发进行配置和管理，并采用适合的路由协议实施检测数据的转发。

五、智能家居中多模态交互设计的用户体验

多媒体、语音识别、体感交互、虚拟现实等技术的兴起，为智能家居带来了不可思议的发展。计算机应用系统可以处理文字、数据和图形等信息，还可以综合处理图像、声音、动画、视频等信息。语音识别技术与其他自然语言处理相结合，可以实现语音到语音的翻译等应用，并通过研究精准度优化方法，完成智能家居的语音识别。例如，李山探讨的《智能家具语音识别精准度优化仿真》验证了语音识别技术在智能家居使用中的高效易用性。人们在智能家居中充分利用体感交互技术，使人们在起居生活中与家庭设备的接触可以直接使用肢体动作，与周边的装置和环境互动，而无须使用任何复杂的控制设备。

一种全新方式的虚拟现实技术，人们可以通过计算机复杂数据进行可视化操作与交互，通过计算机生成逼真的三维视、听、嗅等感觉，使人作为参与者通过适当装置，自然地对虚拟世界进行体验和交互作用。在家居智能化研发设计中，借助互联网的发展，通过技术联盟采用多种技术智能化的应用，满足用户交互与操作，智能家居必然成为人类生活新风尚。

六、智能家居发展的机遇与挑战

2018 年政府工作的建议中提出：实施大数据发展行动，加强新一代人工智能研发应用，在医疗、养老、体育、教育、文化等多领域推进"互联网＋"，发展智能产业、拓展智能生活。智能家居将从单品智能、同品牌智能互通到智能家居生态系统构建。随着智能硬件终端、网络连接和数据处理三方面的实施成本的降低和智能家居技术层面上性能的极大提升，用户层面上的功能不断完善，智能家居的大发展势不可当。

虽然智能家居行业拥有比较大的潜力和空间，但是在良好的发展前景前下，智能家居行业也面临诸多挑战。例如价格虚高，不能广泛普及；产品"华而不实"，操作的复杂性带给用户体验的严重影响；安全隐患较多，安全性能较差；国内智能家居缺乏统一的行业标准从而影响用户忠诚度，对智能家居行业造成极大负面影响等。

第八章 智能调度与通信技术

第一节 智能调度技术

一、智能电网调度系统

智能电网调度系统由多个部分组成，其中涉及数据处理系统、指挥协调系统和网络分析系统，在数据处理系统中对智能电网的信息技术进行收集，为电网的调度工作提供准确而全面的数据支持；在指挥协调系统中加强数据处理系统与网络分析系统之间的联系，根据电网运行的状态来进行相关的任务分解，加强各模块之间的协调运转；在网络分析层中，主要负责对智能电网的运行状态的管理，当电网运行过程中出现故障时可以采取及时有效的故障处理措施，促进电网系统的安全、稳定、高效运转。

二、智能电网调度的主要运行技术

（一）注重特大电网运行的控制技术在电网管理中的应用

在对智能电网进行管理的过程中经常会出现一些安全性问题，由于电网中出现的问题较为细微，这给电网管理工作人员工作管理造成了很大的不便，特点电网控制技术以其管理范围广、精度高的特点，在对智能电网进行管理与监控的过程中能够对电网的数据进行精确的记录与测量，在工作的过程中严格根据相关的动态响应与决策指令来执行，自我预防与感知诊断的能力较强，但电网在运行的过程中出现问题时可以及时作出判断，工作人员能够及时准确的发现问题，在很大程度上降低了对智能电网进行管理的费用。

在对智能电网的动态进行监控的过程中还应充分发挥综合告警在特大电网的监控系统中的作用，报警系统的灵敏度与精确度能够使相关的工作人员对电网的运行状态进行及时的掌握与了解，增强对电网的管理力度。

（二）注重智能电网管理一体化技术在电网管理中的应用

一体化的智能管理技术主要是以对信息的收集、储存与管理，制定出相关的管理技术，促进各方工作的调度与管理为主要的内容。在对海量的信息进行处理时的速度与准确度较高，可以对动态的以及静态的信息进行拟合取读，最大限度上为智能电网的数据分析提供数据保证。为实现智能电网调度工作的高效化，在开展智能电网的管理工作时应该注重对电网管理一体化技术的运用，注重一体化数据与模型管理技术、地理信息接入技术、智能可视化技术在对智能电网进行管理中的运用，提高数据资料记录的准确性和对自然灾害的预测与抗风险的能力，让电网的全体人员都能够参与到对电网信息的监测工作当中。

（三）注重信息化管理技术在电网管理中的应用

未来的资源管理主要朝着信息化的趋势发展，提高电网管理的精细化和标准化水平，应注重对信息化管理技术的引进与研究，提高资源管理的效率。

1. 对于电网调度中的海量数据，应充分发挥分布式处理技术的作用，注重对互联网中的资源分布进行整合与研究，提高信息的共享性与可靠性。

2. 应充分注重对流数据处理技术的引入，有效对应用模块进行分析，提升各流程之间管理的灵活性。另外，为有效对电网调度工作的效果进行评估，还应该注重开展用户的体验计划，让使用者参与到对电网控制技术的评测中，通过对用户的意见的收集能够在很大程度上对电网的调度计划进行有效的改进。

（四）注重对能源分布接入控制技术在电网管理中的应用

为有效促进电网的稳定、安全、高效运转，应该对能源的状况进行收集与研究，不仅要对分布式能源加以关注还应对可再生能源的状况进行研究，在对这些能源进行开采与生产时，应该收集这些能源开采时的用电功率以及电压，以保证智能电网在开展调度工作时能够以精确的数据和较高的速度为能源的生产提供合适的电能保证。

综上所述，在进行智能电网的调度工作时应该注重对先进的技术的引入，有效提升电网调度的效率与安全性。我国智能电网技术现在处于发展时期，未有效使这种技术在促进社会的生活与发展过程中发挥着积极有效的作用，应加强对技术的改进与完善，对影响电网调度工作开展的因素进行有效的分析与研究，有效改进电网的调度与管理工作，促进管理效果的提升。

第二节 智能通信技术

一、智能通信运用物联网的重要价值

（一）智能电网与智能物流

在当前现有的通信领域中，智能物流体现为独有的智能技术优势。这是因为，智能物流针对全过程的物流配送都能予以自动化处理，通过创建共享平台来构建管理物流的可视化网络。与此同时，智能物流能够凭借特定的模拟软件针对现有的物流进程加以全面分析，在此前提下优化了物流供应链。企业如果能够拥有智能物流，那么在设置采购地点、确定生产地点并且拟定库存分配措施等多种环节中都可以突显独特的优势。

智能电网紧密结合了通信技术以及当前的物联网技术，针对特定环节中的电力交换能够显著予以优化改进，进而全面提升了利用电网能够达到的实效性。在智能电网的配合下，各地电网应当能够容纳并且接收太阳能以及风能，通过运用补助性发电的方式来完善主网发电，并且做到实时性的电网负荷监控。

（二）智能化的交通

在当前状况下，智能交通日益受到了更多的关注。在传统交通模式下，很多城市都表现为频繁性的交通阻塞，因而给当地民众带来了显著的日常交通困扰。相比而言，运用智能交通有助于全面减低突发交通事故的总概率。通过运用多层次的交通监管模式，针对排放出来的汽车尾气以及其他污染物都能从源头入手对其进行妥善的防控。

（三）保健领域运用的物联网手段

面对医疗信息化的全新现状，电子保健逐渐受到了更多人的认同。因此，从根源上来讲，电子保健与当前的物联网技术具备密不可分的内在联系。通过运用物联网辅助的措施，临床领域运用的微机系统就能迅速查阅特定时间段的病历档案，同时也能调阅实时性的医学图像以及医嘱信息等。

由此可见，物联网与医疗保健之间的全面融合在客观上有助于保护病患隐私，对于各项医疗记录能够保留的时间段也能显著进行延长。除此以外，电子保健还可以覆盖于人事管理、医院财务管理、药品监管以及医院物资调配等多个领域。

（四）其他技术运用

物联网除了具备上述的运用价值以外，其还应当能够适用于生态领域。具体来讲，针对生态领域全面适用物联网技术主要体现为生态补偿、监控城市大气以及监测居民饮用水等。在 RFID 手段的配合下，卫星传感器就能够凭借物联网手段来感知特定时间段内的光学以及声学信息，然后再将其传输至决策支持系统。与此同时，运用云计算作为辅助手段也有助于优化当前现有的智能监测，进而妥善处理多种多样的智能化信息。

二、具体的技术运用

在目前状态下，物联网技术本身包含了无线传感器、射频识别、聚合技术以及其他相关技术。在这其中，射频识别具备自动性的表征，其针对特定的待测对象都能全面予以自动化的鉴别，在此前提下有序收集并且获取实时性的网络信息。从整个网络的视角来看，射频识别系统设有信息读写器、电子标签以及处理信息必需的系统，对于上述部分应当全面予以整合。RFID 具体在运行时，信息读写器应当能够辨认特定的外界信息，然后有序激活电子标签。在涉及传输信息时，系统应当依赖无线电波来传输读写器内部的相关信息，进而运用自动化的途径与方式来实现全过程的信息自动采集。

因此，无线传感器在整个物联网内部体现为不可忽视的价值与意义，其有助于感知预定目标，在此前提下将其转变成精确度较高的待测数据与信息。通常情况下，无线传感器本身应当包含转换元件以及敏感元件。进入新时期后，MEMS 技术以及纳米技术正在逐渐适用于无线传感器，进而突显了更高层次的智能性并且能够助推物联网整体层次的优化与提升。在协议技术的辅助下，针对 IP 地址以及无线传感器就能够紧密连接在一起，同时也有助于融合多层次的网络信息。在网络连接与聚合技术的前提下，物联网就能够体现其独有的短距离以及低功耗优势。

从网络整体架构的视角来看，对于智能物联网通常可以将其分成网络层、感知层以及应用层。对于上述各个网络层次而言，感知层应当连接于光纤网，进而实现了全方位的载波通信。与此同时，感知层针对特定区域内的传输信息能够予以整合，在此前提下深度融合了专门性的物联网技术以及电力行业技术，运用上述举措来辅助实现多层次的电网监控以及智能化的电网决策管理。

第九章 智慧地球与智慧城市

第一节 智慧地球

一、"智慧地球"的概念

"智慧地球"是以"物联网"和"互联网"为主要运行载体的现代高新技术的总称，也是对当前世界所面临的许多重大问题的一种积极的解决方案。"智慧地球"的技术内涵，是对现有互联网技术、传感器技术、智能信息处理等信息技术的高度集成，是实体基础设施与信息基础设施的有效结合，是信息技术的一种大规模普适应用。通俗地讲，"互联网＋物联网＝智慧地球"。实质上"智慧地球"是"数字地球"的延续和发展，形象地说，"数字地球"加上物联网就可以实现"智慧的地球"。

二、"智慧地球"概念的提出及重要意义

2008年11月6日，美国IBM总裁兼首席执行官彭明盛在纽约市外交关系委员会发表演讲《智慧地球：下一代的领导议程》。"智慧地球"的理念被明确地提出来，这一理念给人类构想了一个全新的空间——让社会更智慧地进步，让人类更智慧地生存，让地球更智慧地运转。2009年1月28日，奥巴马就任美国总统后，与美国工商业领袖举行了一次"圆桌会议"。作为仅有的两名代表之一，IBM首席执行官彭明盛再次提出"智慧地球"这一概念，建议新政府投资新一代的智慧型基础设施，阐明其短期和长期效益。

奥巴马对此给予了积极的回应："经济刺激资金将会投入到宽带网络等新兴技术中去，毫无疑问，这就是美国在21世纪保持和夺回竞争优势的方式。"之后不久，奥巴马即签署了经济刺激计划，批准投资110亿美元推进智慧的电网，批准190亿美元推进智慧的医疗，同时批准投资72亿美元推进美国宽带网络的建设。同时，"智慧地球"的概念一经提出，即得到美国各界的高度关注，甚至有分析认为IBM公司的这一构想极有可能上升至美国的国家战略，并在世界范围内引起轰动。

2009年2月24日，IBM大中华区首席执行官钱大群在2009IBM论坛上公布了名为"智慧地球"的最新策略。IBM认为，IT产业下一阶段的任务是把新一代IT技术充分运用到各行各业之中，具体地说，就是把感应器嵌入和装备到电网、铁路、桥梁、隧道、公路、建筑、供水系统、大坝、油气管道等各种物体中，并且被普遍连接，形成物联网。而后通过巨型计算机和"云计算"将"物联网"整合起来，植入"智慧"的理念，不仅能够在短

期内有力的刺激经济、促进就业，而且能够在短时间内为国家打造一个成熟的智慧基础设施平台。人类能以更加精细和动态的方式管理生产和生活，从而达到全球"智慧"状态，最终形成"互联网＋物联网＝智慧地球"。

IBM 提出"智慧地球"是因为 IBM 认识到互联互通的科技将改变这个世界目前的运行方式。这一系统和流程将有力推动实体商品的开发、制造、运输和销售；服务的交付；从人、金钱到石油等万事万物的运动；乃至数十亿人的工作、自我管理和生活。

IBM 认为当今世界许多重大的问题如金融危机、能源危机和环境恶化等，实际上都能够以更加"智慧"的方式解决。在全球经济形势低迷之时，"智慧地球"不仅能加速发展，摆脱经济危机的影响；而且也孕育着未来的发展机遇，能够借此开创新型产业和新的市场，引领世界经济迅速腾飞。

"智慧地球"战略被不少美国人认为与当年克林顿政府利用互联网革命和"数字地球"战略，把美国带出当时的经济低谷有许多共同点，同样被他们认为是挽救危机、振兴经济、确立竞争优势的关键战略。作为新一轮 IT 技术革命，"智慧地球"将上升为美国的国家战略，奥巴马政府将有可能利用"智慧地球"来刺激经济复苏，并借此进一步强化美国的技术优势及对全球经济和政治的掌控，重演 20 世纪那一幕。在当前全球性金融危机背景下，"智慧地球"对于全球经济复苏的意义引人关注。

三、"智慧地球"的特征

数字地球把遥感技术、地球信息系统和网络技术与可持续发展等社会需要联系在一起，为全球信息化提供了一个基础框架。而物联网是通过射频识别（RFID）、红外感应器、全球定位系统、激光扫描器等信息传感设备，按约定的协议，把任何物品与互联网连接起来，进行信息交换和通信，以实现智能化识别、定位、跟踪、监控和管理的一种网络。我们将数字地球与物联网结合起来，就可以实现"智慧地球"。

把数字地球与物联网结合起来所形成的"智慧地球"将具备以下一些特征：

（一）"智慧地球"包含物联网

物联网的核心和基础仍然是互联网，是在互联网基础上的延伸和扩展的网络，其用户端延伸和扩展到了任何物品与物品之间，进行信息交换和通信。物联网应该具备三个特征：

1. 全面感知

即利用 RFID、传感器、二维码等随时随地获取物体的信息。

2. 可靠传递

通过各种电信网络与互联网的融合，将物体的信息实时准确地传递出去。

3. 智能处理

利用云计算、模糊识别等各种智能计算技术，对海量的数据和信息进行分析和处理，对物体实施智能化的控制。

（二）"智慧地球"面向应用和服务

无线传感器网络是无线网络和数据网络的结合，与以往的计算机网络相比它更多的是以数据为中心。由微型传感器节点构成的无线传感器网络则一般是为了某个特定的需要设计的，与传统网络适应广泛的应用程序不同的是无线传感器网络通常是针对某一特定的应用，是一种基于应用的无线网络各个节点能够协作地实时监测、感知和采集网络分布区域内的各种环境或监测对象的信息，并对这些数据进行处理，从而获得详尽而准确的信息并将其传送到需要这些信息的用户。

（三）智慧地球与物理世界融为一体

在无线传感器网络当中，各节点内置有不同形式的传感器，用以测量热、红外、声呐、雷达和地震波信号等，从而探测包括温度、湿度、噪声、光强度、压力、土壤成分、移动物体的大小、速度和方向等众多我们感兴趣的物质现象。传统的计算机网络以人为中心，而无线传感器网络则是以数据为中心。

（四）智慧地球能实现自主组网、自维护

一个无线传感器网络当中可能包括成百上千或者更多的传感节点，这些节点通过随机撒播等方式进行安置。对于由大量节点构成的传感网络而言，手工配置是不可行的，因此，网络需要具有自组织和自动重新配置能力。同时，单个节点或者局部几个节点由于环境改变等原因而失效时，网络拓扑应能随时间动态变化。因此，要求网络应具备维护动态路由的功能，才能保证网络不会因为节点出现故障而瘫痪。

四、"智慧地球"的架构

解读"智慧地球"背后蕴含的支持力量："IBM 的架构是'新锐洞察'让你有时间将资料变成信息，把信息变成智慧；'智慧运作'就是我们用新的方法来做事情；'动态架构'，让更加智慧的架构支持客户，让客户的管理成本更低、可靠性更高；'绿色与未来'，包括我们本身 IT 数据中心，也包括我们会帮助客户来管理他们的设备，让他们达到绿色的要求。"智慧地球需要关注的四个关键问题：

（一）新锐洞察

面对无数个信息孤岛式的爆炸性数据增长，需要获得新锐的智能和洞察，利用众多来源提供的丰富实时信息，以做出更明智的决策。

（二）智能运作

需要开发和设计新的业务和流程需求，实现在灵活和动态流程支持下的聪明的运营和运作，达到全新的生活和工作方式。

（三）动态架构

需要建立一种可以降低成本、具有智能化和安全特性，并能够与当前的业务环境同样灵活动态的基础设施。

（四）绿色未来

需要采取行动解决能源、环境和可持续发展的问题，提高效率、提升竞争力。

而站在宏观的角度来考虑，应从掌控地球的硬件和软件等物理层面来设计。这样，智慧地球可从以下四个层次来架构：

1. 物联网设备层

该层是智慧地球的神经末梢，包括传感器节点、射频标签、手机、个人电脑、PDA、家电、监控探头。

2. 基础网络支撑层

包括无线传感网、P2P 网络、网格计算网、云计算网络，是泛在的融合的网络通信技术保障，体现出信息化和工业化的融合。

3. 基础设施网络层

Internet 网、无线局域网、3G 等移动通信网络。

4. 应用层

包括各类面向视频、音频、集群调度、数据采集的应用。

总之，"物联网""云计算""智慧地球"等，实际上都是基于互联网的智慧化应用。信息技术正在深刻改变世界，智慧化社会的到来是大势所趋，这也是各种智慧新概念都能得到一部分人肯定的原因。企业当然以盈利为目的，但一个智慧化的地球确实也需要人们贡献更多的"智慧"。

五、"智慧地球"的重要作用

（一）"智慧地球"将对世界带来重大改变

IBM 提出的"智慧地球"把地球拟人化，地球成了人的同类。"智慧地球"概念，让IT 更加贴近我们的工作、生活，也更容易让人理解。真正值得关注的，是如何使"智慧地球"得以实现的现象后面的体系架构，以及由此对世界各国未来政治、经济、社会、文化等各个方面都带来重大改变的作用。英国、法国、德国、俄罗斯、日本、韩国、新加坡等国家积极响应，纷纷制订出振兴本国经济的发展计划，"智慧地球"的战略已席卷全球。

（二）"智慧地球"又一次引发科技革命

IBM "智慧地球"理念的提出，表明其国际型大企业的风格，因为它是站在全球用户的高度，以全人类最新需求为市场导向来规划企业战略。作为一家把"思考"作为立身之本的百年企业，IBM 已经形成了自己对科技趋势、社会进步和世界发展的独特视角。早在这次金融危机爆发之前，IBM 已经看到了当代世界体系的一个根本矛盾，那就是一个新的、更小的、更平坦的世界与我们对于这个世界落后的管理模型之间的矛盾，这个矛盾有待于用新的科学理念和高新技术去解决。

"智慧地球"将掀起互联网浪潮后的又一次科技革命。当前世界各国尤其是各主要大国都在对自身经济发展进行战略筹划，纷纷把发展新能源、新材料、信息网络、生物医药、节能环保、低碳技术、绿色经济等作为新一轮产业发展的重点，加大投入，着力推进。

（三）"智慧地球"重构世界运行模型

"智慧地球"是克服了信息技术应用中"零散的、各自为战的"现状，"从一个总体产业或社会生态系统出发，针对该产业或社会领域的长远目标，调动该生态系统中的各个角色，以创新的方法""充分发挥先进信息技术的潜力以促进整个生态系统的互动，以此推动整个产业和整个公共服务领域的变革，形成新的世界运行模型。"

也就是说"智慧地球"是 IBM 对于如何运用先进的信息技术构建这个新的世界运行模型的一个愿景——使用先进信息技术改善商业运作和公共服务，而不是一个新鲜的想法。在这种智慧的模型之中，政府、企业和个人的关系将被重新定义，从过去单维度的"生产——消费""管理——被管理""计划——执行"，转变为先进的、多维度的新型协作关系。在这种新型关系中，每个个体和组织都可以自由地、精确地、及时地贡献和获取信息，洞察和运用专业知识，从而对彼此的行为施加正面的影响，达成智慧运行的宏观效果。

（四）"智慧地球"惠及各行各业

IBM 提出"构建一个更有智慧的地球"，是因为认识到互联互通的科技将改变世界的运行方式。世界的基础设施正在逐渐变得可感应可量度、互联互通以及更加智能。"智慧地球"将推动"物联网"和"互联网"的全面融合——把商业系统和社会系统与物理系统融合起来，形成一个全新的智慧基础设施，让各行各业都"智慧"起来：包括智慧的城市，智慧的电力，智慧的铁路，智慧的医疗，智慧的金融，智慧的水资源管理等。这种智能的应用将带来更多的社会价值：经济的繁荣、信息传递的便利、无障碍的沟通、随需应变的企业、更方便的生活等，也会创造更多的市场需求和工作岗位。

六、"智慧地球"的实际应用价值

（一）"智慧地球"战略能够带来长短兼顾的良好效益

尤其是在当前应对危机、复苏经济的局势下，"智慧地球"对于美国经济甚至世界经济走出困境具有实际应用价值。

1. 在短期经济刺激方面，"智慧地球"战略首先要求政府投资于诸如智能铁路、智能高速公路、智能电网等基础设施，能够刺激短期经济增长，创造大量的就业岗位。

2. 新一代的智能基础设施将为未来的科技创新开拓巨大的空间，有利于增强国家的长期竞争力。

3. 能够提高对于有限的资源与环境的利用率，有助于资源和环境保护。

4. 计划的实施将能建立必要的信息基础设施。

IBM 正在竭力协助公用事业，以便将数字智能工具应用到电网管理中。通过使用传感器、计量表、数字控件和分析工具，可以更好地自动监控每次操作中的双向能源流动（从发电厂到插头）。这样的话，电力公司便能优化电网性能、防止断电、更快地恢复供电，消费者对电力使用的管理也可细化到每个联网的装置。"智能"电网还可使用新的再生能源（如风能或太阳能），并与各地分散的电力能源相互支持，或可嵌入到电动车辆中。

简而言之，美国打算将智能电网作为整个新能源产业链包括风电、核电、太阳能发电的配套设施来进行整体性开发与配置，并最终应用到终端包括电动汽车等新型交通工具上。

从长远的经济发展来看，"智慧地球"对于美国发展高新技术，增强经济实力，提升军力，继续称霸世界具有战略意义。同时，"智慧地球"内含高新技术和实际应用价值，对于世界各国采用信息技术（IT）、现代通信技术（ICT）、"3S"技术、虚拟技术（VR）、

Internet 技术、物联网技术等现代高新技术，构筑基础设施，搞好城市建设，发展经济，扩充行业，增加就业，脱贫致富，缩小差距等都具有重要作用。

（二）"智慧地球"催生新一代 IT 技术的应用

"智慧地球"的提出，实质是在为全球 IT 产业寻找金融危机后新的经济增长点。"智慧地球"最终是要实现地球上 70 亿人和万事万物的高度智能化。但要实现这样宏大的愿景，需要三种不可或缺的技术：拥有大量的信息数据、利用数学模型优化分析和进行高性能计算，而这些技术都离不开 IT 技术的应用。

温总理形象地说：互联网 + 物联网 = 智慧地球。这里互联网和物联网包含大量 IT 技术的应用，智慧地球包含许多 IT 产业。IT 产业下一阶段的任务是把新一代 IT 技术充分运用在各行各业之中，具体地说，就是把感应器嵌入和装备到电网、铁路、桥梁、隧道、公路、建筑、供水系统、大坝、油气管道等各种物体中，并且被普遍连接，形成所谓"物联网"，然后将"物联网"与现有的互联网整合起来，实现人类社会与物理系统的整合，在这个整合的网络当中，存在能力超级强大的中心计算机群，能够对整合网络内的人员、机器、设备和基础设施实施实时的管理和控制，在此基础上，人类可以以更加精细和动态的方式管理生产和生活，达到"智慧"状态，提高资源利用率和生产力水平，改善人与自然间的关系。

（三）"智慧地球"利于政府电子政务平台架构

"智慧地球"涉及国家、区域、城市和政府等各方面的发展。如何进一步发展区域城市间信息共享？如何提高数字化城市管理能力？如何不断提升公众服务水平？面对这些发展中的问题和严峻挑战，各级政府必须大刀阔斧地改革其现有的流程运作方式。为了支持政府观念转型、业务转型，支撑政府运作的 IT 系统也要由分散、隔离状态转向集成化、共享化，需要建立更加安全可靠的 IT 运行环境，来支持建立随需应变的政府。

为了配合政府工作，IBM 打造了基于 SOA 的区域政府电子政务平台架构。SOA，即面向服务的架构（Service Oriented Architecture），作为软件基础架构发展的必然趋势，是政府基础架构平台的最佳构建方式。SOA 作为一种软件系统架构方法，把业务组件分成基本的构建模块，就像通过标准化软件接口实现 IT 基础设施的模块化。由此灵活的业务流程可以与灵活的 IT 流程相匹配。

（四）"智慧地球"存在着改变世界的潜力

"智慧地球"具有三方面的特征：

1. 更透彻的感知，即能够充分利用任何可以随时随地感知、测量、捕获和传递信息的设备、系统或流程。

2. 更全面的互联互通，即指智慧的系统可按新的方式协同工作。

3. 更深入的智能化，即能够利用先进技术更智能的洞察世界，进而创造新的价值。

因此，"智慧地球"存在着改变世界的潜力。例如，我国政府在进行基础设施投资、转变经济增长方式的过程中，运用"智慧"的理念，"智慧"的技术，不但能够刺激经济增长，创造就业岗位，而且将提升科技创新水平，更加绿色高效地利用资源，改善环境。以中国软件产业为例，该行业每增加 1000 亿元产值，能够新增 30 万—35 万个知识型就业岗位，这个功能是单纯的传统基础设施投资所不具备的。根据 IBM 中国商业价值研究院的研究结果，中国在智慧医疗基础设施方面投入 250 亿元人民币，将可以直接和间接创造近 16 万个知识型就业岗位。而这些人的消费，则又可以创造 20 万个服务业工作岗位。

可以说，在我国积极推进工业化和信息化融合，坚持科学发展，建设和谐社会之际，"智慧地球"理念意义深远。如此看来，信息技术确实存在着改变世界的潜力。

（五）智慧地球典型应用

"智慧地球"的目标是让世界的运转更加智能化，涉及个人、企业、组织、政府、自然和社会之间的互动，而他们之间的任何互动都将是提高性能、效率和生产力的机会。随着地球体系智能化的不断发展，也为我们提供了更有意义的、崭新的发展契机。

除了在国防和国家安全的应用外，"智慧地球"在各行各业将会有着很广泛的应用，下面列举一些具体的典型应用。

1. 城市网格化管理与服务

"智慧城市"可以更有效的实现城市网格化管理和服务。例如，武汉市有 200 多万个部件设施，800 多万人，每年超过 60 万件事件，我们可以通过智能采集数据、智能分析，将这些部件设施、人口、事件进行有效的管理和服务。

2. 智能交通

智能交通系统通过对传统交通系统的变革，提升交通系统的信息化、智能化、集成化和网络化，智能采集交通信息、流量、噪音、路面、交通事故、天气、温度等，从而保障人、车、路与环境之间的相互交流，进而提高交通系统的效率、机动性、安全性、可达性、经济性，达到保护环境，降低能耗的作用。

3. 数字家庭应用

不论我们在室内还是在户外，通过物联网和各种接入终端，可以让每个家庭都能感受到智慧地球的信息化成果。

第二节　智慧城市

一、智慧城市的内涵解析

（一）智慧城市的发展理念

"智慧"一词原本是用来形容人对事物有迅速、灵活、正确的理解能力和处理能力。信息社会的到来，将人的"智慧"注入城市，使城市也具备了自适应和自调节能力，即"智慧"的能力。与人的智慧相似，智慧的城市也应具备敏捷的思维行为能力，保障城市良好运行。

1. 人的"智慧"

智慧的人会主动地观察周围的事物、捕捉社会现象、学习各方面知识，充实自己的大脑，从而形成较为完善的知识体系，具备处理各种事务的经验。在处理事务时，智慧的人能采取正确的方法，做出正确的决定，继而产生良好的社会效果，受到人们的广泛认可，而人们的评价反馈又会作为新的知识经验为人的大脑所接受。人的感知能力，学习、分析和处理事务的能力构成一个闭合的环路，相互促进，相互加强，形成人的"智慧"。

2. 城市的"智慧"

"智慧"的城市如同智慧的人，应当在具备完善的基础设施的前提下，广泛地搜集社会各方面的信息、资源，进行分析处理，从而形成各类完备的数据库。在完善的数据资源基础上，通过运用物联网、云计算、大数据等先进的信息技术，建设各类应用平台系统，实现对经济社会各方面事务的有效预测和监控，协助领导者做出科学的决策，提高城市的管理水平，从而为公众提供更加智慧的服务。在城市的整个运转过程中，又会产生新的数据资源被城市所感知，进一步促进数据库的完善和处理能力的提升，从而形成一个闭合的良性循环。

综上分析，智慧城市的发展理念是运用新一代信息技术，实现人与人、人与物、物与物的充分互联，通过感知、监测、分析整合城市资源，实现对城市各种需求的迅速、灵活、准确反馈，从而创新城市管理模式，为公众提供随时随地的便捷服务。智慧城市是当代社会城市发展的新形态，对于提升政府的服务和管理能力、促进产业结构升级改造和知识型人才的聚集具有极为重要的意义。

（二）智慧城市的发展路径

智慧城市建设不是一蹴而就的，会随着社会经济的发展而不断提升。在智慧城市发展过程中，随着智慧城市理论研究的深入和建设经验的积累，智慧城市的发展会经历起步期、发展期、提升期、飞跃期四个不断演进的阶段，在此过程中，智慧城市实现从"量"到"质"的飞跃。

1. 起步期

起步期是智慧城市建设的初级阶段。城市的智慧准备，包括智慧城市相关的政策保障、资金支持、人才储备、信息基础设施等，在起步期，这些均处于初级水平；应用平台处于筹备阶段，构建了地理信息、人口信息、法人信息等基础信息数据库；社会基础服务，如政府信息公开、行政办事指南查询等基本实现信息化改造；城市管理方面，应用内部办公系统实现无纸化办公；城市的信息产业得以促进和发展。

2. 发展期

发展期是智慧城市各方面取得显著进展的阶段。城市的智慧准备达到中级水平，在城市的"十二五"规划或信息化规划中都明确了智慧城市建设，政策指导工作逐步推进，政府成立了智慧城市建设专项基金，城市的高等学历人口所占比重大幅提高，光纤入户基本实现；应用平台方面，各个领域的数据库标准统一，且应用系统在教育、医疗、社保、住房、安防、应急、经济运行监控等重点领域得以应用；社会服务可以通过智能手机、电脑等终端多渠道获取，并且支持个人定制等个性化服务；城市管理中关键领域实现信息化转变，协助领导科学决策；信息产业成为经济支柱企业。

3. 提升期

提升期是智慧城市建设目标基本实现的阶段。城市的智慧准备达到高级水平，在政策方面出台完善的智慧城市专项规划、行动计划等；智慧城市方面的社会投资形成规模，资金供给基本满足智慧城市建设和运营的需求；城市的人才储备足以支撑智慧城市的各项应用；信息基础设施方面，光纤入户全面实现，无线网络全面覆盖。此外，应用平台基本覆盖城市服务管理的各个领域，并支持跨行业、跨区域的资源共享协同；社会服务可以随时随地向公众提供；城市管理的各个方面全面实现信息化；城市产业实现信息化、工业化、城镇化、现代农业化高度融合。

4. 飞跃期

飞跃期标志着智慧城市建设迈向新的发展历程。城市的智慧准备达到更高水平，智慧城市相关的政策依据明确具体，相关资金充裕、渠道完善，人才培养机制健全，城市信息基础设施实现全面覆盖；应用平台渗透到社会经济生活的方方面面，跨区域、跨行业协作运转更加流畅；社会服务质量得以优化，公众的满意度高；城市管理更加集约、智能，预测、预防、监控水平更加精准。

二、中国智慧城市的发展现状

（一）中国智慧城市建设的现状

1. 规划情况

考察全国 47 个副省级以上地方的"十二五"规划、"十二五"信息化规划、政府工作报告和智慧城市专项规划，北京、湖南、江西、南京、宁波等 22 个地方政府都明确将"智慧城市"作为"十二五"期间城市信息化的战略目标，所占比例达 47%。

此外，北京、福建、广东、广州、成都、海南、杭州、湖南、南京、宁波、上海、深圳、武汉、厦门等地区已经制定了智慧城市的专项规划或行动计划，为进一步推进智慧城市建设、落实智慧城市相关的重大项目工程打下了良好的基础。

2. 建设方向

根据智慧城市的规划内容，智慧城市建设的优先发展方向可以分为智慧准备、社会应用、产业发展三种类型。其中，智慧准备是指城市优先发展信息基础设施以及物联网、云计算等新一代信息技术；社会应用是指城市在智慧城市建设中重点关注智慧手段在社会管理与服务中的应用；产业发展是指城市重点关注信息技术在城市产业中的作用。

考察其中两个以智慧城市为主题的城市的发展方向可以看出，福建、广东、广州、江苏、江西、山东、青岛、上海、天津、厦门、浙江 11 个地方优先开展智慧准备；北京、安徽、杭州、南京、宁波、陕西、武汉、宁夏 8 个地方优先发展社会应用；湖南、济南、深圳 3 个地区优先发展智慧产业。可见，在目前中国副省级以上地区智慧城市建设中，有一半以上的地区优先完善信息基础设施，重点做好智慧准备工作。

（二）中国智慧城市建设经验分析

1. 构建较为完善的智慧城市政策法规体系

考察国内智慧城市的建设情况，建设成效显著的城市大多有较为完善的智慧城市政策法规,并且在不同层面的文件中加以细化落实,保障智慧城市各项工作有章可循、有法可依。

2. 鼓励和吸引社会资金,拓宽投融资渠道

中国一些智慧城市建设领先的城市采取了"以政府投入为导向、企业投入为主体、社会资金共同参与"的融投资模式,充分发挥市场机制的作用,调动社会各界共同参与智慧城市建设,鼓励和吸引贷款、融资,拓宽了资金渠道。例如,上海市设立了智慧城市专项资金,充分发挥引导和鼓励资金流向的作用,加大了对公共性、示范性、协同型、创新型项目的支持力度,很好地落实了重点项目建设和运维资金保障;并且通过资本金注入、贷款贴息、服务外包补贴、融资担保等形式,吸引集聚民资、外资等社会资本参与智慧城市建设。

3. 以建设和完善信息基础设施与应用平台为基础

信息基础设施与应用平台是智慧城市建设的基础,从某种层面上决定着城市的智慧化水平。考察北京、上海、广州等智慧城市建设领先的地区,无不将信息基础设施与应用平台建设放在首位。

4. 以人为本,重点发展与民生相关的智慧领域应用

城市管理与服务能力提升、居民生活更加便捷是智慧城市建设的根本目标,在中国各地智慧城市建设中,无论当前优先发展的方向是什么,均以提升城市管理水平和社会服务能力作为最终的落脚点。

5. 注重智慧产业发展,加快产业转型升级

智慧产业是指以物联网、云计算等新一代信息技术为代表的新兴产业。发展智慧产业是中国加快传统产业转型升级、促进绿色经济增长的要求。中国各地纷纷出台相关政策,大力发展电子信息产业,鼓励技术创新,促进信息技术改造、提升传统产业的深度和广度。

第三节 智慧城市与智能电网

一、智能电网智慧城市的一部分

以城市化为核心的经济刺激政策,不同于过去粗放式的发展,不是在原有结构基础上继续增加投资和产能,而是要触动原有的不合理的经济结构,并在对城市化充分论证的前提下进行规划。我们要建设的是新型城市化,是以城乡统筹、城乡一体、产城互动、节约集约、生态宜居、和谐发展为基本特征的城市化,是大中小城市、小城镇、新型农村社区协调发展、互促共进的城市化。需要注意的问题是,中国经济的持续高速发展,特别是未来城市化的发展,将带动能源消费量的急剧上升,"中国战略思想库"在之前的报告中就已经明确提出,能源问题已经成为中国当前和未来经济社会发展的硬约束,相比于美日欧国家的工业化和城市化过程,中国面临的资源和环境约束将更加恶劣。所以,在能源对环境和经济增长已经形成制约的情况下,如何解决资源不足是非常迫切和现实的问题,这是本书分析的重点之一。

如上所述，随着中国经济社会的快速发展，对资源特别是能源的需求量不断扩大，由于本土能源相对贫乏，中国内的能源供应已经无法满足巨大的需求，越来越多的能源需要依靠外部供应，因而导致中国在能源问题上容易受制于人。同时，中国国内能源供需的地域分布不均、跨度大正在对经济的发展造成制约，能源消费结构问题也加大了环境治理的难度。城市化是未来拉动中国经济走出低谷的唯一通道，而中国新型城市化的发展则要求大力发展电力。随着技术的进步，电力能源本身的发展优势也在逐步显现，特别是电力产业的升级有助于减少碳排放量，以及电力具备可以大规模生产、远距离输送等特点，对于缓解中国当前能源短缺问题和环境污染问题具有重要意义。同时，发展电力更是确保中国能源安全的重要因素。因此，中国在发展电力能源过程中，必须要有整体战略规划。

新型城市化对各项基础设备的要求更高，再加上中国国情同西方社会差异较大，城市化的发展将加剧能源区域分布不平衡问题，因为随着城市化的推进，人口和工业越来越集中于东部，西部地区将承担越来越大的能源供给任务，城市化的发展和推进将对能源大规模、远距离调度提出更高要求。如果我们确定了以电网为主来承担这个调度任务的话，也就意味着电网必须承担更大的负荷，拥有更高的效率，同时要更加安全和稳定。未来，清洁能源的快速发展将是必然趋势，这也给传统电网带来了巨大压力，而包括居民、新兴产业和智能产业在内的用户需求的多元化也对电网提出了新的挑战。

随着国家新型城镇化战略的逐步实施，智慧城市建设得到各级政府的高度重视。虽然关于智慧城市尚无一个统一的定义，但基本都囊括了以人为本、生态、低碳、循环、绿色和文明等发展理念，与中国的新型城市化发展理念高度契合，因此，是新型城市化发展的必然选择，有望成为未来中型以及中型以上城市建设的方向。而智能电网则是构建整个智慧城市神经系统中的一部分，智能电网支持智慧城市发展，它是智慧城市建设的核心基础。未来智慧城市和智能电网需要更大程度上、更广范围内进行技术革新以及技术整合。

二、推进智能电网的发展战略

目前，中国电力工业发展已进入大电网、高电压、长距离、大容量阶段，网架结构日益复杂，电网构成了中国目前最大的基础设施网络。发展智能电网的大方向已经明确，关键是如何在推进智能电网发展战略过程中明确它的战略目标，找准产业发展的关键点。对此，我们提出以下观点和建议。

（一）在发展战略目标上，以智能电网支撑未来城市化基础设施建设

未来，智能电网在作为城市发展的重要基础设施的作用将越来越重要，它作为中国最大基础设施网络，具有不可替代性。而且除了电力运输方面以外，电网还具有传输信息的功能。特别是随着城市化的推进，各种智能基础设施的建设很多都是建立在智能电网的基础上。

（二）用智能电网带动和引领智能产业的发展

智能电网作为主要基础设施，不仅为城市化提供支撑，也为其他智能基础设施的发展提供基础。没有智能电网的支撑，很多新兴产业和智能产业的发展将无从谈起。所以，我

们应当从国家基础设施建设、中国新型现代化建设的角度来看待电网建设问题。

（三）将中国智能电网打造成具有全球优势的产业

毋庸置疑，智能电网是当前世界上最具前景的行业之一。中国在发展智能电网方面具有很大优势，正站在全球的领跑线上，中国智能电网的发展类似于中国的高铁，有着别国和地区不具有的技术等方面的发展优势。智能电网有可能成为"高铁第二"，成为中国当前最具有全球优势的行业之一。既然智能电网方面中国已经走在了前列，中国就更应当花大力气切实把智能电网做大做强。一旦实现了重大飞跃，其他国家很难在这方面与我们形成均势的对抗。可以说，此事意义非凡，甚至把它提升为今后20—30年使中国占领产业制高点的一项重大国家战略也并不为过。

（四）将智能电网作为我们整合周边的重要工具

中国在城市化的大背景下，特别是随着远程输电技术的发展，应当思考如何在中国这种地理条件下，在更宽广的领域内去规划电网的建设和改造。即不仅要在中国国土范围内做好规划，同时也应当考虑通过中国电力产业链把中国周边区域连接起来，比如东南亚、东南半岛等。所以，我们不是简单地把智能电网发展成为一种具有竞争优势的产业，而是同时要使之成为中国战略目标的重要抓手或工具。随着中国智能电网产业的发展，基于智能电网产生的应用产业都可以向海外输出。通过对周边援助、投资和承建工程等方式，来带动中国产业和资本输出。

一方面可以输出中国国内过剩产能，在一定程度上缓解生产过剩矛盾，同时，又有利于行业标准输出、提高国际市场份额，把它变成中国整合周边的抓手。另一方面，中国的智能电网和智慧城市是紧密相连配套发展的，日后随着智能电网的输出，基于此的很多产业的应用也会随之输出，这些产业也将成为未来更大范围区域整合的工具。特别是对外整合的过程也是人民币输出的过程，对于扩大人民币影响力，促进人民币国际化方面也意义重大，人民币有可能成为国际储备货币的机会恰恰是在中国周边地区。

当年美国通过马歇尔计划，将美元渗入到西欧经济，为美元建立全球货币的主导地位铺平了道路。这方面中国可以借鉴美国当年马歇尔计划的历史经验。事实上人民币已经在一些周边国家流通，并且已经成为该地区的民间储备货币。因此，人民币周边国际化是我们的现实选择。而且，中国作为一个大国，让周边国家分享中国经济发展成果也是我们稳定周边的重要战略选择。

（五）以智能电网支撑城市化，解构"气候外交"

在看待智能电网发展这个问题上，我们应当把眼光放得更远些，智能电网的战略意义不仅局限在经济层面，还具有重要的政治意义。冷战结束后，世界各国都意识到，想单靠武力来约束他国已经很难做到。奥巴马上台伊始先是提出绿色新政，接着提出了智能电网概念，之后又参与气候谈判，其实所有这一切无外乎是一种气候外交。是把气候、环境、能源、电力放在一体上去考虑，即建立一种美国主导的全球气候秩序，以此约束别国，维护其霸权地位。所以，智能电网战略已经成为他们抢占未来低碳经济制高点的重要战略措施。中国与其他国家在智能电网发展上的"角力"，不仅是一次综合实力和抢占未来低碳经济制高点的较量，也是一场关乎国际气候秩序的较量。中国大力发展智能电网，将有利于减少碳排放量，使得中国在气候外交谈判中拥有更多的话语权，同时，通过研究制定合理的能源结构，做好能源发展布局，以此减少发达国家利用气候问题对中国的制约，解构发达国家对中国的"气候外交"攻势。同时要在此基础上，谋划更大的战略意义。

（六）在智能电网发展中应当重视以下的几个关键问题

1. 智能电网发展要做好规划提前布局

以往中国电网建设非常被动，始终尾随经济发展的脚步，缺少对未来发展的预测和判断，以及相应的战略规划。所以，中国电网发展相对于国家经济社会发展，比较滞后。未来智能电网发展应当具有先行观和前瞻性。另外，电网在发展过程中应当从国家整体战略利益出发，如果涉及国家战略和市场发生冲突的情况，市场竞争应当服从国家统一安排。不管是拆分还是重组，应当从国家核心利益出发来评价这种行为是有所增益，还是会造成行业整体国际竞争力减弱等相关问题。

2. 智能电网的建设要抓好体系建设

智能电网毕竟还是相对新兴的产业，短期内经济性较难体现。事实上，任何一个单一的技术或平台的开始阶段，都很难体现出其经济效益，因为新的技术要配合旧有的体系来加以实现。只有这个技术发展到一定程度，比如形成了一个小体系的时候，其经济性才会体现出来。发展智能电网道理也一样。所以，智能电网要加大投入，进行创新，做大做强做丰富，并且做好体系建设。只有把智能电网及其相关产业做成一个体系，新型的智能电网作为我们能源供应体系，作为骨干基础设施，它的整体经济性才会有重大体现。而且，随着技术的发展，智能电网不仅是能源供应基础网络，而且还可以发展周边产业，如数据方面的服务等。

3. 智能电网发展要注意安全和做好危机管控

虽然智能电网对于物理打击具有一定的抵抗能力，但是抵抗程度都是有限的。未来在电网系统的构建和改造中，特别是在智能电网的建设过程中，一定要高度重视智能电网的安全问题。电网要发展，还要学会注意对危机的控制，当前的世界越来越"超限战"，很多时候，博弈不是直接面对竞争对手，而是通过不正当竞争的、非常规的手段。一旦被国外的行业竞争巨头抹黑或妖魔化，再去重新洗刷自己，成本太高，收效难定，特别是可能导致重大项目下马，而造成巨大经济损失。以中国现在的地位，早已成为西方世界的攻击目标，他们会想方设法打击中国，阻止中国电网技术和设施"走出去"，缩小中国在全球经济中的份额。因而，对此问题也应当具有前瞻性，很多事情上，中国应当像打太极拳一样，以四两拨千斤，借力打力，做到事半功倍。

4. 中国电力和电网是注定要建设的

在建设中，把环境问题纳入研究范围之内也是应该和必需的，要解决环保问题，但不要被污染等问题绑架。电力和电网系统要解决的问题还有很多，但要进行利害权衡，不能因为一点小事就改变整个战略，更不要把什么东西都裹挟进来。

第四节　国内外智慧城市的发展

一、国外智慧城市群研究与实践现状

（一）国外智慧城市群理论研究

国外对于智慧城市理论的研究开展比较超前，并明确了智慧城市建设应该注重协同合作的观点，强调顶层设计的重要性，对于相关的信息技术领域的研究也较国内更为深入。不过，国外学者更多关注地方政府与企业之间的协同合作，重视公私合作模式，并不把智慧城市群的研究作为重点。近三年国外学者对智慧城市与智慧城市群相关理论研究进行梳理。可以看出，国外学者注重智慧城市建设中设定规划和目标的问题，分析了智慧城市建设过程中的挑战与对策，构建了具有实践价值的智慧城市顶层设计与建设路径。

国内一些学者也深入分析国外智慧城市研究情况，认为国外在推进智慧城市间的信息互联互通，开展区域性的整体设计和协同联动更有前瞻性，并做出了相关评述。智慧城市群在国外的实践主要倾向于区域内企业的合作以及政府间的信息共享，基于智慧城市已有的理论研究，更好的认识城市间区域合作的重要性与研究意义。

（二）国外智慧城市群实践现状

目前，国际上在建设智慧城市与智慧城市群方面取得了相对成熟经验的国家和地区包括韩国、德国以及新加坡等。这些国家根据自身特点和发展需求，顺应新一轮工业革命发展趋势，推广智慧城市技术以提升产业升级和改善能源消耗。

1. 韩国

松岛新城与互联网社区解决方案韩国松岛智慧新城的建设体现出多种智慧城市相关产业产城融合协同建设的现实意义与价值。松岛智慧商务区是由美国思科与盖尔国际共同主导，将智慧城市的理念，通过"智能＋互联社区"解决方案实践在松岛新城之中，协助松岛制定了智慧城市的远景目标，成为韩国新一代的增长新动力。松岛智慧新城作为最环保的城市之一，其智慧化主要体现在环保系统上，体现出产城融合发展的核心思想，在规划早期就提出了信息经营模式以及"运营公司＋服务公司"合作模式以挖掘市民的深度信息服务需求，实现市民与管理方的双赢。松岛智慧新城成为韩国其他城市乃至全球智慧城市发展的参考，提供了高质量的公共信息服务，以市民的生活质量为重要参考目标。

2. 德国

三市合作建设综合性智慧城市群德国地方城市具有较高的自主权，在能源转型的大背景下，让城市变得更智能是各个城市的共识。德国学界提出了"工业4.0"的概念，即以智慧产业为主导的第四次工业革命。最近发布的《德国数字化战略》更是强调了充分利用信息通信技术，实现传统制造业的智慧化转型。德国的智慧城市建设项目以绿色、低碳、可持续发展为核心原则，主要集中在智慧环保、智慧城市交通、智慧医疗以及智慧能源等民生领域。除政府推动外，企业、研究机构、民众的热烈支持是智慧城市相关项目得到顺利推广的重要因素。在 2017 年 CEBIT 通信博览会上德国吕塞尔斯海姆、凯尔斯特巴赫及劳恩海姆三个城市就智慧城市的综合性建设共同发布合作意愿，联手打造智慧城市群。

3. 新加坡

从"智慧城市"迈向"智慧国"。"智慧国"的理念是通过对基础信息设施、人才培育、产业转型对经济信息部门多方面进行战略规划，愿景是使新加坡成为一个由信息通信技术驱动的智慧国家。新加坡政府建立政府云计算平台，从政府数据中挖掘对政策制定有用的信息，建立一个与国民互动、共同创新的合作型政府。新加坡的电子政务一直居于世界前列，成为众多国家学习借鉴的典范。新加坡通过资讯通信实现关键领域和社会的积极转型，从而在根本上改变人们的生活和未来，为其推动国家智慧城市群建立了坚实基础。

二、国内智慧城市群研究与实践现状

（一）国内智慧城市群理论研究

智慧城市群的理论起点是智慧城市与城市群，最终目的是将其上升到整合、集群、协同管理的高度。

2014 年发布的《中国国际智慧城市发展蓝皮书》中重点提到：建设苏南智慧城市群，关中智慧城市群等智慧城市群，标志着智慧城市群得到了工信部专家的认可。国内首次官方提出智慧城市群这一概念则在 2013 年发布的《"十三五"国家信息化规划》。

近年来，国内学者也认识到智慧城市群的理论意义。智慧城市群从整体方面去研究把握新型智慧城市的实践，强调智慧城市群尤其要突出城市资源分享以避免信息孤岛现象，探索信息共享的标准和相关政策的制定。

（二）国内智慧城市群实践现状

随着国内新型智慧城市发展逐步深入，在充分评估各地能力的基础上，如何发挥自身优势、协同进步，解决不平衡发展的问题是摆在各个智慧城市与智慧城市群面前的当务之急。

1. 京津冀世界级智慧城市群

京津冀城市群以其发达便捷的交通、雄厚的科技教育实力奠定了在中国转型升级发展过程中无可取代的战略地位。然而，区域内部差距、人口集聚导致的大城市病、空气污染形势严峻。推动京津冀协同发展，建设以首都北京为核心的世界级智慧城市群，建设整体统一的智慧城市系统。以京津冀协同发展战略为指引，依据城市群内各城市的发展基础，智慧城市群从交通协同发展、生态环境保护、产业升级转移、发展智慧产业。同时，京津冀城市群将协同发展智慧环保，使用信息化的手段联合减排，实现对空气污染的有效治理。京津冀城市群将建设成为以信息产业为主导的智慧城市群，形成大规模的总部经济，大力发展信息经济、服务经济，构建高精尖经济结构，成为中国信息产业发展与应用的典范。

2. 珠江三角洲地区智慧城市群

珠江三角洲地区作为我国改革开发的先行区，经过近四十年的发展经济水平总体达到中等发达国家，是我国重要的增长极。不过珠三角核心城市世界地位仍然偏低，创新能力仍显不足，轨道交通发展不够完善，严重的制约进一步发展。随着区域内基础设施的完善以及各城市之间经济合作的加强，珠江三角洲发展呈现区域一体化的趋势，进入大都市化发展阶段。以信息技术为核心的新一轮科技革命的兴起建设智慧城市群，将为珠三角地区制造业升级发展提供新的路径。珠江三角洲各市已在 2014 年明确表示实现信息一体化，建设智慧城市群，打造全国智慧应用先行示范区。到 2020 年，实现城市群内各市城市公共服务平台实现一体化对接，政务信息资源共享平台互通，挖掘公共信息资源的经济社会效益。

3.沈阳经济区智慧城市群

沈阳经济区城市群位于东北的腹心地带，是我国东北老工业基地的重心。由于发展滞后，城市间相互联系不紧密，功能定位与分工不明确，缺少生产领域内在协作，同质化竞争日趋严重，严重阻碍了东北的振兴发展。智慧城市作为"新四化"发展中的核心，已成为东北振兴的战略重点，将在推动传统产业改造升级和促进新型城镇化发展方面发挥引领作用。2017 年沈阳、鞍山、抚顺等八个城市共同签署沈阳经济智慧城市群合作协议，旨在协同布局智慧城市群建设，实现沈阳经济区的智慧一体化。沈阳经济区智慧城市群力图推动城市间数据资源共享，共同促进沈阳经济区经济结构向智慧经济转变，加快转变方式，使用信息化手段改造提升传统行业。沈阳经济区智慧城市群将以沈阳市为核心城市，推进城市从数字化向智慧化转型升级。

结　语

目前，在各国电网管理工作中，智能电网已被众多国家认可。我国智能电网的发展，应基于目前的状况以及自身特色，参照各国发展优势进行规划与实施。在建设智能电网的过程中，要根据我国的实际发展情况及当前的国情，积极推动坚强智能化电网的建设与研究，还要对国内外智能电网进行充分的调查与研究，对数字化电网建设、特高压电网的发展以及信息化企业等工作做统筹规划，并依照清洁高效、安全可靠等要求，明确智能电网所实现的目标，尽早研究出以数字化、信息化、互动化及自动化为特征的智能电网技术路线，加快我国智能电网的构建。

如今，我国有许多省市都已经将智能电网作为一项重要的城市发展内容，在国家政策的支持与领导下，已全面开始建设智能电网系统。我国电网经历了多年的发展，近两年又实现对智能电网的创新与实践，使我国的智能电网步入一个崭新的发展轨道。

全球智能电网目前仍处于发展阶段，从发展角度来看，当前的智能电网还需要不断地完善，在日后的发展过程中将面临新的挑战。智能电网的发展，不但能使我国的能源、气候以及经济领域得到更好的发展，也有利于清洁能源以及坚强电网的开发和利用。我们充分相信：随着我国智能电网的发展，可以更好地推动我国电力系统的改革和升级，为世界能源与全球环境的发展贡献力量。